城市污水处理技术研究

赵丙辰　著

吉林科学技术出版社

图书在版编目（CIP）数据

城市污水处理技术研究 / 赵丙辰著. -- 长春 : 吉林科学技术出版社, 2022.8

ISBN 978-7-5578-9364-4

Ⅰ. ①城… Ⅱ. ①赵… Ⅲ. ①城市污水处理一研究 Ⅳ. ① X703

中国版本图书馆 CIP 数据核字 (2022) 第 113560 号

城市污水处理技术研究

著　　赵丙辰
出 版 人　宛　霞
责任编辑　赵维春
封面设计　筱　萸
制　　版　华文宏图
幅面尺寸　185mm×260mm
开　　本　16
字　　数　250 千字
印　　张　12.5
印　　数　1-1500 册
版　　次　2022年8月第1版
印　　次　2022年8月第1次印刷

出　　版　吉林科学技术出版社
发　　行　吉林科学技术出版社
地　　址　长春市南关区福祉大路5788号出版大厦A座
邮　　编　130118
发行部电话/传真　0431-81629529　81629530　81629531
81629532　81629533　81629534
储运部电话　0431-86059116
编辑部电话　0431-81629510
印　　刷　廊坊市印艺阁数字科技有限公司

书　　号　ISBN 978-7-5578-9364-4
定　　价　58.00元

前　言

随着城市化进程的不断推进，城市数量越来越多，城市经济的繁荣、就业机会的增多、生活水平高都吸引着人们大量迁移至城市，很多一线城市的规模随之越来越大，城市的建设则显得尤为重要。其中，排水系统工程就是重要的一方面，而城市雨污水输送泵站又是排水系统中的重要组成部分，在城市运行中起到了至关重要的作用，和人们的日常生活息息相关。所以，加强城市污水的处理效果，优化当前城市污水处理技术已经成为城市管理的一个重点目标。

污水处理与再生利用是对水自然循环过程的人工模拟与强化，城市污水再生利用成为开源节流、减轻水体污染、改善生态环境、解决城市缺水的有效途径之一，不仅技术可行，而且经济合理。在当前背景下，发展污水再生利用，推进污水资源化，实现有限水资源的可持续利用，是建设节水型社会的有效途径，同时也是保障和支持城市可持续发展的必然选择，更是实现可持续发展战略的重要举措。

城市污水再生利用是一项社会性的重要任务、也是一个艰巨的过程，需要政府高度重视、以及投资主体的科学规划和社会公众广泛参与。本书从解决处理城市污水问题入手，明确城市污水可持续应用的基本方向，本着污水处理与回用技术必须实现环境友好的思想，提出了城市污水可持续处理与回用技术的方针，论述了城市污水的处理及资源化；另外，介绍了城市污水再生利用的设计技术。从可持续性角度出发，提出了城市污水再生利用的管理对策，并介绍了污水再生利用的模式及评价，以及城市污水监测方法的完善。本书可供从事城市建设和水务管理，城市污水再生利用规划与管理，城市污水厂建设和运行管理等方面有关领导和科技人员、技术人员参考借鉴，也可作为大中专院校的水资源、环境工程专业高年级本科生和研究生的教学参考书使用。

在本书的编写过程中，除采用了编者科研工作的有关成果外，更多的是参考了同行专家、学者的大量学术成果和资料，在此对他们表示敬意和感谢。因编者水平有限，书中难免存在疏漏或错误，敬请读者批评指正。

目 录

第一章 城市污水处理综述

第一节 城市污水的水质指标与排放标准

一、城市污水的主要水质指标

污水污染指标是用来衡量水在使用过程中被污染的程度，其也称污水的水质指标。

（一）生物化学需氧量（BOD）

生物化学需氧量（BOD）是一个反映水中可生物降解的含碳有机物的含量及排到水体后所产生的耗氧影响的指标。它表示在温度为20℃和有氧的条件下，由于好氧微生物分解水中有机物的生物化学氧化过程中所消耗的溶解氧量，也就是水中可生物降解有机物稳定化所需要的氧量。BOD不仅包括水中好氧微生物的增长繁殖或呼吸作用所消耗的氧量。还包括了硫化物、亚铁等还原性无机物所耗用的氧量，但这一部分的所占比例通常很小。BOD越高，表示污水中可生物降解有机物越多。

（二）化学需氧量（COD）

化学需氧量（COD）是指在酸性条件下，用强氧化剂重铬酸钾将污水中有机物氧化为CO_2、H_2O所消耗的氧量，用COD_{Cr}表示，一般写成COD。重铬酸钾的氧化性极强，水中有机物绝大部分（约90%～95%）被氧化。化学需氧量的优点是能够更精确地表示污水中有机物的含量，并且测定的时间短，不受水质的限制。缺点是不能像BOD那样表示出微生物氧化的有机物量。此外还有部分无机物也被氧化，并非全部代表有机物含量。

（三）悬浮物（SS）

悬浮固体指的是水中未溶解的非胶态的固体物质，在条件适宜时可以沉淀。悬浮固体可分为有机性和无机性两类，反映污水汇入水体后将发生的淤积情况。因悬浮固体在污水中肉眼可见，能使水浑浊，属于感官性指标。

悬浮固体代表了可以用沉淀、混凝沉淀或过滤等物化方法去除的污染物，也是影响感观性状的水质指标。

（四）pH 值

酸度和碱度是污水的重要污染指标，用 pH 值来表示。其对保护环境、污水处理及水工构筑物都有影响，一般生活污水呈中性或弱碱性，工业污水多呈强酸或强碱性。城市污水的 pH 呈中性，一般为 6.5 ~7.5。pH 值的微小降低可能是由于城市污水输送管道中的厌氧发酵；雨季时较大的 pH 值降低往往是城市酸雨造成的，这种情况在合流制系统尤其突出。pH 值的突然大幅度变化不论是升高还是降低，通常是由于工业废水的大量排入造成的。

（五）总氮（TN）

总氮（TN）为水中有机氮、氨氮和总氧化氮（亚硝酸氮及硝酸氮之和）的总和。有机污染物分为植物性和动物性两类：城市污水中植物性有机污染物如果皮、蔬菜叶等，动物性有机污染物质包括人畜粪便、动物组织碎块等，其化学成分以氮为主。氮属植物性营养物质，是导致湖泊、海湾、水库等缓流水体富营养的主要物质，成为废水处理的重要控制指标。

（六）总磷（TP）

总磷是污水中各类有机磷和无机磷的总和。与总氮类似，磷也属植物性营养物质，是导致缓流水体富营养化的主要物质。受到人们的关注，成为一项重要的水质指标。

（七）非重金属无机物质有毒化合物和重金属

排放含氰废水的工业主要有电镀、焦炉和高炉的煤气洗涤，金、银选矿和某些化工企业等，含氰浓度约 20 ~70mg/L 之间。

砷是对人体毒性作用比较严重的有毒物质之一。砷化物在污水中存在形式有无机砷化物以及有机砷。三价砷的毒性远高于五价砷，对人体来讲，亚砷酸盐的毒性作用比砷酸盐大 60 倍，因为亚砷酸盐能够和蛋白质中的硫反应，而三甲基砷的毒性比亚砷酸盐更大。

（八）重金属

重金属指原子序数在21~83之间的金属或相对密度大于4的金属。其中汞（Hg）、镉（Cd）、铬（Cr）、铅（Pb）毒性最大，危害也最大。

汞是重要的污染物质，这是对人体毒害作用比较严重的物质。汞是累积性毒物，无机汞进入人体后随血液分布于全身组织，在血液中遇氯化钠生成二价汞盐累积在肝、肾和脑中，在达到一定浓度后毒性发作，其毒理主要是汞离子与酶蛋白的硫结合，抑制多种酶的活性，使细胞的正常代谢发生障碍。

镉是一种典型的累积富集型毒物，其主要累积在肾脏和骨骼中，引起肾功能失调，骨质中钙被镉所取代，使骨骼软化，造成自然骨折，疼痛难忍。这种病潜伏期长，短则10年，长则30年，发病后很难治疗。

铬也是一种较普遍的污染物。铬在水中以六价和三价两种形态存在，三价铬的毒性低，作为污染物质所指的是六价铬。人体大量摄入能够引起急性中毒，长期少量摄入也能引起慢性中毒。

铅对人体也是累积性毒物。据资料报道，成年人每日摄取铅低于0.32mg时，人体可将其排除而不产生积累作用；摄取0.5~0.6mg，可能有少量的累积，但尚不至于危及健康；如每日摄取量超过1.0mg，即将在体内产生明显的累积作用，长期摄入会引起慢性中毒。其毒理是铅离子与人体内多种酶络合，由此扰乱了机体多方面的生理功能，可危及神经系统、造血系统、循环系统和消化系统。

我国饮用水、渔业用水及农田灌溉水都要求铅的含量小于0.1mg/L。

铅主要含于采矿、冶炼、化学、蓄电池、颜料工业等排放的废水中。

（九）微生物指标

污水生物性质的检测指标有大肠菌群数（或称大肠菌群值）、大肠菌群指数、病毒及细菌总数。

二、污水排放与再生利用标准

（一）污水排放标准

目前，我国城镇污水处理厂污染物的排放均执行主要由国家环境保护总局和国家技术监督检验总局批准发布的《污水处理厂污染物排放标准》（GB 18918—2002）。该标准是专门针对城镇污水处理厂污水、废气、污泥污染物排放制定的国家专业污染物排放标准，适用于城镇污水处理厂污水排放、废气的排放与污泥处置的排放与控制管理。

该标准将城镇污水污染物控制项目分为两类。

第一类为基本控制项目。主要是对环境产生较短期影响的污染物，也是城镇污水处理厂常规处理工艺能去除的主要污染物。

第二类为选择控制项目。主要是对环境有较长期影响或毒性较大的污染物，或是影响生物处理、在城市污水处理厂又不易去除的有毒有害化学物质和微量有机污染物。

该标准制定的技术依据主要是处理工艺和排放去向，根据不同工艺对污水处理程度和受纳水体功能，对常规污染物排放标准分为一级标准、二级标准和三级标准。一级标准分为 A 标准和 B 标准。一级标准是为了实现城镇污水资源化利用和重点保护饮用水源的目的，适用于补充河湖景观用水和再生利用，应采用深度处理或二级强化处理工艺。二级标准主要是以常规或改进的二级处理为主的处理工艺为基础制定的。三级标准是为了在一些经济欠发达的特定地区，根据当地的水环境功能要求和技术经济条件，可先进行一级半处理，而适当放宽的过渡性标准。一类重金属污染物和选择控制项目不分级。

（二）污水再生回用水质标准

污水再生利用水质标准应根据不同的用途具体确定。

用于城市用水中的冲厕、道路清扫、消防、城市、车辆冲洗、建筑施工等城市杂用水的，再生水水质应符合《城市污水再生利用城市杂用水水质》（GB/T 18920—2002）的规定。

再生水用于工业用水中的洗涤用水、锅炉用水、工艺用油田注水时，其水质应达到相应的水质标准。当无相应标准可通过试验、类比调查及参照以天然水为水源的水质标准确定。

第二节　城市污水处理及资源化

一、城市污水的来源及特性

（一）城市污水的来源与分类

1. 城市污水来源

城市污水是通过下水管道收集到的所有排水，其是排入下水管道系统的各种生活污水、工业废水和城市降雨径流的混合水。生活污水是指人们日常生活中排出的水。它是从住户、公共设施（饭店、宾馆、影剧院、体育场馆、机关、学校和商店等）和工厂的厨房、卫生间、浴室和洗衣房等生活设施中排放的水。这类污水的水质特点是含有较高的有机物，如淀粉、蛋白质、油脂等，以及氮、磷等无机物，此外，还含有病原微生物和较多的悬浮物。相比较于工业废水，生活污水的水质一般比较稳定，浓度较低。工业废水是生产过程中排出的废水，包括生产工艺废水、循环冷却水冲洗废水以及综合废水。由于各种工业生产的工艺、原材料、使用设备的用水条件等的不同，工业废水的性质千差万别。相比较于生活废水，工业废水水质水量差异大，具有浓度高、毒性大等特征，不易通过一种通用技术或工艺来治理，往往要求其在排出前在厂内处理到一定程度。降雨径流是由降水或冰雪融化形成的。对于分别敷设污水管道和雨水管道的城市，降雨径流汇入雨水管道，对于采用雨污水合流排水管道的城市，可以使降雨径流与城市污水一同加以处理，但雨水量较大时由于超过截留干管的输送能力或污水处理厂的处理能力，大量的雨污水混合液出现溢流，将造成对水体更严重的污染。

2. 城市污水的分类

城市污水按来源可分为生活污水、工业废水与径流污水。其中工业废水又可分为生产废水和生产污水。

（1）生活污水：生活污水主要来自家庭、机关、商业和城市公用设施。其中主要是粪便和洗涤污水，集中排入城市下水道管网系统，输送至污水处理厂进行处理后排放。其水量水质明显具有昼夜周期性和季节周期变化的特点。

（2）工业废水：工业废水在城市污水中的比重，因城市工业生产规模和水平而不同，可从百分之几到百分之几十。其中往往含有腐蚀性、有毒、有害、难以生物降解的污染物。因此，工业废水必须进行处理，达到一定标准后方能排入生活污水系统。生活污水和工业废水的水量以及两者的比例决定着城市污水处理的方法、技术和处理程度。

（3）城市径流污水：城市径流污水是雨雪淋洗城市大气污染物和冲洗建筑物、地面、废渣、垃圾而形成的。这种污水具有季节变化和成分复杂的特点，在降雨初期所含污染物甚至会高出生活污水多倍。

（二）城市污水特性

城市污水的性质包括污水的物理性质、化学性质以及污水的生物性质。

1. 污水的物理性质

城市污水物理性质主要是指污水的温度、颜色、臭味以及固体含量。

（1）温度

温度是最常用的水质物理指标之一。由于水的许多物理特性、水中进行的化学过程和微生物过程都和温度有关，所以它是通常要测定的。一般来说，生活污水的温度年平均值在15℃左右，变化不大。而工业废水的温度同生产过程有关，变化较大。有的温度可能很高，例如酒精厂的废水温度近90℃左右。大量较热的工业废水直接排入水体，将造成热污染，影响水生物的正常生活。过高温度的废水对生物处理也是不利的，必要时应冷却到对微生物适宜的温度才行。

（2）色度

各种水由于含有不同杂质，常显出各种颜色。天然的河水或湖沼水常带黄褐色或黄绿色，这往往是腐殖质造成的。水中悬浮泥沙常显黄色。各种水藻如球藻、硅藻等的繁殖可以使水产生绿色、褐色。纺织、印染、造纸、食品、有机合成等工业的废水常含有有机或无机染料、生物色素、无机盐、有机添加剂等而使废水着色，有时颜色很深。新鲜的生活污水呈灰暗色，腐败的污水则成黑褐色。因此人们往往按水的表现颜色可推测是哪一种水以及水中所含杂质的种类和数量。

（3）臭味

被污染的水常会被人们闻到一种不正常的气味或臭味，人们凭这个臭味的强弱味道可以推测水中所含杂质或有害成分。一般而言，废水的臭味主要来自有机物腐解过程中挥发出来的气体。臭味给人们不愉快的感觉，恶臭甚至会对人体生理活动有害。会引起胃口不适、呼吸困难、胸闷、呕吐、心乱等反常心理现象。由此，臭味的消除问题，在废水无害化处理中是必须认真对待的。

（4）固体含量

废水中所含杂质，一般大部分属固体物质。这些固体物质以溶解的、悬浮的形式存在于水中，二者的总称为总固体。其包含有机化合物、无机化合物和各种生物体。故固体含量的多少，也反映了杂质含量、污染程度的高低。但是，一般地测定总固体量还不足以说明污水物质的性质、组成情况。因此，在水质分析时，除了测定总固体量外，还需对其中的各个组分予以测定。

2. 污水的化学性质

污水中的杂质，就其化学性质而言，可区分为两大类：有机物质和无机物质。这些物质以溶解和非溶解的状态存在于废水中，所以污水的化学特性指标一般分为有机的和无机的两大类。有机指标有：生化需氧量，化学需氧量，总需氧量，总有机碳，含氮、磷化合物以及其他有机物等。

（1）生化需氧量

它是目前广泛应用的作为有机物含量的污水水质指标。由于生化过程进行得慢，如在20℃培养时，要完全完成这个过程需100多天。因此，除长期研究工作外，没有实用价值。

（2）化学需氧量

在一定条件下，强氧化剂能氧化有机物为二氧化碳和水。但是，废水中所含有机物的种类繁多，并不是全部有机物都能被化学氧化的。迄今为止，人们还没有找到一个能氧化所有常见有机物的化学剂。

（3）总需氧量

是指有机物完全氧化所需要的氧，一般通过 TOD 分析仪测定。

（4）总有机碳

废水中有机物含量，除以有机物氧化过程的耗氧量，还含有以有机物中某一主要元素的含量来反映的指标。

（5）含氮、磷化合物

在生活污水中，一般只有有机氮和氨氮。但在工业废水中可能有亚硝酸氮、硝酸氮。有机氮来自蛋白质和尿素。氨氮来自蛋白质和尿素的分解。生活污水中氨氮一般为 5mg/L 左右。近来，由于工业生产的迅速发展以及城市人口的急剧增加，废水的含氮含磷量也剧增，在废水的生物处理中，了解水样中的含氮含磷量是必要的。它们是目前废水水质分析中的一个重要水质指标。

（6）其他有机物指标

对废水中的有机物含量和种类的了解以及废水生物处理的设计与运行，这些有机物指标是十分重要的。但对某些工业废水来说，它还含有某种特定的成分，需另行测定。如油脂类、酚类有机污染物质，在工业废水中存在面较广，对环境影响也较大，油污染、酚污染已成为人们日益关注的重大环境问题之一。

3. 污水的生物性质

污水中除含有各种污染杂质外，还含有生物污染物。其中主要是细菌，并且大多是无害的，但也可能含有各类病原体。例如，生活污水中可能含有可经水传播的肠道传染病菌（如痢疾、伤寒、霍乱等）、肝炎病毒以及寄生虫卵等；制革厂和屠宰厂的废水中含有炭疽杆菌和钩端螺旋体等；医院和生物研究所的废水中还有种类繁多的病原体。这些生物污染物质，一般是通过细菌总数和大肠菌群数这两个指标来度量的。此外，为检测废水对水生生物的毒性影响，一般采用生物检测法。

二、城市污水处理技术概述

（一）废水处理的分类

1. 污水处理程度分类

城市的污水，包括工业和生活废水，其组成的成分极其复杂，主要包括需氧物质、难降解的有机物，藻类的营养物质、农药、油脂，固体悬浮物、盐类、致病细菌和病毒、重金属以及各种的零星飘浮杂物。各类工业废水的组成又互不一致，千差万别，因此，具体的处理方法也有多种多样。当前，城市污水处理正向现代化和大型化方向发展，就其处理的历程而言，主要有一级、二级和三级处理之分。

一级废水处理通常采用物理方法，其主要目的是清除污水中的难溶性固体物质，诸如砂砾、油脂和渣滓等。一级处理工艺一般由格栅、沉淀和浮选等步骤组成。

二级处理的主要目的是把废水中呈胶状和溶解状态有机污染物质除掉。

经过二级废水处理后排放，其中还含有不同程度的污染物。必要时，仍需采用多种的工艺流程，如曝气、吸附、化学絮凝和沉淀、离子交换、电渗析、反渗透、氯消毒等，作浓度处理或高级废水处理。

三级处理也称为高级处理或深度处理。当出水水质要求很高时，为了进一步去除废水中的营养物质（氮和磷）、生物难降解的有机物质和溶解盐类等，以便达到某些水体要求的水质标准或直接回用于工业，就需要在二级处理之后再进行三级处理。

2. 按作用原理分类

废水处理方法可按其作用原理分为 4 大类，即物理处理法、化学处理法、物理化学法和生物处理法。

（1）物理处理法

通过物理作用，以分离、回收废水中不溶解的呈悬浮状态污染物质（主要包括油膜和油珠），常用的有重力分离法、离心分离法、过滤法等。

（2）化学处理法

向污水中投加某种化学物质，利用化学反应来分离、回收污水中的污染物质，常用的有化学沉淀法、混凝法、中和法、氧化还原（包括电解）法等。

（3）物理化学法

利用物理化学作用去除废水中的污染物质，主要包括吸附法、离子交换法、膜分离法、萃取法等。

（4）生物处理法

通过微生物的代谢作用，使废水中呈溶液、胶体以及微细悬浮状态的有机性污染物质转化为稳定、无害的物质，也可分为好氧生物处理法和厌氧生物处理法。

（二）物理处理法

重力分离法指利用污水中泥沙、悬浮固体和油类等在重力作用下与水分离的特性，经过自然沉降，将污水中密度较大的悬浮物除去。离心分离法是在机械高速旋转的离心作用下，把不同质量的悬浮物或乳化油通过不同出口分别引流出来，进行回收。过滤法是用石英砂、筛网、尼龙布等作过滤介质，对悬浮物进行截留。蒸发结晶法是加热使污水中的水汽化，固体物得到浓缩结晶。磁力分离法是利用磁场力的作用，快速除去废水中难于分离的细小悬浮物和胶体，例如油、重金属离子、藻类、细菌、病毒等污染物质。

其他常用物理方法：

（1）混凝澄清法是对不溶态污染物的分离技术，多指在混凝剂的作用下，使废水中的胶体和细微悬浮物凝聚成絮凝体，然后予以分离除去的水处理法。混凝澄清法在给水和废水处理中的应用是非常广泛的，它既可以降低原水的浊度、色度等水质的感观指标，又可以去除多种有毒有害污染物。

（2）浮力浮上法是对不溶态污染物的分离技术，指借助于水的浮力，使水中不溶态污染物浮出水面，然后用机械加以刮除的水处理方法。浮力浮上法可分为自然浮上法、气泡浮升法和药剂浮选法。

（三）化学处理法

化学处理法就是通过化学反应和传质作用来分离、去除废水中呈溶解、胶体状态的污染物或将其转化为无害物质的废水处理法。通常采用方法有：中和、混凝、氧化还原、萃取、汽提、吸附、离子交换以及电渗透等方法。

1. 电渗析法

电渗析法是对溶解态污染物的化学分离技术，属于膜分离法技术，指在直流电场作用下，使溶液中的离子作定向迁移，并使其截留置换的方法。离子交换膜起到离子选择透过和截阻作用，从而使离子分离和浓缩，起到净化水的作用。电渗析法处理废水的特点是不需要消耗化学药品，设备简单，操作方便。

2. 超滤法

超滤法属于膜分离法技术，是指利用静压差，使原料液中溶剂和溶质粒子从高压的料液侧透过超滤膜到低压侧，并阻截大分子溶质粒子的技术。在废水处理中，超滤技术可以用来去除废水中的淀粉、蛋白质树胶、油漆等有机物和黏土、微生物，还可用于污泥脱水等。在汽车、家具制造业中，可用电泳法将涂料沉淀到金属表面后，要用水将制品涂料的多余部分冲洗掉，针对这种清洗废水的超滤设备大部分为醋酸纤维管状膜超滤器。超滤技术对含油废水处理后的浓缩液含油5%～10%，可直接用于金属切割，过滤水可重新用作延压清洗水。超滤技术还可用于纸浆和造纸废水、洗毛废水、还原染料废水、聚乙烯退浆废水、食品工业废水及高层建筑生活污水的处理。

（四）物理化学法

物理化学法是利用萃取、吸附、离子交换、膜分离技术和汽提等操作过程，处理或回收利用工业废水的方法。主要有以下几种：

1. 萃取法

将不溶于水的溶剂投入污水之中，污染物由水中转入溶剂中，利用溶剂与水的密度差，将溶剂与水分离，污水被净化，再利用其他方法回收溶剂。

2. 离子交换法

利用离子交换剂的离子交换作用来置换污水中的离子态物质。

3. 电渗析法

在离子交换技术基础上发展起来的一项新技术，省去用再生剂再生树脂的过程。

4. 反渗透法

利用一种特殊的半渗透膜来截留溶于水中的污染物质。

5. 吸附法

利用多孔性的固体物质，使污水中的一种或多种物质吸附在固体表面进行去除。吸附法是对溶解态污染物的物理化学分离技术。废水处理中的吸附处理法，主要是指利用固体吸附剂的物理吸附和化学吸附性能，去除废水中多种污染物的过程，处理对象为剧毒物质和生物难降解污染物。吸附法可分为物理吸附、化学吸附和离子交换吸附三种类型。

（五）生物处理法

未经处理即被排入河流的废水，流经一段距离后会逐渐变清，臭气消失，这种现象是水体的自然净化。水中的微生物起着清洁污水的作用，它们以水体中的有机污染物作为自己的营养食料，通过吸附、吸收、氧化、分解等过程，把有机物变成简单的无机物，既满足了微生物本身繁殖和生命活动的需要，又净化了污水。在污水中培养繁殖的菌类、藻类和原生动物等微生物，具有很强的吸附、氧化、分解有机污染物的能力。它们对废物的处理过程中，对氧的要求不同，据此可将生化处理分为好氧处理和厌氧处理两类。好氧处理是需氧处理，厌氧处理则在无氧条件下进行。生化处理法是废水中应用最久最广且相当有效的一种方法，其特别适用于处理有机污水。

1. 活性污泥法

活性污泥是以废水中有机污染物为培养基，在充氧曝气条件下，对各种微生物群体进行混合连续培养而成的，细菌、真菌、原生动物、后生动物等微生物及金属氢氧化物占主体的，具有凝聚、吸附、氧化、分解废水中有机污物性能的污泥状褐色絮凝物。活性污泥中至少有 50 种菌类，它们是净化功能的主体。污水中的溶解性有机物是透过细胞膜而被细菌吸收的；固体与胶体状态的有机物是先由细菌分泌的酶分解为可溶性物质，再渗入细胞而被细菌利用的。活性污泥的净化过程就是污水中的有机物质通过微生物群体的代谢作用，被分解氧化和合成新细胞的过程。人们可根据需要培养和驯化出含有不同微生物群体并具有适宜浓度的活性污泥，用于净化受不同污染物污染的水体。

2. 生物塘法

生物塘法，又称氧化塘法，也叫稳定塘法，其是一种利用水塘中的微生物和藻类对污水和有机废水进行生物处理的方法。生物塘法的基本原理是通过水塘中的“藻菌共生系统”进行废水净化。

3. 厌氧生物处理法

厌氧生物处理法是利用兼性厌氧菌和专性厌氧菌将污水中大分子有机物降解为低分子化合物，进而转化为甲烷、二氧化碳的有机污水处理方法，分为酸性消化和碱性消化两个阶段。在酸性消化阶段，由产酸菌分泌的外酶作用，使大分子有机物变成简单的有机酸和醇类、醛类、氨、二氧化碳等；在碱性消化阶段，酸性消化的代谢产物在甲烷细菌作用下进一步分解成甲烷、二氧化碳等构成的生物气体。这种处理方法主要用于对高浓度的有机废水和粪便污水等处理。

4. 生物膜法

生物膜法是利用附着生长于某些固体物表面的微生物（即生物膜）进行有机污水处理的方法。生物膜是由高度密集的好氧菌、厌氧菌、兼性菌、真菌、原生动物以及藻类等组成的生态系统，其附着的固体介质称为滤料或载体。生物膜自滤料向外可分为厌氧层、好氧层、附着水层、运动水层。生物膜法的原理是，生物膜首先吸附附着水层有机物，由好氧层的好氧菌将其分解，之后再进入厌氧层进行厌氧分解，流动水层则将老化的生物膜冲掉以生长新的生物膜，如此往复以达到净化污水的目的。

5. 接触氧化法

接触氧化法是一种兼有活性污泥法和生物膜法特点的一种新的废水生化处理法。这种方法的主要设备是生物接触氧化滤池。在不透气的曝气池中装有焦炭、砾石、塑料蜂窝等填料，填料被水浸没，用鼓风机在填料底部曝气充氧；空气能自下而上，夹带待处理的废水，自由通过滤料部分到达地面，空气逸走后，废水则在滤料间自上向下返回池底。活性污泥附在填料表面，不随水流动，因生物膜直接受到上升气流的强烈搅动，不断更新，从而提高了净化效果。生物接触氧化法具有处理时间短、体积小、净化效果好、出水水质好而稳定、污泥不需回流也不会膨胀、耗电小等优点。

三、城市污水处置与资源化

（一）城市污水处置的途径

众所周知，城市污水中含有各种有害物质，若不加处理而任意排放，会污染环境，造成公害，必须加以妥善的控制与治理。然而，对于一个环境工程师来说，决不能满足于排什么废水就处理什么废水，而是在解决污水去向问题时，应当考虑下面一些主要途径。

1. 改革生产工艺，减少污水排放量

在解决城市工业园污水问题时，应当首先深入到工业园区中去，与工艺人员、工人相结合，力求革新生产工艺，尽量不用水或少用水，尽量不用或少用易产生污染的原料、设备及生产方法。例如采用无水印染工艺，能消除印染废水的排放。因此，改革生产工艺，以减少废水的排放量和废水的浓度，减轻处理构筑物的负担和节省处理费用，是应该首先考虑的原则。

2. 重复利用污水

尽量采用重复用水和循环用水系统，使污水排放量减至最少。根据不同生产工艺对水质的不同要求，可将甲工段排出的废水送往乙工段使用，实现一水二用或一水多用，即重复用水。例如利用轻度污染的废水作为锅炉的水力排渣用水或作为焦炉的熄焦用水。

将工业园区污水经过适当处理后，送回本工段再次利用，即循环用水。例如高炉煤气洗涤废水经沉淀、冷却后可不断循环使用，只需补充少量的水以补偿循环中的损失。城市污水经高级处理后亦可用作某些工业用水。在国外，废水的重复使用已作为一项解决环境污染和水资源贫乏的重要途径。

3. 回收有用物质

城市污水中特别是工业园区的污水中含有的污染物质，都是在生产过程中进入水中的原料、半成品、成品，工作介质和能源物质。如果能将这些物质加以回收，便可变废为宝，化害为利，既防止了污染危害又创造了财富，其有着广阔的前景。

4. 对污水进行妥善处理

污水经过回收利用后，可能还有一些有害物质随水流出，此外也会有一些目前尚无回收价值的废水排出。对于这些废水，还应从全局出发，加以妥善处理，使其无害化，不致污染水体，恶化环境。

（二）城市污水处置程度的确定

将污水排放到水体之前需要处理到何种程度，这是选择污水处理方法的重要依据。在确定处理程度时，首先应考虑如何能够防止水体受到污染，保障水环境质量，同时也要适当考虑水体的自净能力。

通常采用有害物质、悬浮固体、溶解氧和生化需氧量这几个水质指标来确定水体的容许负荷，或废水排入水体时的容许浓度，然后再确定废水在排入水体前所需要的处理程度，并选择必要的处理方法。

具体来说，废水处理程度的确定，有以下几种方法。

1. 按水体的水质要求

根据水环境质量标准或其他用水标准对水体水质目标的要求，指将废水处理到出水符合要求的程度。

2. 按污水处理厂所能达到的处理程度

对于城市污水来说，目前发达国家多已普及二级处理，因此，近年来各国多根据二级处理一般能达到的所谓“双30”标准（即要求城市污水厂出水悬浮固体和BOD均不超过30mg/L）来规定应有的处理程度。

3. 考虑水体的稀释和自净能力

当水体的环境容量潜力很大时，利用水体的稀释和自净能力，能减少处理程度，取得一定的经济上的好处，但应慎重考虑。

（三）水体自净

1. 概念

水体自净能力的定义有广义和狭义两种。广义定义指受污染的水体经物理、化学与生物作用，使污染的浓度降低，并恢复到污染前的水平；狭义定义是指水体中的氧化物将有机污染物分解而使水体得以净化的过程。自然环境包括水环境对污染物质都具有一定的承受能力，即所谓环境容量。水体能够在其环境容量的范围内，经过水体的物理、化学和生物的作用，使排入污染物质的浓度和毒性随着时间和空间的推移的过程中自然降低，最终使得水体得到净化。水体自净能力是水介质拥有的、在被动接受污染物之后发挥其载体功能，主动改变、调整污染物时空分布，改善水质质量，以提供水体的再续使用。由此，对水环境自净能力的科学认识和充分合理利用对水环境保护工作具有重要意义。

2. 水体自净特征

自净过程的主要特征表现如下：

① 污染物浓度逐渐下降；

② 一些有毒污染物可经各种物理、化学和生物作用，转变为低毒或无毒物质；

③ 重金属污染物以溶解态被吸附或转变为不溶性化合物，沉淀后进入底泥；

④ 部分复杂有机物被微生物利用和分解，变成二氧化碳和水；

⑤ 不稳定污染物转变成稳定的化合物；

⑥ 自净过程初期，水中溶解氧含量急剧下降，在到达最低点后又缓慢上升，逐渐恢复至正常水平；

⑦ 随着自净过程及有毒物质浓度或数量的下降，生物种类和个体数量逐渐随之回升，最终趋于正常的生物分布。

3. 自净机理

水体的自净过程很复杂，按机理划分有：

（1）物理过程

物理过程包括稀释、混合、扩散、挥发、沉淀、淋洗等过程。水体中的部分污染物质在这一系列作用下，其浓度得以降低。稀释和混合作用是水环境中极普遍的现象，又是比较复杂的一项过程，它在水体自净中起着重要的作用。污染物进入水体后，通过水的流动，使污染物得到扩散、混合、稀释、挥发，改变污染物的物理性状和空间位置，使其在水体中降低浓度以至消除。而这其中的动力基础是由水体的动力要素提供的。不同的水域由于其水动力条件的不同，其自净能力有较大差异。同时，水动力要素还会与污染物在水中的生化反应进程交互影响，进而通过生化反应过程影响到水体的自净能力。因此，水动力特性对水域自净的影响是十分敏感而又复杂。

（2）化学及物理化学过程

污染物质通过氧化、还原、化合、分解、交换、络合、吸附、凝聚、中和等反应使其浓度降低。污染物在水体中通过一系列化学变化，使污染物发生化学性质、形态上的变化，从而改变污染物在水体中的迁移能力和毒性大小。影响化学净化的环境因素有酸碱度、氧化还原电势、温度和化学组分等。污染物本身的形态和化学性质对化学净化也有重大的影响。温度的升高可加速化学反应，所以温热环境的自净能力比寒冷环境强。这在对有机质的分解方面表现得更为明显。有害的金属离子在酸性环境中有较强的活性而利于迁移；在碱性环境中易形成氢氧化物沉淀而利于净化。环境中的化学反应如生成沉淀物、水和气体则利于净化；例如生成可溶盐则利于迁移。

（3）生物化学过程

污染物质中的有机物，由于水体中微生物的代谢活动而被分解、氧化并转化为无害、稳定的无机物，从而使浓度降低。悬浮和溶解于水体中的有机污染物在微生物的作用下，发生氧化分解，会使其降低浓度，转化为简单、无害的无机物以至从水体中消除。微生物能够直接以金属离子为电子共体或者受体，改变重金属离子的氧化还原状态，导致其释放。释放出来的金属离子，在一定条件下，重新进行氧化、络合、吸附凝聚和共沉淀等，从而使溶解态的重金属离子浓度再度下降。因此，在释放过程中，水相存在重金属离子的浓度峰值，重金属离子的释放浓度由低逐渐升高然后再由高逐渐降低，直至达到平衡。它还可以包括生物转化和生物富集等过程。一部分有机质，可利用于细胞合成，故可贮藏于活体内，细菌若在一定程度上能够繁殖，则由于变成小块而生成各种可能沉淀的形态，结果通过这种细菌的作用，也能把溶解性的污染物质，转变为可能沉淀的物质，从而变成与水分离的形态。如果转移为浮游生物，也有可能沉淀。冬季水温降低而浮游生物死亡时，便与水分离沉积于河底。在温暖、湿润、养料充足、供氧良好的环境中，植物的吸收净化能力强。生物种类不同，对污染物的净化能力有很大的差异。有机污染物的净化主要依靠微生物的降解作用。如在温度为20～40℃，pH 值为 6～9，养料充分、空气充足的条件下，需氧微生物大量繁殖，能将水中的各种有机物迅速地分解、氧化，转化成为二氧化碳、水、氨和硫酸盐、磷酸盐等厌氧微生物。在缺氧条件下，能把各种有机污染物分解成甲烷、二氧化碳和硫化氢等。在硫磺细菌的作用下，硫化氢可能转化为硫酸盐。氨在亚硝酸菌和硝酸菌的作用下，被氧化为亚硝酸盐和硝酸盐。植物对污染物的净化主要是根和叶片的吸收。在水体自净中，生物自净占有主要的地位。

4. 水体自净影响因素

影响水域自净能力的因素是多样而且十分复杂的。如水域中流速、流向、流动结构各不相同将直接对污染物迁移、扩散方向和强度带来影响。同时，水体本身的组分决定了生物和化学进程对水域自净能力的作用。如湖泊中的某些生物往往对吸收排入水体中的营养盐有明显效果，然这些生物过多，又会导致水体中溶解氧的大量减少，反过来造成水体中的生态破坏。另一方面，如果该水域的水动力特性很活跃，如向外域的迁移、扩散能力强，或浅水湖泊中的风力对水体的强烈扰动等又会增加水体中的溶解氧，对增加水域的自净能力有益。在水域床底长期积累的底质污泥，即内源污染积累对水域的自净能力也有不可忽视的间接影响。总之，物理的、生物的、化学的，或直接的、间接的各种因素对水域自净能力的影响是交互作用的复杂过程。而水动力特性在其中起着不可忽视的重要作用。影响水体自净过程的因素很多，其中主要因素有：收纳水体的地理、水文条件、微生物的种类与数量、水温、复氧能力以及水体和污染物的组成、污染物浓度等。当然，水体的自净往往还需要一定的时间和条件。

总之，水体的自净作用包含着十分广泛的内容，任何水体的自净作用又常是相互交织在一起的，物理过程、化学和物化过程及生物化学过程常常是同时同地产生，相互影响，其中常以生物自净过程为主，生物体在水体自净作用中是最活跃、最积极的因素。水的自净能力与水体的水量、流速等因素有关。水量大、流速快，水的自净能力就强。但是，水对有机氯农药、合成洗涤剂、多氯联苯等物质以及其他难于降解的有机化合物、重金属、放射性物质等的自净能力是极其有限。

5. 水体自净表现形式

由于地形、地貌和水文条件等的差异，不同的水域呈现出不同的水动力特征，表现出不同的自净特点。对同一水域而言，依照不同的环境功能区划，其自净能力也各不相同。水域的动力特性是影响水域自净能力的直接的、重要的因素之一。

河道径流型的水域，其水流的主体流动方向是单向的。污染物排入水域后，总体趋势是随水流从上游向下游迁移，同时也会在空间上扩散沉降。污染物在空间的扩散强度与流速的大小及梯度也有直接关系。随着河道中横向流速强度的不同，河道中污染带的宽度及其分布形式也会有所不同。污染物进入河流后，有机物在微生物作用下，进行氧化降解，逐渐被分解，最后变为无机物。随着有机物被降解，细菌经历着生长繁殖和死亡的过程。当有机物被去除后，河水水质改善，河流之中的其他生物也逐渐重新出现，生态系统最后得到恢复。由此可见，河流自然净化的关键指有机物的好氧生物降解过程。

湖泊水库环流型的水域，流动结构主要是以平面和立面环流的形式存在。对浅水型水域内的环流，其主要的外界驱动力是风。而对深水的水库和湖泊而言，除风之外温度梯度及其变化往往也是形成立面环流的主要因素。由于该类水域相对而言与域外的交换较少（汛期等特殊情况除外），水域纳污之后污染物主要仍在域内滞留，尤其是进入环流区的污染物，往往不易被水流带走。另外，该类水域的流速一般较小，使污染物在该类水域内的扩散作用相对加强，与外域的交换相对减弱。对湖泊环流型水域而言，自净能力主要是体现在域内的迁移转化。湖泊水库水体的自净过程主要是水体中微生物与污染物质的作用过程，将污染物质还原为无机态，为生态系统的循环生长提供营养，同时保持水体的洁净。在湖泊中，经常有大量水源贮留，即使有污水流入，也可以想象会充分受到稀释。事实上果真如此吗？现在，假定一定量污水在一定时间范围内被排进湖中，这就像盛满水的玻璃杯滴入一滴墨水，假如加以搅拌，只要玻璃杯装水量多，便可以充分稀释。但是在污水连续排进湖中的情况下，湖水与污水逐渐混合，最后，整个湖水便为污水所充满，因此，稀释效果便等于零。但实际上并非如此，在一般的湖泊中，在排进污水的同时，在其他地方，也有小溪流入清水，所以，常常可以希望由于有这种小溪的清水而得到稀释。

河口海湾感潮型的水域，水体的流动方向往复变化，污染物在该类型水域中随着流向的不同而迁移转换。在该类型水域中，余流的强度和方向是确定污染物最终迁移方向的因素，因而对该类水域而言，自净能力主要是体现在与域外水体的交换能力上。

自然状态下的不同水域，因其物理的、生物的、化学的条件不同，其自净能力也各不相同。对排污口进行科学选址，并因地制宜地对排污量实施控制，这是科学利用自然状态下水域的自净能力的重要内容。以河道径流型水域为例，虽然在此类水域中水流的主要流向指向下游，但各断面的流速分布是不均匀的，沿空间方向的流速梯度也不相同，因而在不同的部位安排排污口，其污染带的范围及向域外迁移扩散的效果必不相同。极端而言，若将排污口安排在有局部环流存在的区域，则该部分水域的水质会很快被破坏，即它的自净能力会远低于直接将污染物排放到流速大且方向单一的部位（当然，作为一条河流，应从整体上对上下游的水环境区划进行安排，并认清不同水域间的交换特性，兼顾上下游的利益）。在我国许多热电站和核电站的建设前期，都要对热、核排放的水域进行审核研究，在选址时尽可能地避开水动力交换弱、自净能力差的区域。不少热电站设计时还经常利用流速沿垂向分布的不同及浮力流的特性，合理安排取、排水口的高程和部位，达到科学利用自然状态下的水域的自净能力的目的。

第三节　城市污泥处理及资源化

一、城市污泥的来源及特性

（一）城市污泥来源与分类

1. 城市污泥的来源

城市污水处理目前常用方法有物理法、化学法、物理化学法和生物法。但无论哪种方法都或多或少会产生沉淀物、颗粒物和漂浮物等，统称为城市污泥。虽然产生的污泥体积比处理废水体积小得多，如活性污泥法处理废水时，剩余活性污泥体积通常只占到处理废水体积1%以下，但污泥处理设施的投资却占到总投资的30%～40%，甚至超过50%。因此，从污染物净化的完善程度，废水处理技术开发中的重要性及投资比例，污泥处理占有十分重要的地位。

2. 城市污泥的分类

污泥一般指介于液体和固体间的浓稠物，可用泵输送，但它很难通过沉降进行固液分离。悬浮物浓度一般在1%～10%，低于此浓度常称为泥浆。

（1）按亲水和疏水性性质分类

污泥按亲水和疏水性其种类可见表1－1。

表1－1　污泥的分类

类别	来源	出处	组分
亲水性有机污泥	（1）生活污水； （2）食品工业废水； （3）印染工业废水	初次沉淀池 初次沉淀池＋厌氧消化 初次沉淀池＋生化处理 初次沉淀池＋生化处理＋厌氧消化	挥发性物质30%～90% 蛋白质病原微生物 植物及动物废物 动物脂肪 金属氢氧化物 其他碳氢化合物
亲水性无机污泥	（1）金属加工工业废水； （2）无机化工工业废水； （3）染料工业废水； （4）其他工业废水	物理和化学法处理 中和法处理	金属氢氧化物 挥发性物质约30% 动物脂肪和少量其他有机物
疏水性含油污泥	钢铁加工工业废水	初次沉淀池	大多数氧化铁，矿物油和油脂

续表

类别	来源	出处	组分
疏水性无机污泥	钢铁工业等废水	中和池 混凝沉淀池 初次沉淀池	大部分为疏水性物质 亲水性氢氧化物 <5% 挥发性物质 <5%
纤维性污泥	造纸工业废水	初次沉淀池 混凝沉淀池 生化处理	赛璐珞纤维 亲水性氢氧化物 生化处理构筑物中的挥发性物质

（2）按处理方法分类

① 筛屑物是指经格筛截留的固体物，称筛屑物，其数量的变化，取决于废水的特性和筛网孔眼尺寸。筛屑是湿的，若暂时堆放，有水从中排出，但仍不能减小运输这些筛屑物的体积。筛屑物较易处置，可直接运填埋场地消纳。

② 初沉淀污泥指初级处理中来自沉淀底部的污泥；漂浮物则来自沉淀池顶部。若为浮选池，浮渣是来自浮选池的顶部。污泥特性随污水的成分而变化。

浮选池的浮渣，通常含总固体浓度为 4% ~6%，可用泵输送。来自初次沉淀池底部的污泥，则很难用泵输送。污泥浓度根据所加工的原料而变化。例如加工马铃薯和番茄时，由于带有田间的污秽固体浓度可能达到 40%，这时只能用特定的活塞泵输送。

③ 腐殖污泥与剩余活性污泥指二级生物处理中产生的污泥。生物膜法后的二沉池中沉淀物称腐殖污泥，扣除回流的部分活性污泥，剩余部分则称剩余活性污泥。

④ 消化污泥，初沉淀污泥、腐殖污泥和剩余活性污泥经消化处理后，成为消化污泥或熟污泥。

⑤ 深度处理污泥，系指经深度处理（或三级处理）产生的污泥，通常称为化学污泥。其污泥量根据处理能力所采用的混凝剂而定。

石灰污泥大约含 7% 的固体，能用真空过滤或采用离心机脱水。输送石灰污泥的管道应该加大尺寸，这是考虑到在管内的结垢和日后的清除；铝盐污泥十分轻并呈凝胶状、脱水困难；三氯化铁污泥脱水较易，但很脏，通常可用真空过滤脱水。在正常情况下，三级化学澄清池的污泥中含有机物很少，除非二级生物处理装置受到干扰，才需进一步稳定污泥以防止腐化。

（二）污泥的性质

正确把握污泥的性质是科学合理地处理处置和利用污泥的先决条件，只有根据污泥的性质指标才能正确选择有效的处理工艺和合适的处理设备及资源化的趋向。因此，污泥性质的指标越精确，取得的效益越显著。通常需要对污泥的下述性质指标进行分析测定。

1. 污泥的含水率和固体含量

单位质量污泥所含水分的质量百分数称之为含水率，相应的固体物质在污泥中所含的质量百分数，称为含固量（%）。污泥的含水率一般都很高，而含固量很低，例如城市污水厂初沉污泥含固量在2% ~4%，而剩余活性污泥含固量在0.5% ~0.8%，一般来说，固体颗粒越小，其所含有机物越多，污泥的含水率越高。

2. 污泥的脱水性能

一般污泥的含水率都比较高，体积大，不利于污泥的贮存、输送、处理及利用，必须对污泥进行脱水处理。但是不同性质的污泥脱水的难易程度差别很大，应根据其脱水性能，选择合适的方法，才能取得良好的效果。

3. 污泥的理化性质

污泥的理化性质主要包括：有机物（挥发性）和无机物（灰分）的含量、植物养分含量、有害物质（重金属）含量、热值等。

4. 污泥的安全性

随着城市的发展和废水污水治理的实施，污泥的成分越来越复杂，污泥最终处置前进行安全性试验和评价显得十分重要。污泥中含有大量细菌及各种寄生虫卵，为了防止应用过程中传染疾病，必须对污泥进行寄生虫卵的检查。作农肥使用的污泥要根据《农用污泥中污染物控制标准》（GB 4284—1984）分析其中的重金属和有毒有害成分。即使进行填埋的污泥也必须按照有关法规与标准进行各种安全性评价。

二、城市污泥处理技术概述

（一）污泥中水分的存在形式及其分离性能

污泥中所含水分形态，尽管不同的文献具有不同的分类，但一般都认为有四种形态，即表面吸附水、间隙水、毛细结合水和内部结合水。毛细结合水又可分为裂隙水、空隙水和楔形水。

1. 表面吸附水

污泥属于凝胶，是由絮状的胶体颗粒集合而成。污泥的胶体颗粒很小，其与其体积相比表面积很大，由于表面张力的作用吸附的水分也就很多。胶体颗粒全部带有相同性质的电荷，相互排斥，妨碍颗粒的聚集长大，而保持稳定状态，因而表面吸附水用普通的浓缩或脱水方法去除比较困难。只有加入能起混凝作用的电解质，使胶体颗粒的电荷得到中和后，颗粒呈不稳定状态，黏附在一起，最后沉降下来。颗粒增大后其比表面积减小，表面张力随之降低，表面吸附水也随之从胶体颗粒上脱离。污泥胶体颗粒一般带负电荷，因此应加入带正电荷的电解质离子。刚好中和胶体电荷的中性点成为等电点。到等电点，其同性电荷的相斥作用立即停止，小颗粒胶体开始聚集、收缩，其容积减小。电解质的加入量不足或过量，达不到等电点，凝聚效果差，浓缩或脱水效果也不好。

2. 间隙水

间隙水是指大小污泥颗粒包围着的游离水分，它并不与固体直接结合，因而很容易分离，只需在浓缩池中控制适当的停留时间，利用重力作用，就能将其分离出来。间隙水一般要占污泥总含水量的65% ~85%，这部分水是污泥浓缩的主要对象。

3. 毛细结合水

将一根直径细小的管子插入水中，在表面张力的作用下，水在管内上升使水面达到一定的高度，这一现象叫毛细现象。水在管内上升的高度与管子半径成反比，就是说管子半径越小，毛细力越大，上升高度越高，毛细结合水就越多。污泥由高度密集的细小固体颗粒组成，在固体颗粒接触表面上，由于毛细力的作用，形成毛细结合水，这种结合水称为楔形毛细结合水。固体颗粒自身裂隙中的毛细水，称之为裂隙毛细结合水；固体颗粒和颗粒之间空隙的毛细水，称为间隙毛细水。各类毛细结合水约占污泥总含水量的15% ~25%。

如果将固体颗粒间充满水分的污泥柱浸入水中，间隙水由于重力作用从上部开始流动，一直保持不变。因此，要分离毛细结合水，需要较高的机械作用力和能量，如真空过滤、压力过滤和离心分离才能去除这部分水分。

4. 内部结合水

内部结合水是指包含在污泥中微生物细胞体内的水分。它的含量多少与污泥中微生物细胞体所占比例有关。一般初沉污泥内部结合水较少，二沉污泥中内部结合水较多。这种内部结合水与固体结合得很紧密，使用机械方法去除这部分水是行不通的。要去除这部分水分，必须破坏细胞膜，使细胞液渗出，由内部结合水变为外部液体。为了除去这些内部结合水，可以通过好氧菌或厌氧菌的作用进行生物分解，如好氧消化、堆肥、厌氧消化等，或采用高温加热和冷冻等措施。内部所结合水的量不多，内部结合水和表面吸附水一起只占污泥总含水量的10%左右。

（二）污泥处理方法

常用的污泥处理方法有：浓缩、调理、消化、脱水和干燥。

1. 污泥浓缩

根据主要单元装置的不同可分为重力浓缩、气浮浓缩和离心浓缩。

重力浓缩是应用最广泛和最简便的一种浓缩方法。它又可分为连续式重力浓缩池和间歇式重力浓缩池，前者用于大中型污水厂，后者用于小型污水厂。

气浮浓缩与重力浓缩相反，是指依靠大量微小气泡附着在污泥颗粒的周围，减小颗粒的密度而强制上浮。因此气浮法对比重接近于1的污泥尤其适用。气浮到水面的污泥用刮泥机刮除。澄清水从池底排除，一部分水加压回流，混入压缩空气，通过溶气罐，供给所需要的微气泡。

离心浓缩的原理是利用污泥中固液比重不同，所具有的不同离心力进行浓缩。它占地面积小，造价低，但运行费用与机械维修费较高。

2. 污泥调理

污泥中的固体物主要为胶质，有复杂的结构，与水的亲和力很强，含水率很高，一般为96%～99%，浓缩后含水率仍然高达85%～90%以上。为了提高污泥浓缩和脱水效率，需要采用多种方法，改变污泥的理化性质，减小与水的亲和力，通过调整固体粒子群性质及其排列状态，使凝聚力增强，颗粒变大。这样的预处理操作称为调质（或调理）。是污泥浓缩和脱水过程中不可缺少的工艺过程。

3. 污泥消化

污泥的消化是一个生物化学过程，主要依靠微生物对有机物的分解作用。污泥的消化处理是稳定污泥的有效方法。按作用的细菌种类的不同，可分为：厌氧消化法和好氧消化法。厌氧消化法是污泥中的有机物在无氧的条件下被分解为甲烷和二氧化碳，主要处理对象为初次沉淀污泥，剩余活性污泥以及高浓度的生产污水，特别对那些生化需氧量极高，在缺氧的条件下易于分解的生产污水，非常有效；好氧消化法即对活性污泥进行长时间的曝气，可使细菌体内进行内源代谢。

影响厌氧消化的主要因素是温度，其他还有污泥投配率、营养与碳氮比、酸碱度、有毒物质含量等。

4. 污泥脱水

污泥经浓缩处理后，含水率约为95%～97%，体积还很大，仍可用管道运输。为了满足卫生标准、综合利用或进一步处置的要求，之后可对污泥进行干化和脱水。污泥干化与脱水，主要有自然干化、机械脱水和热处理法。污泥脱水是依靠过滤介质（多孔性物质）两面的压力差为推动力，使水分强制通过过滤介质，固体颗粒被截留在介质上，达到脱水的目的。

5. 污泥干燥

污泥经过自然干化或机械脱水后，尚有约45%～85%的含水率，体积与重量仍很大，可采用干燥的方法进一步脱水干化。干燥对象是毛细管水、吸附水和颗粒内部水。经干燥后，含水率可降至10%左右。

根据干燥介质（灼热气体）和污泥流动相对方向的不同，污泥干燥设备可分为并流、逆流和错流式三种。并流干燥中，污泥与干燥介质的流动方向一致，干燥快，温度低，热损失少，但由于推动力不断降低，影响生产率；逆流干燥中，污泥与干燥介质移动方向相反，推动力较为均匀，速度快，干燥程度高，但热损失大；错流干燥中，污泥移动方向与干燥介质流动方向垂直，干燥推动力均匀，可克服并流或逆流干燥中的缺点，但其构造比较复杂。在污泥的干燥中，上述三种都使用，但最常用的是并流和错流两种。

三、城市污泥的处置及资源化

（一）城市污泥处理处置的一般原则

污泥的处理处置与其他固体废物的处理处置一样，都应遵循减量化、稳定化、无害化的原则。为达此目的，通过各种装置的组合，构成种种污泥处理处置的工艺。

1. 减量化

污泥的含水率高，一般大于95%，体积很大，不利于贮存、运输和消纳，减量化十分重要。经浓缩后，含水率均在85%以上，可用泵输送污泥；含水率为70%～75%的污泥呈柔软状；60%～65%的污泥几乎成为固体状态；34%～40%时已成可离散状态；10%～15%的污泥则成粉末状的减量化程度。

2. 稳定化

污泥中有机物含量60%～70%，会发生厌氧降解，极易腐败并产生恶臭。由此需要采用生物好氧或厌氧消化工艺，使污泥中的有机组分转化成稳定的最终产物；也可添加化学药剂，终止污泥中的微生物的活性来稳定污泥，例如投加石灰，提高pH值，即可实现对微生物的抑制。pH值在11.0～12.2时可使污泥稳定，同时还能杀灭污泥中病原体微生物。但化学稳定法不能使污泥长期稳定，因为若将处理过的污泥长期存放，污泥的pH值会逐渐下降，微生物逐渐恢复活性，可使污泥失去稳定性。

3. 无害化

污泥中，尤其是初沉污泥中，含有大量病原菌、寄生虫卵及病毒，易造成传染病大面积传播。研究表明，加到污泥悬浮液中的病毒能与活性污泥絮体结合，因而在水相中残留的相当少。此外，污泥中还含有多种重金属离子和有毒有害的有机物，这些物质可从污泥中渗滤出来或挥发，污染水体和空气，造成二次污染。因此污泥处理处置过程必须充分考虑无害化的原则。

污泥处理处置时应将各种因子结合起来，综合考虑，杜绝不确定因素对环境可能造成的冲击和意想不到的污染物在不同介质之间的转移，对环境整体来讲，要具有安全性和可持续性。

（二）城市污泥处理处置的基本工艺流程

城市污泥处理处置的方法很多，但最终目的是实现减量化、稳定化和无害化。污泥处理处置的基本工艺流程可分为以下几类：

（1）浓缩——前处理——脱水——好氧消化——土地还原；

（2）浓缩——前处理——脱水——干燥——土地还原；

（3）浓缩——前处理——脱水——焚烧（或热分解）——灰分填埋；

（4）浓缩——前处理脱水——干燥——熔融烧结——做建材；

（5）浓缩——前处理——脱水——干燥——做燃料；

（6）浓缩——厌氧消化——前处理——脱水——土地还原；

（7）浓缩——蒸发干燥——做燃料；

（8）浓缩——湿法氧化——脱水——填埋。

决定污泥处理工艺时，不仅要从环境效益、社会效益和经济效益全面权衡，还要对各种处理工艺进行探讨和评价，根据实际情况进行选定。

（三）城市污泥资源化的发展趋势

目前城市污泥处理处置的技术在发生变化，因土地及劳力费上涨，城市污泥采用机械脱水的趋势虽然仍在发展，且污泥焚烧因其减量化明显，有了长足发展，但因其耗能阻碍了该技术的进一步推广，因此城市污泥目前的发展趋势是从原来单纯处理处置逐渐向污泥有效利用、实现资源化方向发展。

城市污泥的堆肥化就是资源化的途径之一，城市污泥富含微生物生活繁殖所需的有机营养成分，是一种理想的堆肥原料。城市污水污泥首先必须经脱水达到20%～40%的含固率，同时还应为维持好氧条件加入膨松剂以使所有的污泥供料都能均等的与空气接触。目前经常使用的膨松剂是木材，另外具有发展潜力的膨松剂是粉碎后的轮胎。微生物堆肥过程中产生的热量，这有利于多余水分的蒸发，经试验表明，经过堆肥，76%的最初污泥含水率可降至22%左右。

此外，利用城市污泥的比表面积较大的优势，还开发了污泥资源化做活性吸附材料的研究。如将污泥隔绝空气，在还原气氛下加热，使污泥中20%左右的有机物质炭化，这种炭化污泥类似于木炭，具有以下特征：密度小，质量轻；孔隙多，比表面积大；润湿时可吸附污泥体积30%～40%的水分；良好的脱色除臭性能；富含热值；适合微生物在其表面生长等优势。

目前炭化污泥已用作土壤改良剂，以此提高农作物产量；用作污泥脱水助剂，改善污泥脱水性能以及用作废水脱水除臭剂等。根据世界各国污泥处理技术发展的趋势和我国相关政策导向，资源化将成为未来污泥处理的主流。

第二章 城市污水处理工艺

第一节 一级污水处理工艺

污水处理工艺指在达到所要求处理程度的前提下，污水处理各操作单元的有机组合，确定各处理构筑物的形式，以达到预期的处理效果。

污水处理工艺流程由完整的污水处理系统和污泥处理系统组成。污水处理系统包括一级处理系统、二级处理系统和深度处理系统。

污水一级处理是由格栅、沉砂池和初次沉淀池组成，其作用是去除污水中的固体污染物质，从大块垃圾到颗粒粒径为数毫米的悬浮物。污水中的 BOD 通过一级处理能够去除 20% ~30%。

污水二级处理系统是污水处理系统的核心，它的主要作用是去除污水中呈胶体和溶解状态的有机污染物。通过二级处理，污水中的 BOD 可以降至 20 ~30mg/L，一般可达到排放水体和灌溉农田的要求。各种类型的污水生物处理技术，如活性污泥法、生物膜法以及自然生物处理技术，因此只要运行正常都能够取得良好的处理效果。

经过二级处理以后的污水中仍然含有一部分污染物。一般来说，二级处理后的污水水质虽然能够满足污水综合排放标准。但是有些时候，为了保证受纳水体不受污染或是为了满足污水再生回用的要求，就需要对二级处理出水进行更进一步处理，以降低悬浮物和有机物，并去除氮磷类营养物质，这就是污水的深度处理。

污泥是污水处理过程的副产品，也是必然的产物，如从初次沉淀池排出的沉淀污泥，从生物处理系统排出的生物污泥等。这些污泥应加以妥善处置，否则会造成二次污染。在污水处理系统中，对污泥的处理多采用由厌氧消化、脱水、干化等技术组成的系统。处理后的污泥已经去除了其中含有的细菌和寄生虫卵，可以作为肥料用于农业。

污水处理工艺的组合应遵循先易后难、先简后繁的规律，即首先去除大块垃圾和漂浮物质，然后再依次去除悬浮固体、胶体物质及溶解性物质。亦即，首先使用物理法，然后再使用化学法和生物处理法。

选择污水处理工艺时，工程造价和运行费用也是工艺流程选择的重要因素。当然，处理后水应当达到的水质标准是前提条件。以原污水的水质、水量及其他自然状况为已知条件，以处理后水应达到的水质标准为约束条件，以处理系统最低的总造价和运行费用为目标函数，建立三者之间的相互关系。

减少占地面积也是降低建设费用的重要措施，从长远考虑，它对污水处理工程的经济效益和社会效益有着重要的影响。

当地的地形、气候等自然条件也对污水处理工艺流程的选定具有一定的影响。在寒冷地区应当采用低温季节也能够正常运行，并保证取得达标水质的工艺，而且处理构筑物都应建在露天，以减少建设和运行费用。

对污水处理工艺流程的选择还应与处理后水的受纳水体的自净能力及处理后污水的出路有关。根据水体自净能力来确定污水处理工艺流程，既可以充分利用水体自净能力，使污水处理工程承受的处理负荷相对减轻，又可防止水体遭受新的污染，破坏水体正常的使用价值。不考虑水体所具有的自净能力，任意采用较高的处理深度是不经济的，将会造成不必要的投资。

处理后污水的出路，往往是取决于该污水处理工艺的处理水平。如果处理后污水的出路是农田灌溉，则应使污水经二级生化处理后在确定无有毒物质存在的情况下考虑排放；如污水经处理后回用于工业生产，则处理深度和要求根据回用的目的不同而异。

一级污水处理工艺的作用是去除污水中的固体污染物质，对污水中的 SS 去除率一般为 40% ~55%，对有机物去除率约为 20% ~30%。其工艺流程框图如图 2 –1 所示。

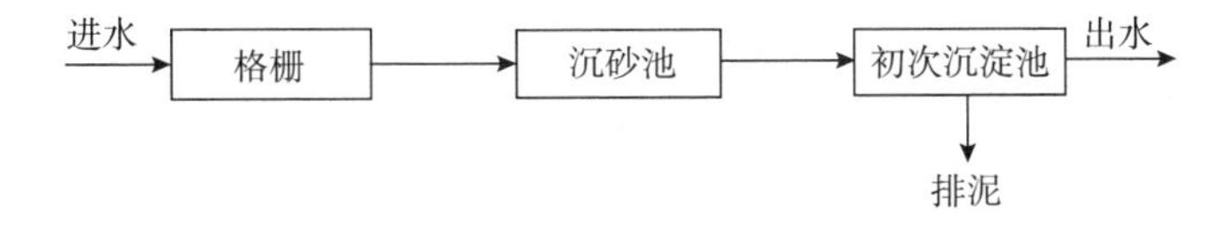

图 2 –1　一级污水处理工艺

污水一级处理构筑物主要包括粗细格栅、沉砂池和初次沉淀池。对污水中有机物去除率不高，是作为二级污水处理工艺的预处理。对于一次性建设二级污水处理工艺有困难的地区，这时可以考虑分期建设，一期先建成一级污水处理工艺，等经济条件具备后，再完成后续二级处理构筑物的建设。例如，哈尔滨文昌污水处理厂一期工程就是采用一级污水处理工艺，将污水进行预处理后排放；二期工程则建成了完善的二级污水处理工艺。

一级强化污水处理工艺指对一级污水处理工艺的强化。实际上是将给水处理一直采用的混凝沉淀工艺用于污水处理。一级强化污水处理工艺流程框图如图 2－2 所示。

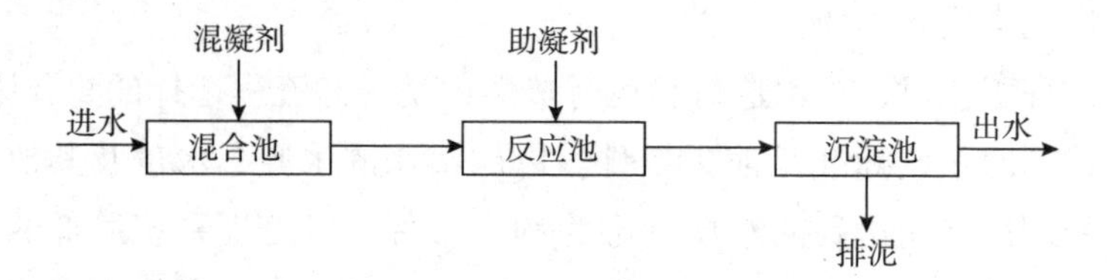

图 2－2　一级强化污水处理工艺流程

一级强化污水处理工艺比一级污水处理工艺中初沉池效率显著提高，SS 可去除 70%～80%，BOD、COD 可去除 40%～50%，对于有机浓度低的污水，出水水质接近排放标准。新的国家标准规定非重点控制流域和非水源保护区的建设的建制镇的污水处理厂，根据经济条件和水污染控制要求，其可采用一级强化污水处理工艺，但必须预留二级处理设施的位置，分期达到二级标准。

第二节　二级污水处理工艺

二级污水处理工艺的主要作用是去除污水中呈胶体和溶解状态的有机污染物。污水厂二级处理工艺流程框图大体如图 2－3 所示。

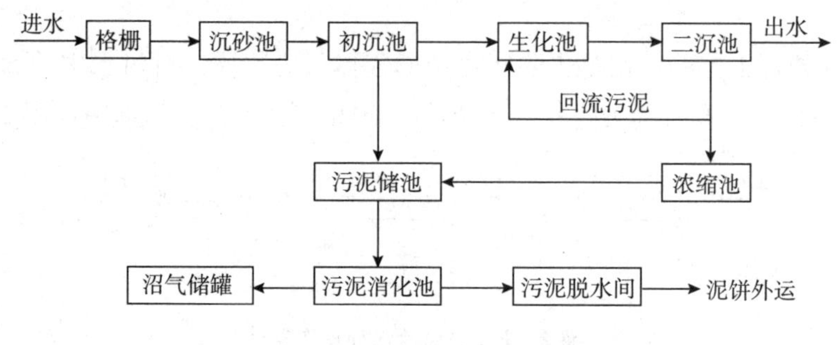

图 2－3　二级污水处理工艺

污水厂二级污水处理工艺大致包括活性污泥法、生物膜法等。

一、活性污泥法

自然界广泛地存活着大量的有机物生活的微生物，微生物可以通过其本身新陈代谢的生理功能，能够氧化分解环境中的有机物并将其转化为稳定的无机物。污水的生物处理技术就是利用微生物的这一生理功能，并采取一定的人工技术措施，创造有利于微生物生长、繁殖的良好环境，加速微生物的增殖及其新陈代谢生理功能，从而使污水中的有机污染物得以降解、去除污水处理技术。

活性污泥法是一种应用最广的污水好氧生物处理技术。其是由曝气池、二次沉淀池、曝气系统以及污泥回流系统等组成。

曝气池与二次沉淀池是活性污泥系统的基本处理构筑物。由初次沉淀池流出的污水与从二次沉淀池底部回流的活性污泥同时进入曝气池，其混合体称为混合液。在曝气的作用下，混合液得到足够的溶解氧并使活性污泥和污水充分接触。污水中的可溶性有机污染物被活性污泥吸附并为存活在活性污泥上的微生物群体所分解，使得污水得以净化。其在二次沉淀池内，活性污泥与已被净化的污水分离，处理后的水体排放，活性污泥在污泥区内进行浓缩，并以较高的浓度回流进入曝气池。由于活性污泥不断地增长，部分污泥作为剩余污泥从处理系统中排出，也可以送往初次沉淀池，提高初次沉淀池沉淀效果。

活性污泥法在开创的初期，所采用的流程被称为传统活性污泥法，曝气池呈狭长方形，污水在池中的流型和混合特征是：从一端流入，从另一端流出，污水与回流污泥入池后仅进行横向混合，而前后互不相混，以一定流速推流前行，故称为“推流式”。近年来，在改良的活性污泥法中，出现一种新的流型和混合特征，即污水和回流污泥进入曝气池后，立即与池中原有混合液充分混合，这就是“完全混合式”。不论推流式还是完全混合式活性污泥法，或者其他改良的活性污泥法，其实质都是以存在于污水中的有机物作为培养基，在有氧的条件下，对各种微生物群体进行混合连续培养，通过凝聚、吸附、氧化分解、沉淀等过程去除污染物的一种方法。

活性污泥法具有几种常用的运行方式，包括传统活性污泥法、阶段曝气法、生物吸附法、完全混合法与延时曝气法。

二、生物膜法

污水中的生物膜处理法是和活性污泥法并列的一种好氧生物处理技术。该种处理方法是使得细菌和原生动物、后生动物一类的微型动物在滤料或者某些载体上生长发育，形成膜状生物性污泥生物膜。通过与污水的接触，生物膜上的微生物摄取污水中的有机污染物作为营养，从而使污水得到净化。生物膜法是污水处理的另一种方法，通过选择合适的生物载体，可以提高污水处理能力。生物膜法包括生物滤池、生物转盘和生物接触氧化。

生物膜法的主要特点有：

（1）参与净化反应的微生物种类的多样化，沿着水流方向每段都能自然形成独特的优势微生物，生物膜上的食物链长，而且能够生长硝化菌；

（2）不产生污泥膨胀问题，易于固液分离；

（3）对水质、水量的冲击负荷有较强的适应性；

（4）在低温情况下，也能够保持一定的净化功能；
（5）能够处理低浓度的污水；
（6）运行管理较为方便，动力消耗少；
（7）产生的污泥量少，一般来讲，生物膜工艺产生的污泥量较活性污泥能够少 1/4；
（8）具有较好的硝化和脱氮功能。

第三节 三级污水处理工艺

三级污水处理工艺继二级污水处理工艺之后，进一步处理二级处理难降解的有机物、氮、磷等能够导致水体富营养化的可溶性无机物，主要方法有生物脱氮除磷法，混凝沉淀法，砂滤法，活性炭吸附法，离子交换法和电渗析法等。

一、缺氧——好氧生物脱氮工艺（A_1/O）

城市污水中的氮主要以有机氮、氨氮两种形式存在，硝态氮含量很低，其中，有机氮为 30% ~40%，氨氮为 60% ~70%，亚硝酸盐氮和硝酸盐氮仅为 0 ~5%。水环境污染和水体富营养问题的日益突出使越来越多的国家和地区制定更为严格的污水排放标准。

（一）生物脱氮原理

在自然界中存在着氮循环的自然现象，在采取适当的运行条件后，城市污水中的氮会发生氨化反应、硝化反应和反硝化反应。

1. 氨化反应

指在氨化菌的作用下，有机氮化合物分解、转化为氨态氮。

2. 硝化反应

在硝化菌的作用下，氨态氮分两个阶段进一步分解、氧化，首先在亚硝化菌的作用下，氨转化为亚硝酸氮。

3. 反硝化反应

在反硝化菌的代谢下，其有两个转化途径，即同化反硝化（合成），最终产物为有机氮化合物，成为菌体的组成部分。

（二）A_1/O 工艺流程

A_1/O 法脱氮是于 20 世纪 80 年代初期开创的工艺流程，又称之为“前置式反硝化生物脱氮系统”，这是目前采用较为广泛的一种脱氮工艺。工艺流程框图如图 2 - 4 所示。

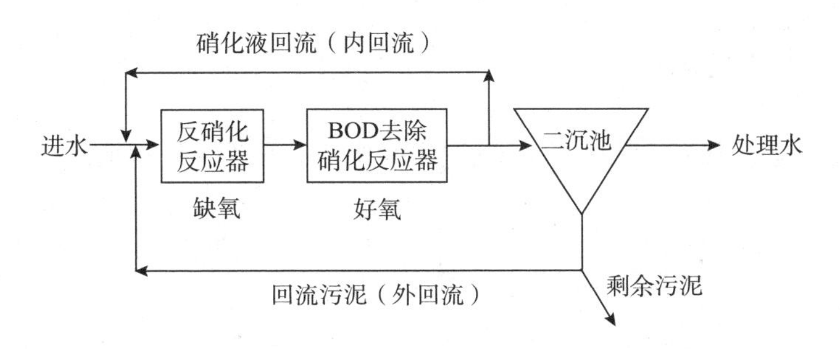

图 2 - 4　缺氧——好氧活性污泥法脱氮系统

A_1/O 法脱氮工艺流程的反硝化反应器在前，BOD 去除、硝化二项反应的综合反应器在后。反硝化反应是以原污水中的有机物为碳源的。在硝化反应器内的含有大量硝酸盐的硝化液回流到反硝化反应器，由此进行反硝化脱氮反应。

（三）结构特点

A_1/O 工艺由缺氧段与好氧段两部分组成，两段可分建，也可合建于一个反应器中，但中间用隔板隔开。其中，缺氧段的水力停留时间为 0.5 ~ 1h，溶解氧小于 0.5mg/L。同时，为加强搅拌混合作用，防止污泥沉积，应设置搅拌器或水下推流器，功率一般为 10W/m^3。

二、厌氧——好氧生物除磷工艺（A_2/O 工艺）

城市污水中总磷含量在 4 ~ 15mg/L，其中有机磷为 35% 左右，无机磷为 65% 左右，通常都是以有机磷、磷酸盐或聚磷酸盐的形式存在污水中。

（一）生物除磷原理

生物除磷是依靠回流污泥中聚磷菌的活动进行的，聚磷菌是活性污泥在厌氧、好氧交替过程中大量繁殖的一种好氧菌，虽竞争能力很差，却可以在细胞内贮存聚羟基丁酸和聚磷酸盐。在厌氧——好氧过程中，聚磷菌在厌氧池中为优势菌种，构成了活性污泥絮体的主体，它吸收分子的有机物，同时将贮存在细胞中 R 聚磷酸盐中的磷，通过水解而释放出来，并提供必需的能量。而在随后的好氧池中，聚磷菌所吸收的有机物将被氧化分解并提供能量，同时从污水中摄取比厌氧条件所释放的更多的磷，在数量上远远超过其细胞合成所需磷量，将磷以聚磷酸盐的形式贮藏在菌体内，而形成高磷污泥，通过剩余污泥系统排出，因而可获得较好的除磷效果。

因生物除磷系统的除磷效果与排放的剩余污泥量直接相关，剩余污泥量又取决于系统的泥龄。

（二）A_2/O 工艺流程

A_2/O 工艺由前段厌氧池和后段好氧池串联组成，如图 2－5 所示。

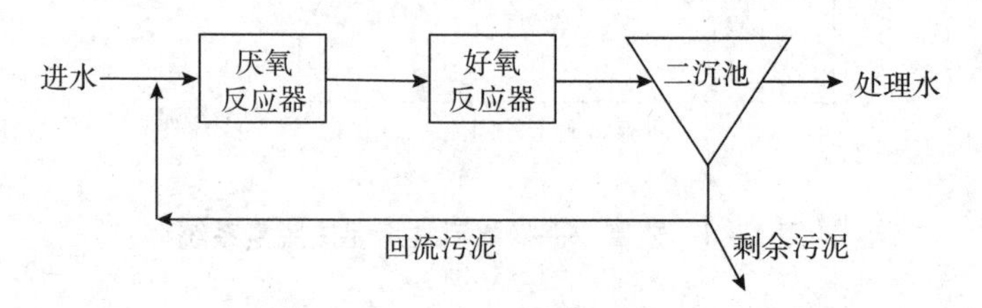

图 2－5　A_2/O 除磷工艺流程图

在 A_2/O 工艺系统之中，微生物在厌氧条件下将细胞中的磷释放，然后进入好氧状态，并在好氧条件下能够摄取比在厌氧条件下所释放的更多的磷，即利用其对磷的过量摄取能力将含磷污泥以剩余污泥的方式排出处理系统之外，从而降低处理出水中磷的含量。尤其对于进水磷与 BOD 比值很低的情况下，能取得很好的处理效果。但在磷与 BOD 比值较高的情况下，由于 BOD 负荷较低，剩余污泥量较少，因而比较难以达到稳定的运行效果。

（三）结构特点

A_2/O 工艺由厌氧段和好氧段组成，两段可分建，也可合建，在合建时两段应以隔板隔开。厌氧池中必须严格控制厌氧条件，厌氧段水力停留时间为 1～2h。好氧段结构型式与普通活性污泥法相同，且要保证溶解氧不低于 2mg/L，水力停留时间 2～4h。

三、厌氧——缺氧——好氧生物脱氮除磷工艺（A^2/O 工艺）

A^2/O 工艺是厌氧——缺氧——好氧生物脱氮除磷工艺的简称，该工艺可具有同时脱氮除磷之功能。

（一）生物脱氮除磷原理

生物脱氮除磷是将生物脱氮和生物除磷组合在一个流程中，污水首先进入首段厌氧池，与同步进入的从二沉池回流的含磷污泥混合，本池主要功能为释放磷，使污水中磷的浓度升高，溶解性有机物被微生物细胞吸收而导致污水中 BOD 浓度下降。

（二） A^2/O 工艺流程

A^2/O 工艺流程图如图 2－6 所示。

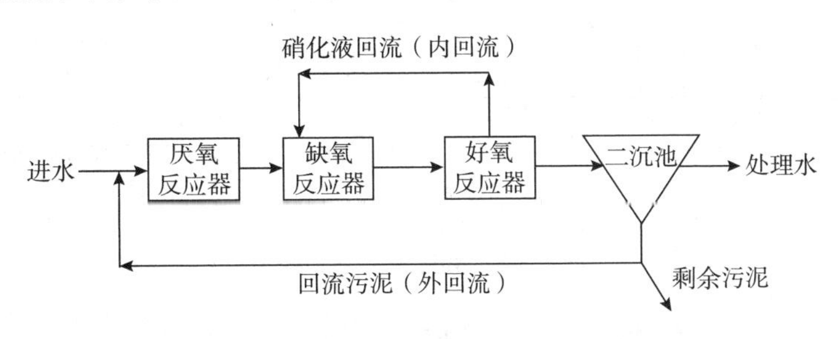

图 2－6　A^2/O 脱氮除磷工艺流程图

如图所示，A^2/O 工艺是通过厌氧、缺氧、好氧三种不同的环境条件与不同种类微生物菌群的有机配合，达到去除有机物、脱氮和除磷的功能。

（三） 构造特点

A^2/O 工艺由厌氧段、缺氧段、好氧段三部分组成，三部分可以是独立的构筑物，也可以建在一起，用隔板互相隔开。厌氧区和缺氧区缓速搅拌，防止污泥沉降，并避免搅拌过度造成氧的融入。厌氧区溶解氧 <0.2mg/L，水力停留时间约 1h；缺氧区溶解氧 <0.5mg/L，水力停留时间 1h。好氧段结构型式与传统活性污泥相同，水力停留时间 3～4h，溶解氧浓度 >2mg/L。

四、氧化沟工艺

氧化沟也称之为氧化渠，又称循环曝气池，是活性污泥法的改良与发展，是 20 世纪 50 年代荷兰卫生工程研究所首先研究开发出来的。

（一） 工艺原理

氧化沟工艺的曝气池呈封闭的沟渠形，池体狭长，可达数十甚至百米以上，曝气装置多采用表面曝气器，污水和活性污泥的混合液在其中不停地循环流动，有机物质被混合液中的微生物分解。该工艺对水温、水质和水量的变动有较强的适应性，BOD 负荷低，污泥龄长，反应器内可存活硝化细菌，发生硝化反应。在流态上，氧化沟介于完全混合与推流之间，氧化沟内流态是完全混合式的，但又具有某些推流式的特性，如在曝气装置的下游，溶解氧浓度从高向低变动，甚至可能出现缺氧段。氧化沟这种独特的水流状态，有利于活性污泥的生物凝聚作用，而且可以将其区分为富氧区、缺氧区，用以进行硝化和反硝化，以便达到脱氮的目的。

（二）工艺流程

图 2 –7 是以氧化沟为生物处理单元的废水处理流程。

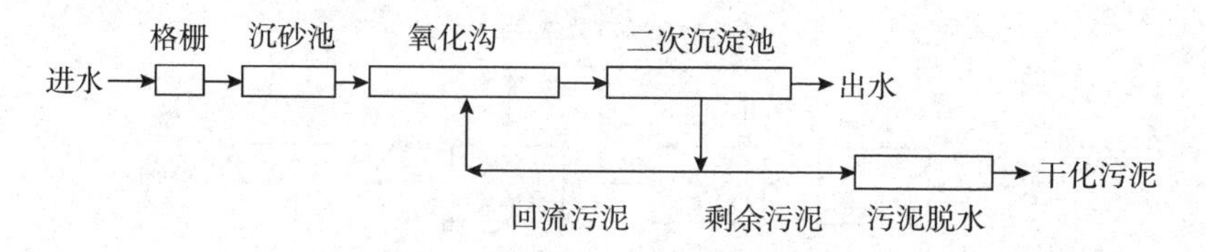

图 2 –7　氧化沟工艺流程图

如图 2 –7 可见，氧化沟的工艺流程比一般生物处理流程简化，这是由于氧化沟水力停留时间和污泥龄长，悬浮物和可溶解有机物可同时得到较彻底去除，排除的剩余污泥已得到高度稳定，因此氧化沟不设初沉池，污泥不需要进行厌氧消化。

（三）构造特点

氧化沟工艺设施由氧化沟沟体、曝气设备、进出口设施、系统设施组成。

1. 沟体

氧化沟沟体主要分两种布置形式，即单沟式和多沟式。一般呈环状沟渠形，也可呈长方形、椭圆形、马蹄形、同心圆形等，以及平行多渠道和以侧渠做二沉池的合建形等。其四周池壁可以用钢筋混凝土建造，也可原土挖沟衬素混凝土或三合土砌成，断面形式有梯形和矩形等。

2. 曝气设备

有供氧、充分混合、推动混合液不断循环流动和防止活性污泥沉淀的功能，常用的有水平轴曝气转刷和垂直轴表面曝气器。

3. 进出水装置

进水装置简单，只有一根进水管，出水处应设可升降的出水溢流堰。

4. 配水井

两个以上氧化沟并行工作时，应设配水井以保证均匀配水。

5. 导流墙

氧化沟转折处设置薄壁结构导流墙。

五、SBR 活性污泥法工艺

序批式活性污泥法，又称间歇式活性污泥法，简称为 SBR 法，是间歇运行的污水生物处理工艺。该工艺型式最早应用于活性污泥法，近些年来，该工艺的研究与应用日益广泛。

（一）工艺原理

SBR 法的工艺设施是由曝气装置、上清液排出装置及其他附属设备组成的反应器。SBR 对有机物的去除机理为：在反应器内预先培养驯化一定量的活性微生物（活性污泥），当废水进入反应器与活性污泥混合接触并有氧存在时，微生物利用废水中的有机物进行新陈代谢，将有机污染物转化成二氧化碳和水等无机物，同时微生物细胞增殖，最后将微生物细胞物质（活性污泥）与水沉淀分离，废水得以处理。

SBR 法不同于传统活性污泥法的流态及有机物降解是空间上的推流，该工艺在流态上属于完全混合型；而在有机物降解方面，有机基质含量随着时间的进展而逐渐降解。该工艺是由一个或多个 SBR 反应器——曝气池组成的，曝气池的运行操作是由流入、反应、沉淀、排放、待机（闲置）等 5 个工序组成。

（二）工艺流程

SBR 法工艺流程如图 2－8 所示：

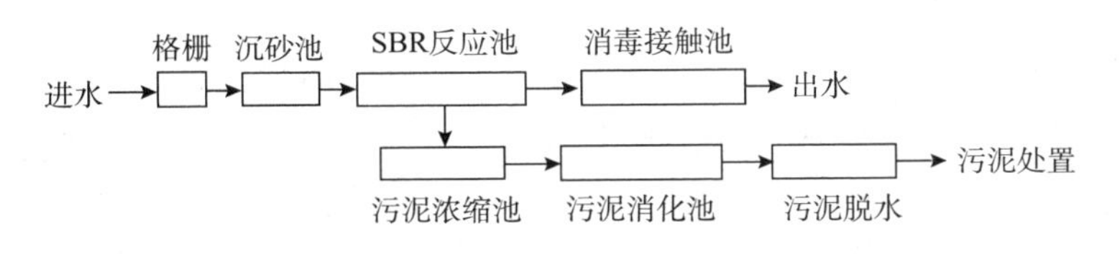

图 2－8　SBR 工艺流程

SBR 按进水方式分为间歇运行和连续进水，按有机物负荷分为高负荷运行和低负荷运行。该工艺系统组成简单，一般不需要设置调节池，可省去初次沉淀池，无二沉池和污泥回流系统，基建费用低且运行维护管理方便。该工艺耐冲击负荷能力强，一般不会产生污泥膨胀且运行方式灵活，同时具有去除有机物和脱氮除磷功能。

（三）SBR 工艺的主要设备

1. 鼓风设备

SBR 工艺多采用鼓风曝气系统提供微生物生长所需空气。

2. 曝气装置

SBR 工艺常用的曝气设备为微孔曝气器，微孔曝气器可以分为固定式和提升式两大类。

3. 滗水器

SBR 工艺最根本的特点是单个反应器的排水形式均采用静止沉淀，集中排水的方式运行，为了保证排水时不会扰动池中各个水层，可使排出的上清液始终位于最上层，要求使用一种能随水位变化而可调节的出水堰，又称为撇水器。滗水器有多种类型，其组成为集水装置、排水装置及传动装置。

4. 水下推进器

水下推进器的作用是搅拌和推流，一方面使混合液搅拌均匀；而另一方面，在曝气供氧停止，系统转至兼氧状态下运行时，能使池中活性污泥处于悬浮状态。

5. 自动控制系统

SBR 采用自动控制技术，把用人工操作难以实现的控制通过计算机、软件、仪器设备的有机结合自动完成，并创造满足微生物生存的最佳环境。

六、LINPOR 工艺

LINPOR 工艺是一种传统活性污泥法的改进工艺，是通过在传统工艺曝气池中投加一定数量的多孔泡沫塑料颗粒作为活性微生物的载体材料而实现的。LINPOR 工艺有 3 种不同的方式：LINPOR——C 工艺、LINPOR——C/N 工艺、LINPOR——N 工艺。

（一）LINPOR——C 工艺

图 2 -9 所示为 LINPOR——C 工艺流程图，主要由曝气池、二沉池、污泥回流系统和剩余污泥排放系统等组成。该工艺中的微生物由两部分组成，一部分附着生长于多孔塑料泡沫上，另外一部分则悬浮于混合液中呈游离状。在运行过程中，附着的生物体被设置在曝气池末端的特制格栅所截留，而处于悬浮态的活性污泥则可穿过格栅而随出水流出曝气池，在二沉池进行泥水分离后进行污泥回流。

LINPOR——C 反应器几乎适用于所有形式的曝气池，因而特别适用于对超负荷运行的城市污水和工业废水活性污泥法处理厂的改造。

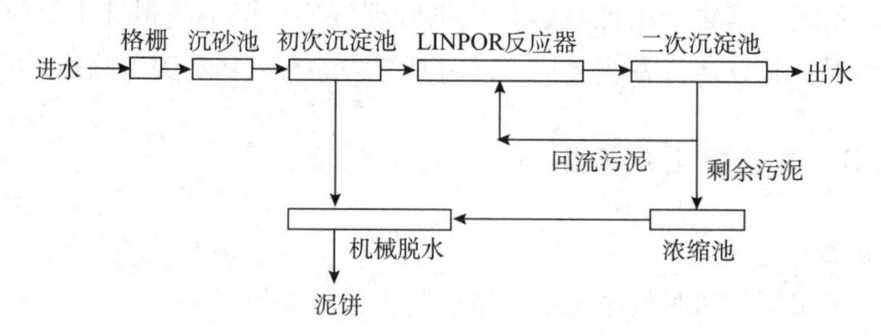

图 2 -9　LINPOR——C 工艺流程图

（二）LINPOR——C/N 工艺

图 2 -10 所示为 LINPOR——C/N 工艺具有同时去除废水中 C 与 N 的双重功能，与 LINPOR——C 工艺之差别在于有机负荷。在 LINPOR——C/N 工艺中，由于存在较大

数量的附着生长型硝化细菌，可获得良好的硝化效果。此外，LINPOR——C/N 工艺可获得良好的反硝化效果，脱氮效率可达 50% 以上，这是因为附着在载体填料表面的微生物在运行过程中其内部存在良好的缺氧区（环境），而塑料泡沫的多孔性，使得在载体填料的内部形成无数个微型的反硝化反应器，达到在同一个反应器中同时发生碳化、硝化和反硝化的作用。图 2－10 所示为 LINPOR——C/N 工艺一种工艺组成及运行方式。

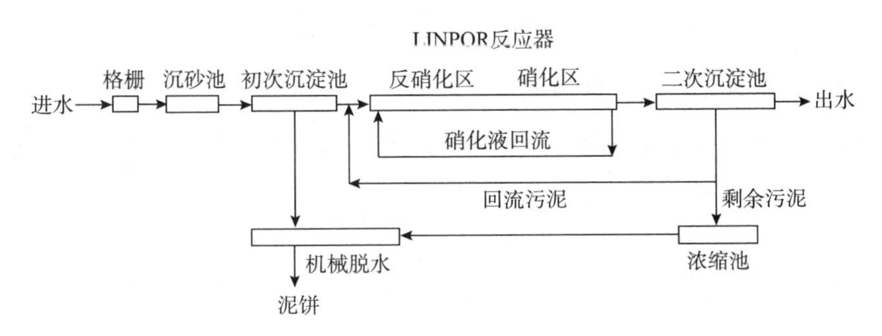

图 2－10 LINPOR——C/N 工艺流程图

（三）LINPOR——N 工艺

LINPOR——N 工艺十分简单，可在有机底物极低甚至不存在情况下对废水实现良好的氨氮去除，常用于对经二级处理后的工业废水和城市污水的深度处理。传统工艺中二沉池的出水中所含有的有机物通常是比较低的，具有适合于硝化菌生长的良好环境条件，不存在异养菌和硝化菌的竞争作用，所以在 LINPOR——N 工艺中，处于悬浮生长的生物量几乎不存在，而只有那些附着生长于载体表面的生物才能生长繁殖。该工艺有时也被称为“清水反应器”，运行过程中无需污泥的沉淀分离和污泥的回流，从而可节省污泥沉淀分离及污泥回流设备，这是一种经济的深度处理工艺。

七、其他主要污水处理工艺

（一）UCT 工艺

在普通工艺中，进入厌氧池的回流污泥含有硝态氮，它们势必优先利用原污水中的易降解碳源，影响聚磷菌对碳源的利用，降低生物除磷效率。为此，对普通工艺加以改进，将污泥回流到缺氧池，经过脱氮后再从缺氧池末端回流到厌氧池，即可消除硝态氮对除磷的不利影响。改进后的工艺称为 UCT 工艺，流程见图 2－11。

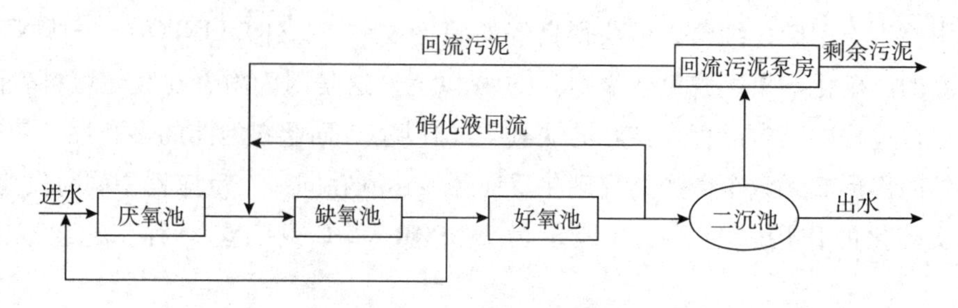

图 2-11 UCT 工艺流程框图

当 C/N、C/P 比很高时，碳源充足，回流到厌氧池的污泥中的硝态氮即使优先利用部分易降解碳源，不会影响聚磷菌对碳源的需求，这时采用 UCT 工艺显示不出优越性。

（二）UNITANK

UNITANK 工艺是在三沟式氧化沟的基础上开发出来的，其流程见图 2-12。

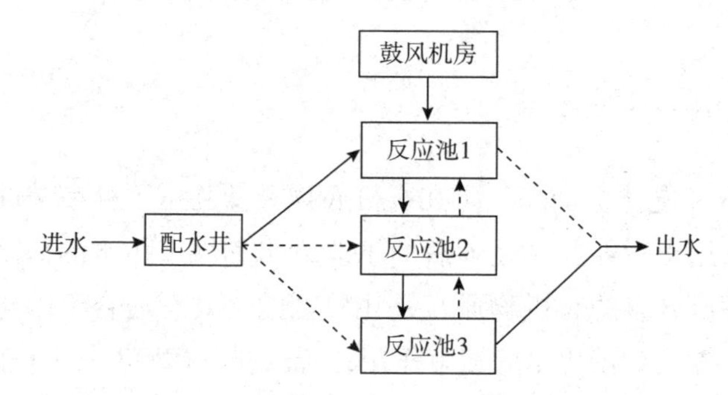

图 2-12 UNITANK 工艺流程框图

UNITANK 有以下几点改进：

（1）改氧化沟为矩形池，改转刷为鼓风曝气或其他形式曝气，反应池之间的隔墙相连，多个反应池可连成一片，水深不受曝气转刷限制，有的可深达 8m，因而占地面积大大减小，是目前占地面积最小的城镇污水处理工艺之一。

（2）出水可调堰可改为固定堰，节省大量设备费用。UNITANK 保留了三沟式氧化沟连续进水、连续出水、常水位运行、具有脱氮功能、流程十分简化等优点，同时也还存在容积利用率低、设备闲置率高、除磷功能差等不足，要求除磷时需采用化学除磷。

（三）ICEAS

传统 SBR 是间歇进水，切换频繁，且至少需要 2 池以上来回倒换，很不方便，于是出现了连续进水的ICEAS工艺，其流程见图2－13。

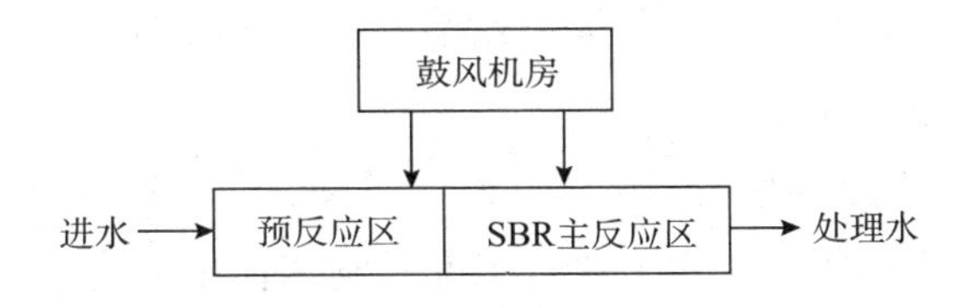

图2－13　ICEAS工艺流程框图

ICEAS工艺的主要改进是在反应池中增加一道隔墙，其将反应池分割为小体积的预反应区和大体积的主反应区，污水连续流入预反应区，然后通过隔墙下端的小孔以层流速度进入主反应区。当主反应区沉淀灌水时，来自预反应区的水流沿池底扩散，对原有的池液基本上不造成搅动，由此主反应区仍可按反应、沉淀、灌水的程序运行。

（四）DAT－IAT

ICEAS工艺的容积利用率不够高，一般不超过60%，反应池没有得到充分利用，相当一段时间曝气设备闲置。为了提高反应池和设备的利用率，开发出DAT－IAT工艺，其流程见图2－14。

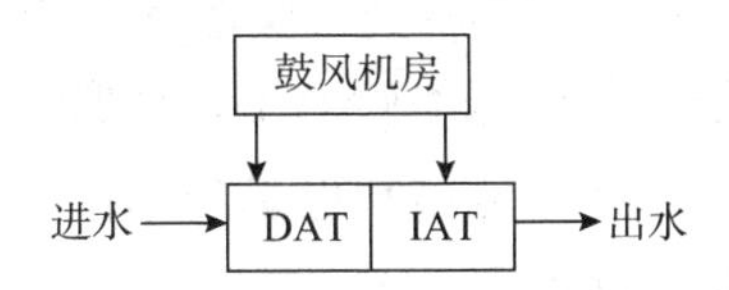

图2－14　DAT－IAT工艺流程框图

这种工艺用隔墙将反应池分为大小相同的两个池，污水连续进入DAT，在池中连续曝气，然后通过隔墙以层流速度进入IAT，在此池中按曝气、沉淀、排水周期运行，整个反应池容积利用率可达到66.7%，减小池容和建设费用。这种工艺的不足之处是脱氮不如ICEAS方便，除磷功能较差。

（五）CAST（CASS）

CAST工艺是SBR工艺中脱氮除磷的一种，是专门为脱氮除磷开发的，其工艺流程见图2－15。

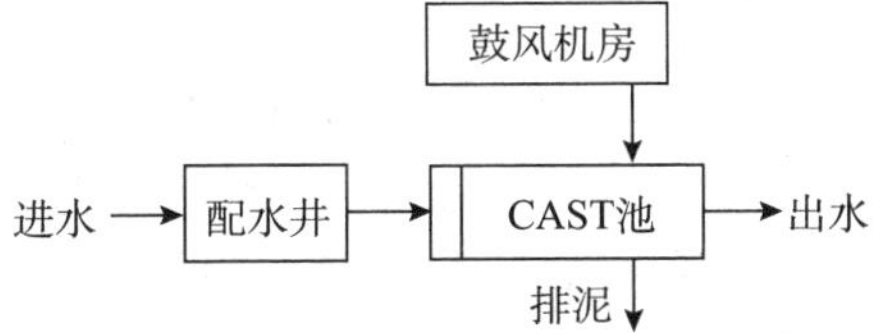

图2－15　CAST（CASS）工艺流程框图

CAST 的最大改进是在反应池前段增加一个选择段，污水首先进入选择段，与来自主反应区的回流混合液（约 20% ~30%）混合，在厌氧条件下，选择段相当于前置厌氧池，为高效除磷创造条件。

CAST 的另一个特点是利用同步硝化反硝化原理脱氮，在主反应区，反应时段前期控制溶解氧不大于 0.5mg/L，其处于缺氧工况，利用池中原有的硝态氮反硝化，然后利用同步硝化产生的硝态氮反硝化，到反应时段后期，加大充氧量，使主反应区处于好氧工况，完成生物除磷反应，并保证出水有足够的溶解氧。

CAST 工艺设计和运行管理简单，处理效果稳定，已被多座中小型污水处理厂所采用。

（六）MSBR

SBR 具有流程简单、占地省、处理效率高等优点，但该工艺的间歇进水、间歇排水、变水位运行、设备和池容利用率不高等缺陷影响了推广使用，而且多数 SBR 工艺的除磷效果不够理想，于是开发出 MSBR 工艺，流程见图 2－16。

MSBR 工艺是一个组合式一体化结构，在这个结构中有功能不同的分区，分别完成好氧、缺氧、厌氧、沉淀、排水、污泥浓缩、回流等功能，实现生物氧化、脱氮除磷，特别对含氮、磷高的污水有较好的脱氮除磷效果，克服了一般 SBR 工艺的不足，具有连续进水、连续出水、常水位运行、池容和设备利用率高等优点，是 SBR 工艺发展中的新尝试，已在深圳市盐田污水处理厂应用。

从图 2－16 还可以看出，MSBR 的结构复杂，各种设备较多，操作管理起来也比较麻烦，也有待进一步优化改进。

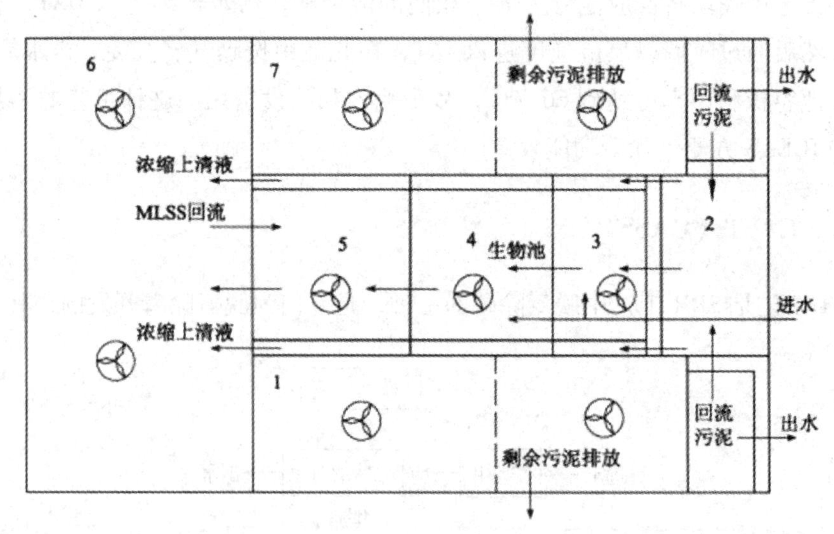

图 2－16 MSBR 工艺系统图

（七）BIOLAK 工艺

这是一种可以采用土池结构的工艺。BIOLAK 工艺主要使用 HDPE（高密度聚乙烯）防渗层铺底，隔绝污水和地下水，曝气头悬挂在浮于水面的浮动链上，不需在池底、池壁穿孔安装，水下没有固定部件，维修时不必排空池子，只需将曝气器提上来就行，浮动链被松弛地固定在曝气池两侧，每条浮动链可在池内一定区域蛇行运动，其示意图见图 2－17。

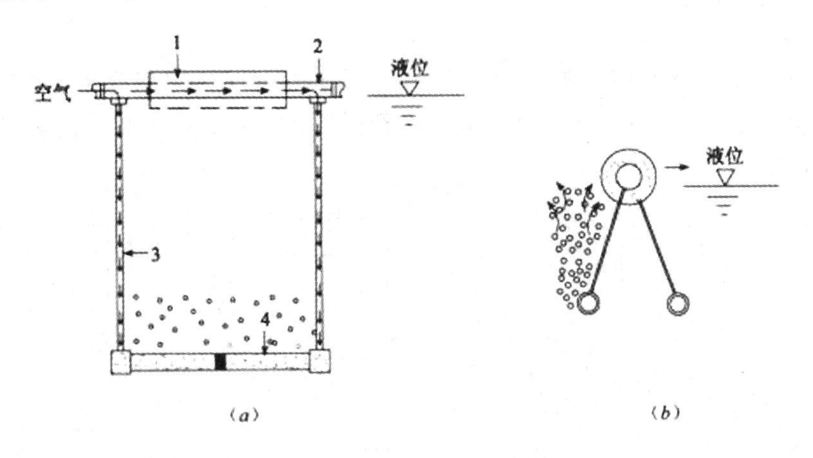

图 2－17　BIOLAK 工艺系统图

（a）曝气管悬挂示意图；（b）浮动链和曝气管摆动示意图

1—浮子；2—空气管；3—空气支管；4—曝气管

这种池型能因地制宜，很好适应现场地形，特别在地震多发地区和土质疏松地区具有优势。一般 BIOLAK 工艺是延时曝气，这种工艺可脱氮，其布置形式见图 2－18。

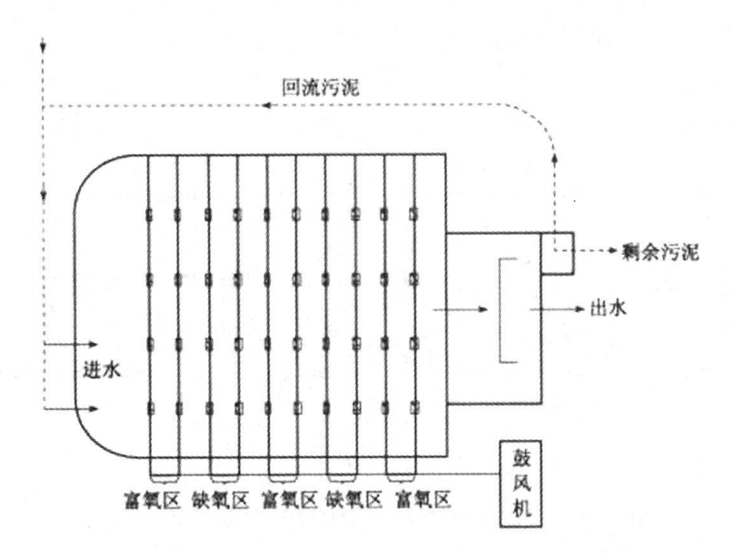

图 2－18　BIOLAK 布置示意图

BIOLAK 池深 3～6m，泥龄长达 30～70d，污泥好氧稳定，不需再进行消化。二沉池可与曝气池合建，用隔墙隔开，回流污泥与剩余污泥从池底抽出，澄清水通过溢流器排出。从图 2－18 中可以看出，在 BIOLAK 池中形成多重缺氧区和好氧区，池中溶解氧呈波浪形变化，所以也叫波浪式氧化工艺。

BIOLAK 工艺是德国一家工程技术公司的专利技术，国外已有数百座污水处理厂在运行。

（八）BIOFOR

BIOFOR 工艺是物化法与生化法相结合的工艺，物化法作为预处理，生化法是深度处理，出水水质优于一般二级出水，可以达到低质回用水标准。其工艺流程示意图见图 2－19（a）。

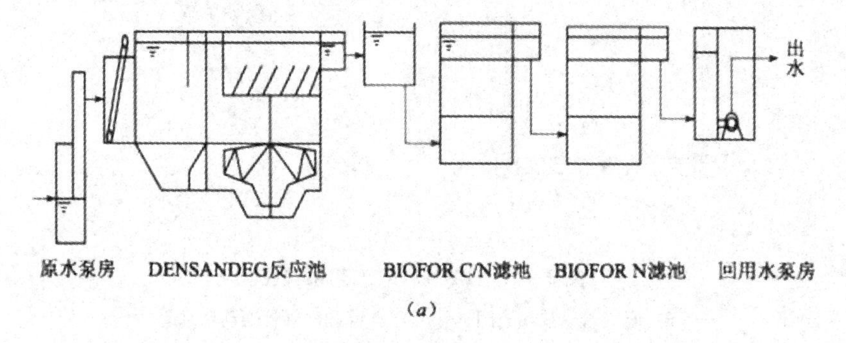

图 2－19　DENSANDEG＋BIOFORI 艺流程框图（一）

DENSANDEG 是化学强化一级处理装置，可将旋流沉砂、快速混凝、慢速反应以及斜板沉淀等多项功能集于一体，SS 和 BOD 去除率可分别达到 85% 和 60%，为后续深度处理创造了条件。其流程示意见图 2－19（b）。

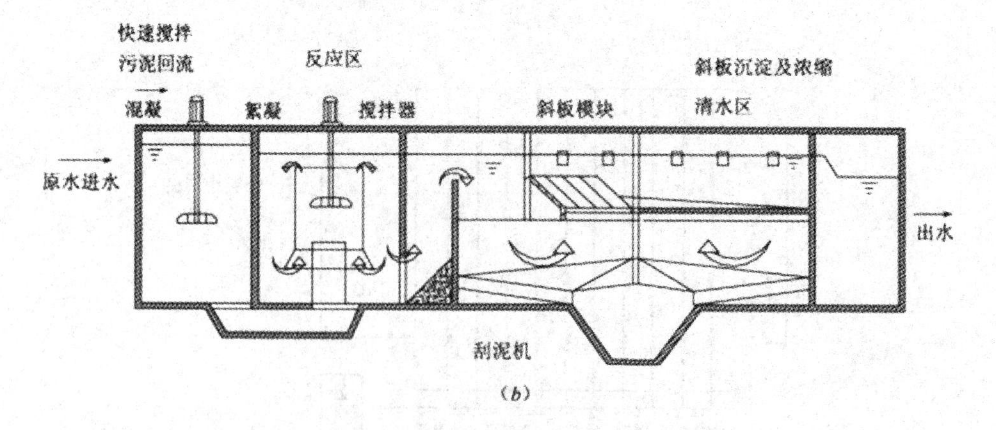

图 2－19　DENSANDEG＋BIOFORI 艺流程框图（二）

BIOFOR 起反应池和滤池的双重作用，既降解了有机物，又截留了悬浮固体，比二沉池的固液分离效果更好，出水直接达标排放，相当于一体化处理构筑物：

（1）可以生物脱氮，图 2－19（a）中后一个滤池是好氧池，发生硝化反应，前一个滤池是缺氧池，发生反硝化反应，相当于前置缺氧脱氮工艺，但一般需外加碳源。

（2）必须定时进行反冲洗，以去除脱落的生物膜和残留固体杂质，避免滤池系统堵塞，这是对传统接触氧化法的重大改进。

（3）滤料是用火山灰烧结制成，其具有很大的空隙率和比表面积，适宜的相对密度，良好的机械性能，耐腐蚀，可以附着大量生物膜，使滤池有很高的生物量，从而实现高速过滤。

（九）BIOSTYR

BIOSTYR 也是曝气生物滤池，是威望迪一个子公司的专利技术。其基本原理与 BIOFOR 相同，整个流程由预处理和生物滤池两个单元组成，这两个单元都是成套的组合设备，布置非常紧凑，非常节省占地、出水水质很好，满足低质回用水的要求。

第四节　污水深度处理工艺

污水深度处理不同于污水三级处理。有时候为了达到污水回用或者其他特定的目的，需要对二级出水乃至三级出水进行进一步的处理，以降低悬浮物、有机物、氮磷等无机类物质，这就是污水深度处理工艺。

污水深度处理工艺应根据待处理二级或者三级出水的水质特点以及深度处理后的水质要求而确定。一般来讲，二级或者三级处理的出水含有少量的悬浮物和难以去除的色度、臭味和有机物，这和水处理中的微污染及低温、低浊原水有相近之处。因此，深度处理的工艺流程和给水处理的工艺流程有共同之处，然又不完全等同于常规的给水处理工艺。目前，污水深度处理技术中最常用的包括混凝、沉淀、过滤、膜分离等工艺。

一、混凝

水质的混凝处理是向水中加入混凝剂，通过混凝剂水解产物来压缩胶体颗粒的扩散层，达到胶粒脱稳而相互聚积的目的；或者通过混凝剂的水解和缩聚反应而形成的高聚物的强烈吸附架桥作用，使得胶粒被吸附粘结。混凝处理的过程包括凝聚和絮凝两个阶段，凝聚阶段形成较小的微粒，之后再通过絮凝形成较大的颗粒，这种较大的颗粒在一定的沉淀条件下从水体中分离、沉淀出来。

混凝工艺的流程框图如图 2－20 所示。

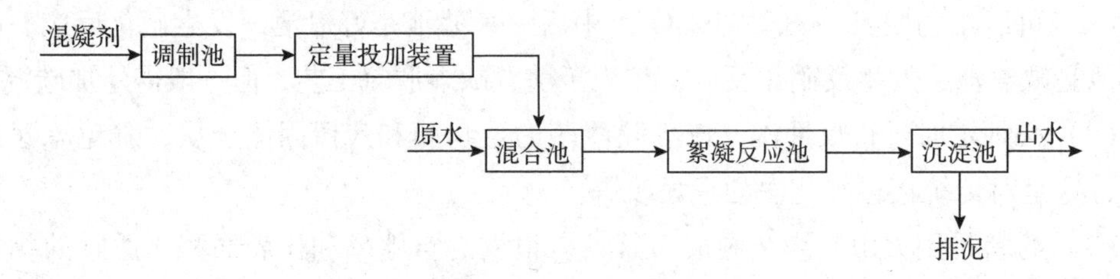

图 2－20　混凝工艺流程图

配制好的混凝剂通过定量投加的方式加入到原水中，并通过一定的方式实现水和药剂的快速均匀混合。然后，在絮凝反应池中通过凝聚和絮凝作用，使得微小的胶体颗粒形成较大的可沉淀的絮体。因污水的成分复杂多变，为了得到更好的混凝效果，混凝剂的选用、投量以及使用条件等需要通过试验确定。在设计时，应根据确定的混凝剂的种类和用量去选择合适的投加位置和投加方式，调制投加浓度，并选择合适的混合方法和设备。

（一）混合

混合是将待处理水与混凝剂进行充分混合的工艺过程，这是进行混凝反应和沉淀分离的重要前提，混合过程应在药剂加入后迅速完成。

混合方式分为两大类：水力混合和机械混合。其中，水力混合包括管式混合、混合池混合和水泵混合。水力混合设备简单，但是对于流量的变化适应性差；机械混合能够适应流量的变化，但是设备较为复杂，维修工作量大。在设计中选用何种方式，应根据水质、水量、工艺形式、混凝剂种类和用量等多种因素综合考虑，并选择合适的方式。

（二）絮凝反应

与药剂充分混合后的原水，进入絮凝反应池中进行絮凝反应，絮凝反应池主要起到絮凝的作用。

常用于污水深度处理的絮凝反应池可以分为水力絮凝反应池和机械絮凝反应池。絮凝反应池池型的选择应根据水质、水量、处理工艺，以及与前后构筑物的配合等因素综合考虑。

二、沉淀

城市污水处理厂的二级或者三级出水经过混凝反应后进入沉淀池，在沉淀池中完成固液分离。沉淀池形式主要有平流式沉淀池、辐流式沉淀池、竖流式沉淀池和斜板（管）式沉淀池。

三、过滤

污水处理厂的二级或三级出水经过混凝沉淀后，水中的污染物质虽然得到了进一步的去除，但仍然有一部分较为细小的颗粒和其他物质悬浮于水中，为了达到深度处理的目的，在混凝沉淀工艺以后应该设置过滤工艺。

四、膜分离技术

膜分离技术是利用一种半透膜作为分离介质，以压力差或浓度差作为推动力，在液体通过膜的同时，将其中的某些成分截留而达到固液分离的一种工艺。在水处理工艺中，通常是水流通过膜时得到处理过的水，将其他成分截留在膜后的浓缩液中。污水处理中常用的膜分离技术包括超滤和微滤。可以选用的膜种类有醋酸纤维素膜、聚砜膜、聚砜酰胺膜和芳香聚酰胺膜。

（一）超滤

超滤膜通常是由一层极薄的致密表皮层和一层较厚的具有海绵结构的多孔层组成的不对称膜，膜的开孔率为60%，主要去除大分子、细菌、病毒和胶体状物质。超滤膜的分离机理是粒径大于膜孔径的颗粒物质被膜面机械截留，粒径略小于膜孔径的物质在孔中被截留而去除，部分溶质在膜表面和微孔内被吸附。

目前，在污水处理系统中引入超滤膜组件而形成的膜生物反应器已越来越为人们所关注。膜生物反应器的结构示意图如图2－21所示。膜生物反应器的特点是：

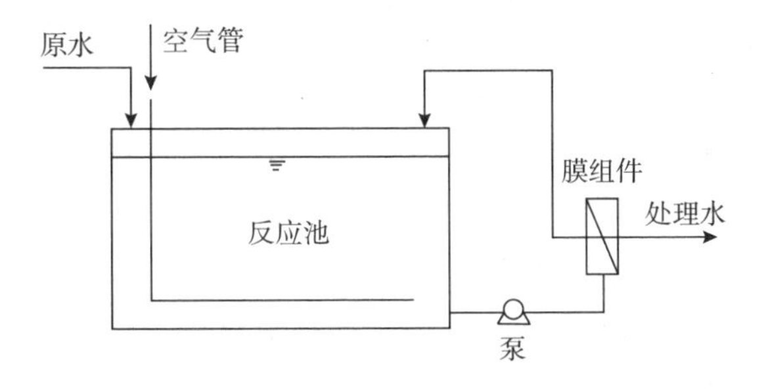

图2－21　膜生物反应器系统图

（1）固液分离效果好。用超滤代替以往的沉淀池，不但设备小而且分离效果好，处理后水质稳定，出水可以直接回用。

（2）有机物分解率高。生物反应器中维持较高的污泥浓度，因此有利于生长较慢的难降解有机物的微生物生存，会使得通常系统中难以生物代谢的物质也有可能被分解。同时，可使分解慢的有机物在反应器中的停留时间更长，其有利于难降解物质的分解。

（3）剩余污泥产生量少。

（二）微滤

微滤膜属于深层过滤技术，通常采用对称膜结构，这种膜具有整齐、均匀的特点，且为多孔结构，微滤技术主要是依靠静压差的作用去除水中的微粒，以及细小的颗粒状物质。在0.7～7kPa的操作压力下，小于膜孔径的粒子通过滤膜，比膜孔径大的粒子截留在膜表面。其作用机理有滤膜的机械截留作用、物理作用或吸附截留作用、架桥作用和膜内网格的截留作用。

微滤膜材料有醋酸纤维素膜（CA、CTA）、聚砜膜（PS、PSA）、尼龙等。微滤装置有小型吸滤机、板框式过滤器、微孔PE管过滤机等。

第五节　污水处理厂提标改造

城镇污水处理厂提标前，应首先对其服务范围内的污水水质、产生量展开核定。提标工程的原处理构筑物和新建构筑物的设计水质、水量应以核定后的污水水质、产生量为准。当核定后偏差大时，应在核实已建污水处理厂服务范围内的污水水质、产生量、偏差原因和已建处理构筑物的能力之后，再判断提标改造的必要性。

进水水质水量特性分析和出水水质标准要求是污水处理工艺方案选择的关键环节，也是我国当前污水处理工程设计中存在的薄弱环节之一。研究表明不同的城镇污水处理厂进水中可氨化和溶解性不可氨化有机氮成分、水温等水质特性都不相同。在技术改造方案确定前进行调研测试，提出有针对性的达标技术措施。

提标改造需要针对性地解决这几个指标的达标问题：

（1）COD、BOD：将出水COD，BOD分别由60mg/L、20mg/L降低至50mg/L，10mg/L。通过强化预处理与生物处理措施，提高对有机物的去除率。一般情况下，按照一级B出水标准设计的污水厂的出水有机物都能够达到一级A的出水水质，特殊情况下，可以采用投加粉末活性炭作为应急或补充措施；

（2）SS：将出水SS由20mg/L降低至10mg/L，需对现有的二沉池出水进行进一步的处理，需要增加混凝、沉淀和过滤措施；通过高效沉淀或过滤措施，能够将出水SS控制在10mg/L以内。

（3）NH_3-N：将出水由5（8）mg/L降低至3（5）mg/L，需要强化现有预处理和生物处理措施，如在生化池中加入膜组件构建膜生物反应器系统提供系统的硝化能力，或者通过增加曝气生物滤池（BAF）设施提高出水硝化效果。

（4）TN：将出水由25mg/L降低至15mg/L，需要强化现有预处理和生物处理措施，必要时外加碳源提高反硝化效率。如果强化措施依然不能使TN达标的话，则需要考虑增加反硝化生物滤池。

综合上述分析，污水处理厂提标首先要立足于挖掘现有处理设施的潜力，在此基础上再针对难以达标的水质指标，由此增加相应的处理设施，经济合理地使出水达标后排放。

第三章　城市污水的预处理

第一节　格　　栅

格栅指由一组平行的金属或非金属材料的栅条制成的框架，或垂直置于污水流经的渠道上，用以截阻大块呈悬浮或漂浮状的污染物（垃圾）。

格栅设计的主要参数是确定栅条间隙宽度，栅条间隙宽度与处理规模、污水的性质及后续设备有关，一般以不堵塞水泵和处理设备，保证整个污水处理厂系统正常运行为原则。多数情况下污水处理厂设置两道格栅，第一道格栅间隙较粗，设置在提升泵前面；第二道格栅间隙较细一些，一般可以设置在污水处理构筑物前。

一、格栅的分类

（1）按形状，格栅可分为平面格栅和曲面格栅。平面格栅由栅条与框架组成，曲面格栅可分为固定曲面格栅与旋转鼓筒式格栅两种。

（2）按栅条间隙，格栅可分为粗格栅（50～100mm）、中格栅（10～40mm）、细格栅（3～10mm）。粗格栅通常斜置在其他构筑物之前，如沉砂池，或者泵站等机械设备，因此粗格栅对废水预处理起着废水预处理和保护设备双重作用。细格栅可以有多个放置地点，可放置在粗格栅后作为预处理设施，也可替代初沉池作为一级处理单元，或者置于初沉池后，用来处理初沉池的出水，其可以用来处理合流制排水的溢流水。

（3）按清渣方式，格栅可分为人工清渣格栅和机械清渣格栅。人工清理的格栅：中小型城市的生活污水处理厂或所需截留的污染物量较少时，可采用人工清理的格栅。这类格栅是用直钢条制成，一般与水平成50°～60°倾角安放，这样可以增加有效格栅面积40%～80%，而且便于清除污物，防止因堵塞而造成过高的水头损失。

二、格栅设计过程中注意事项

（1）栅条间距：水泵前格栅栅条间距按污水泵型号选定。

（2）若在处理系统前，格栅栅条净间隙还应符合要求。人工清渣 25～100mm；机械清渣 16～100mm；最大间距：100mm。

（3）清渣方式：大型格栅（每日栅渣量大于 0.2m^3）应用机械清渣。

（4）含水率、容重：栅渣的含水率按 80% 计算，容重约为 960kg/m^3。

（5）过栅流速：过栅流速一般采用 0.6～1.0m/s。

（6）栅前渠内流速一般采用 0.4～0.9m/s。

（7）过栅水头损失一般采用 0.08～0.15m。

（8）格栅倾角一般采用 45°～75°，一般机械清污时≥70°。

（9）机械格栅不可少于 2 台。

（10）格栅间需设置工作台，台面应高出栅前最高设计水位 0.5m；工作台两侧过道宽度不小于 0.7m；工作台面的宽度为：人工清渣不小于 1.2m，机械清渣不小于 1.5m。

三、格栅的计算公式

格栅的设计内容主要包括尺寸计算、水力计算、栅渣量以及清渣机械的选用等，格栅计算图如图 3－1 所示。

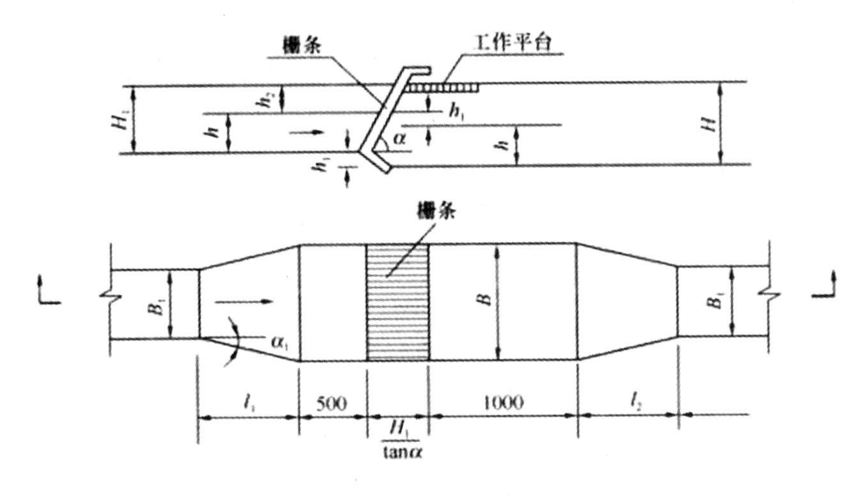

图 3－1　格栅计算图

第二节　水量水质调节技术

工业废水与城市污水的水量、水质都会随着时间而不断变化的，有高峰流量、低峰流量，也有高峰浓度和低峰浓度。流量和浓度的不均匀往往给处理设备带来很多困难，或者无法保证其在最优的工艺条件下运行。为了改善废水处理设备的工作条件，在很多情况下需要对水量进行调节、水质进行调和。

调节的目的是减小和控制污水水量、水质的波动，为后续处理（特别是生物处理）提供最佳运行条件。调节池的大小和形式随污水水量及来水变化情况而不同。调节池池容应足够大，以便能消除因厂内生产过程的变化而引起的污水增减，并能容纳间歇生产中的定期集中排水。水质和水量的调节技术主要用于工业污水处理流程。

工业污水处理进行调节的目的是：

（1）适当缓冲有机物的波动以避免生物处理系统的冲击负荷；

（2）适当控制 pH 值或减小中和需要的化学药剂投加量；

（3）当工厂间断排水时还能保证生物处理系统的连续进水；

（4）控制工业污水均匀向城市下水道的排放；

（5）避免高浓度有毒物质进入生物处理工艺。

一、水量调节

污水处理中单纯的水量调节有两种方式：一种为线内调节，进水后一般采用重力流，出水用泵提升；另一种为线外调节，调节池设在旁路上，当污水流量过高时，多余污水用泵打入调节池，在流量低于设计流量时，再从调节池回流至集水井，并送去后续处理。

二、水质调节

水质调节的任务是对不同时间或不同来源的污水进行混合，使流出水质较均匀，水质调节池也称为均和池或匀质池。

水质调节的基本方法有两种：①利用外加动力（如叶轮搅拌、空气搅拌、水泵循环）而进行的强制调节，它设备较简单，效果较好，但运行费用高；②利用差流方式使不同时间和不同浓度的污水进行自身混合，基本没有运行费，但设备结构复杂。

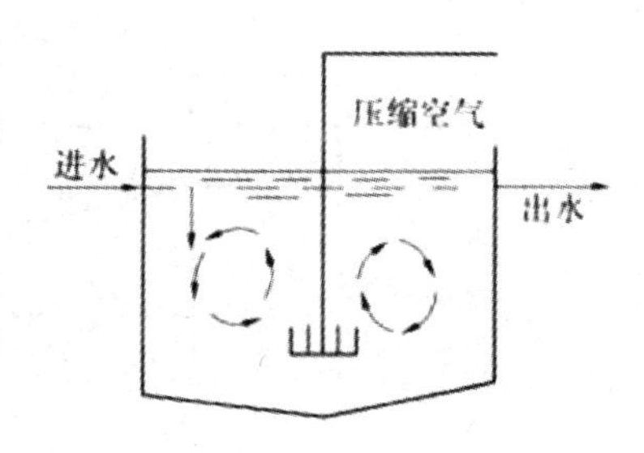

图 3－2　空气搅拌调节池

图 3－2 为一种外加动力的水质调节池，采用空气搅拌；在池底设有曝气管，在空气搅拌作用下，使不同时间进入池内的污水得以混合。这种调节池构造简单，效果较好，并可预防悬浮物沉积于池内。最适宜在污水流量不大、处理工艺中需要预曝气以及有现成空气系统的情况下使用。如污水中存在易挥发的有害物质，则不可使用空气搅拌调节池，可改用叶轮搅拌。

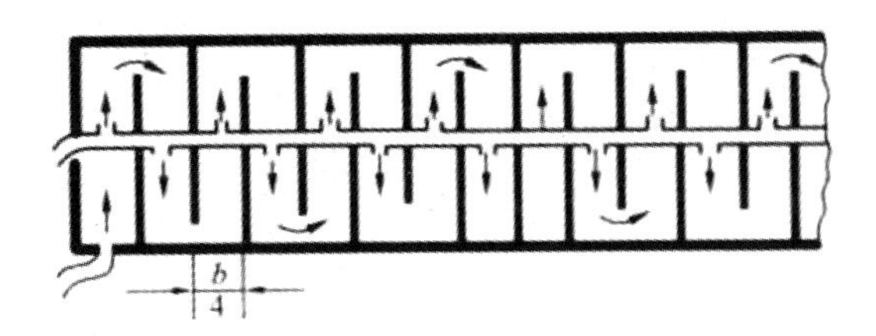

图 3－3　折流调节池

差流方式的调节池类型很多。如图 3－3 所示为一种折流调节池。配水槽设在调节池上部，池内设有许多折流板，污水通过配水槽上的孔口溢流至调节池的不同折流板间，从而使某一时刻的出水包含不同时刻流入的污水，起到了水质调节的作用。如图 3－4 所示为对角线出水调节池。其特点是出水槽沿对角线方向设置，在同一时间流入池内的污水，由池的左、右两侧经过不同时间流到出水槽，从而达到自动调节和均和的目的。为防止污水在池内短路，可以在池内设置若干纵向隔板。池内设置沉渣斗，污水中的悬浮物在池内沉淀，通过排渣管定期排出池外。当调节池容积很大，需要设置的沉渣斗过多时，可考虑调节池设计成平底，用压缩空气搅拌污水，防止沉砂沉淀。

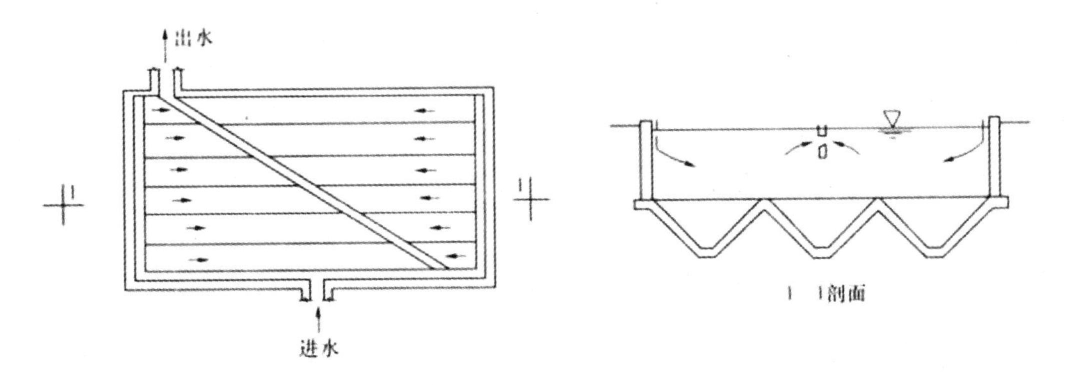

图 3－4　对角线出水调节池

三、调节池的设计计算

调节池的容积主要是根据污水浓度和流量的变化范围以及要求的均和程度来计算的。计算调节池的容积，首先要确定调节时间。在污水浓度无周期性变化时，要按最不利情况计算，即浓度和流量在高峰时的区间。采用的调节时间越长，污水越均匀。

先假设某一调节时间，计算不同时段拟定调节时间内的污水平均浓度。若高峰时段的平均浓度大于所求得的平均浓度，则应增大调节时间，直到满足要求为止。反之，若计算出调节时间的平均浓度过小，可重新假设一个较小的调节时间计算。

当污水浓度呈周期性变化时，污水在调节池内的停留时间即为一个变化周期的时间。

第三节　沉砂池

污水中一般含有砂粒、石屑和其他矿物质颗粒。这些颗粒易在污水处理厂的水池与管道中沉积，引起水池、管道附件的阻塞，也会磨损水泵等机械设备。沉砂池的作用就是从污水中分离出这些无机颗粒，同时防止沉降的砂粒中混入过量的有机颗粒。沉砂池一般设于泵站和沉淀池之间，以保护机件和管道，保证后续作业的正常运行。

沉砂池是采用物理原理将无机颗粒从污水中分离出来的一个预处理单元，以重力分离作为基础（一般视为自由沉淀），即把沉淀池内的水流速度控制在只能使相对密度较大的无机颗粒沉淀，而较轻的有机颗粒可随水流出的范围内。

城市污水处理厂应设置沉砂池，一般规定如下。

（1）沉砂池的设计流量应按分期建设考虑。当污水以自流方式流入时，设计流量按建设时期的最大设计流量考虑；在污水由污水泵站提升后进入沉砂池时，设计流量按每个建设时期工作泵的最大可能组合流量考虑；对合流制排水系统，设计流量还应包括雨水量。

（2）沉砂池按去除相对密度2. 65、粒径0. 2mm以上的砂粒设计。

（3）沉砂池的个数或分格数不应小于2个，并按并联系列设计。当污水量较少时，可考虑一格工作、一格备用。

（4）城市污水的沉砂量可按106m^3 污水沉砂30m^3 计算，其含水率为60%，容量为1500kg/m^3；合流制污水的沉砂量应根据实际情况确定。

（5）砂斗容积应按不大于2d的沉砂量计算，斗壁与水平面的倾角不应小于55°。

（6）沉砂一般宜采用泵吸式或气提式机械排砂，并设置贮砂池或晒砂场。排砂管直径不小于200mm。

（7）当采用重力排砂时，沉砂池和贮砂池应尽量靠近，以缩短排砂管长度，并设排砂闸门于管的首端，使排砂管畅通以利于养护管理。

（8）沉砂池的超高不宜小于0. 3m。

沉砂池按水流形式可分为平流式、竖流式、曝气式和旋流式四种。

一、平流式沉砂池

平流式沉砂池是一种常用的形式，它的结构简单，工作稳定，处理效果也比较好，平流式沉砂池由进水装置、出水装置、沉淀区和排泥装置组成，池中的水流部分实际上是一个加宽加深的明渠，两端设有闸板，以控制水流。当污水流过沉砂池时，由于过水断面增大，水流速度下降，污水中挟带的无机颗粒将在重力作用下而下沉，而密度较小的有机物则处于悬浮状态，并随水流走，从而达到从水中分离无机颗粒的目的。在池底设有1~2个贮砂槽，下接带闸阀的排砂管，用以排除沉砂。平流沉砂池可利用重力排砂，也用射流泵或螺旋泵进行机械排砂。

二、竖流式沉砂池

竖流式沉砂池是污水自下而上经中心管流入沉砂池内，可根据无机颗粒比水密度大的特点，实现无机颗粒与污水的分离。竖流式沉砂池占地面积小、操作简单，但处理效果一般较差。

三、曝气沉砂池

曝气沉砂池从20世纪50年代开始使用，它具有以下特点：①沉砂中含有机物的量低于5%；②由于池中设有曝气设备，它还具有预曝气、除臭、除泡作用以及加速污水中油类和浮渣的分离等作用。这些特点对后续的沉淀池、曝气池、污泥消化池的正常运行以及对沉砂的最终处置提供了有利条件。但是，曝气作用要消耗能量，对生物脱氮除磷系统的厌氧段或缺氧段的运行也存在不利影响。

曝气沉砂池是一个条形渠道，沿渠道一侧的整个长度上，距池底约60~90cm处设置曝气装置，在池底设置沉砂斗，以此来保证砂粒滑入砂槽。为了使曝气能起到池内回流作用，在必要时可在设置曝气装置的一侧装设挡板。

污水在池中存在着两种运动状态，其一指水平流动（流速一般取0.1m/s，不得超过0.3m/s），同时，由于在池的一侧有曝气作用，因而在池的横断面上产生旋转运动，整个池内水流产生螺旋状前进的流动形式。旋转速度在过水断面的中心处最小，而在池的周边则为最大。

由于曝气以及水流的旋流作用，污水中悬浮颗粒相互碰撞、摩擦，并受到气泡上升时的冲刷作用，使黏附在砂粒上的有机污染物得以摩擦去除，螺旋水流还将相对密度较轻的有机颗粒悬浮起来随出水带走，沉于池底的砂粒较为纯净，有机物含量只有5%左右，也便于沉砂的处置。

四、旋流沉砂池

旋流沉砂池是指利用机械力控制水流流态与流速、加速砂粒的沉淀并使有机物随水流带走的沉砂装置。旋流沉砂池有多种类型，某些形式还属于专利产品。

该旋流沉砂池由进水口、出水口、沉砂分选区、集砂区、砂提升管、排砂管、电动机和变速箱组成。污水由流入口沿切线方向流入沉砂区，利用电动机及传动装置带动转盘和斜坡式叶片旋转，在离心力的作用下，污水中密度较大的砂粒被甩向池壁，掉入砂斗，有机物则被留在污水中。调整转速，可达到最佳沉砂效果。沉砂用压缩空气经砂提升管、排砂管清洗后排除，清洗水回流至沉砂区。

第四节 沉淀池

一、沉淀的基本原理

在流速不大时，密度比污水大的一部分悬浮物会借重力作用在污水中沉淀下来，从而实现与污水的分离；这种方法称之为重力沉淀法。可以根据污水中可沉悬浮物质浓度的高低及絮凝性能的强弱，沉淀过程有以下四种类型，它们在污水处理工艺中都有具体体现。

（一）自由沉淀

自由沉淀是一种相互之间无絮凝倾向或弱絮凝固体颗粒在稀溶液中的沉淀。

污水中的悬浮固体浓度不高，而且不具有凝聚的性能，在沉淀过程中，固体颗粒不改变形状、尺寸，也不互相黏合，各自独立地完成沉淀过程。颗粒的形状、粒径和密度直接决定颗粒的下沉速度。另外，由于自由沉淀过程一般历时较短，因此污水中的水平流速与停留时间对沉淀效果影响很大。自由沉淀由于发生在稀溶液中，且是离散的，由此可见，入流颗粒浓度不影响沉淀效果。

（二）絮凝沉淀

絮凝沉淀是一种絮凝性颗粒在稀悬浮液中的沉淀。在絮凝沉淀的过程中，各微小絮状颗粒之间能互相粘合成较大的絮体，使颗粒的形状、粒径与密度不断发生变化，因此沉降速度也不断发生变化。

（三）成层沉淀

当污水中的悬浮物浓度较高时，颗粒相互靠得很近，每个颗粒的沉降过程都受到周围颗粒作用力的干扰，但颗粒之间相对的位置不变，成为一个整体的覆盖层共同下沉。此时，悬浮物与水之间有一个清晰的界面，这种沉淀类型为成层沉淀。

（四）压缩沉淀

发生在高浓度悬浮颗粒的沉降过程中，因悬浮颗粒浓度很高，颗粒相互之间已集成团状结构，互相支撑，下层颗粒间的水在上层颗粒的重力作用下被挤出，使污泥得到浓缩。

二、概况

（一）沉淀池概况

沉淀池是分离悬浮固体的一种常用处理构筑物。

1. 沉淀池类型

（1）沉淀池按工艺布置的不同，可分为初次沉淀池和二沉池。

① 初次沉淀池

初次沉淀池是一级污水处理系统的主要处理构筑物，或作为生物处理中预处理的构筑物。初次沉淀池的作用是对污水中密度大的固体悬浮物进行沉淀分离。放污水进入初次沉淀池后流速迅速减小至0.02m/s以下，由此极大地减小了水流夹带悬浮物的能力，使悬浮物在重力作用下沉淀下来成为初次沉淀污泥，而相对密度小于1的细小漂浮物则浮至水面形成浮渣而除去。

② 二沉池

通常把生物处理后的沉淀池称为二沉池，是生物处理工艺中的一个重要组成部分。二沉池的作用是泥水分离，使混合液澄清、污泥浓缩并将分离的污泥回流到生物处理段。其工作效果直接影响回流污泥的浓度和活性污泥处理系统的出水水质。

（2）沉淀池常按池内水流方向不同可以分为平流式、竖流式、辐流式、斜板式沉淀池。

① 平流式沉淀池

平流式沉淀池呈长方形，污水从池的一端流入，水平方向流过池子，从池的另一端流出。在池的进水口处底部设置贮泥斗，其他部位池底设有坡度，坡向贮泥斗。

② 竖流式沉淀池

竖流式沉淀池多为圆形，也有呈正方形或多角形的，污水从设在池中央的中心管进入，从中心管的下端经过反射板后均匀缓慢的分布在池的横断面上，由于出水口设置在池面或池壁四周，故水的流向基本由下向上，污泥贮积在底部的污泥斗中。

③ 辐流式沉淀池

辐流式沉淀池亦称为辐射式沉淀池，多呈圆形，有时亦采用正方形。池的进水在中心位置，出口在周围。水流在池中呈水平方向向四周辐射，由于过水断面面积不断变化，故池中的水流流速从池四周逐渐减慢。泥斗设在池中央，池底向中心倾斜，污泥通常用刮泥机（或吸泥机）机械排除。

④ 斜板（管）沉淀池

斜板（管）沉淀池是根据“浅层沉淀”理论，在沉淀池中设斜板或蜂窝斜管，以提高沉淀效率的一种新型沉淀池。它具有沉淀效率高、停留时间短、占地少等优点。斜板（管）沉淀池应用于城市污水的初次沉淀中，其处理效果稳定，维护工作量小，但斜板（管）沉淀池应用于城市污水的二次沉淀中，在固体负荷过重时，其处理效果不太稳定，耐冲击负荷的能力较差。斜板（管）设备在一定条件下，有滋长藻类等问题，给维护和管理工作带来一定的困难。

2. 沉淀池组成

沉淀池由五个部分组成，即进水区、出水区、沉淀区、贮泥区及缓冲区。进水区和出水区的功能是使水流的进入与流入保持均匀平稳，以提高沉淀效率。沉淀区是池子的主要部位。贮泥区是存放污泥的地方，其起到贮存、浓缩与排放的作用。缓冲区介于沉淀区和贮泥区之间，缓冲区的作用是避免水流带走沉在池底的污泥。

沉淀池的运行方式有间歇式与连续式两种。在间歇运行的沉淀池中，其工作过程大致分为三步：进水、静置及排水。污水中可沉淀的悬浮物在静置时完成沉淀过程，然后由设置在沉淀池壁不同高度的排水管排出。在连续运行的沉淀池中，污水是连续不断地流入和排出。污水中可沉颗粒的沉淀是在流过水池时完成，这时可沉颗粒受到由重力所造成的沉速与水流流动的速度两方面的作用。水流流动速度对颗粒的沉淀有重要的影响。

（二）平流式沉淀池

1. 平流式沉淀池的构造

平流式沉淀池的结构如图 3－5 所示。它由进水装置、出水装置、沉淀区和排泥装置组成。

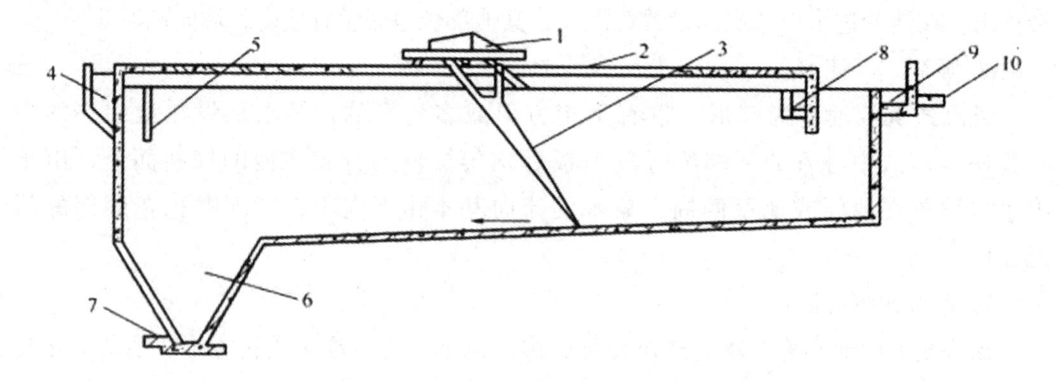

图 3－5　设有行车刮泥机的平流式沉淀池

（1）进水装置

进水装置采用淹没式横向潜孔，潜孔均匀地分布在整个整流墙上，在潜孔后设挡流板，其作用是消能，以使污水均匀分布。整流墙上潜孔的总面积为过水断面的6% ~20%。

（2）出水装置

出水区一般采用自由堰形式，堰前设挡板以拦截浮渣，也可采用浮渣收集和排除装置。出水堰是沉淀池的重要部件，它不仅控制沉淀池水位，而且可保证沉淀池内水流的均匀分布。

（3）沉淀区和排泥装置

该区起贮存、浓缩和排泥的作用。沉淀区能及时排除沉于池底的污泥，使沉淀池工作正常。由于可沉悬浮颗粒多沉于沉淀池的前部，因此，在池的前部设贮泥斗，贮泥斗中的污泥通过排泥管利用的静水压力排出池外。排泥方式一般采用重力排泥和机械排泥。

2. 平流沉淀池的设计参数

（1）沉淀池的个数或分格数应至少设置 2 个，按同时运行设计；若污水由水泵提升后进入沉淀池，则其容积应按泵站的最大设计流量计算，如果污水自流进入沉淀池，则应按进水管最大设计流量计算。

（2）初次沉淀池沉淀时间一般取 1 ~2h，二沉池沉淀时间一般稍长，取 1. 5 ~3. 0h。

（3）对于工业废水系统中的沉淀池，设计时应对实际沉淀试验数据进行分析，确定设计参数。若无实际资料，可参照类似工业废水处理工程的运行资料。

（4）沉淀区的有效水深一般在 2. 5 ~3. 0m 之间。

（5）池的长宽比不小于 4，长深比采用 8 ~12。

（6）池的超高不宜小于 0. 3m。

（7）缓冲层的高度在非机械排泥时，采用 0. 5m；机械排泥时，则缓冲层上缘应高出刮泥板 0. 3m。排泥机械的行进速度为 0. 3 ~1. 2m/min。

（8）进水处设闸门调节流量，淹没式潜孔的过孔流速为 0. 1 ~0. 4m/s。

（9）池底一般设 1% ~2% 的坡度；采用多斗贮泥时，各斗应设置单独的排泥管及排泥闸阀，池底横向坡度采用 0. 05；机械刮泥时，纵坡为 0。

（10）进、出水口的挡流板应在水面以上 0. 15 ~0. 2m；进水处设挡流板伸入水下的深度不小于 0. 25m，距进水口 0. 5 ~1. 0m，而出口处的挡流板淹没深度不应大于 0. 25m。

（11）排泥管可采用铸铁管，其直径应按计算确定，但一般不宜小于 200mm，下端伸入斗底中央处，顶端敞口，伸出水面，其目的是疏通和排气。在水面以下 1. 5 ~2. 0m 处，排泥管连接水平排出管，污泥在静水压力的作用下排出池外，排泥时间一般采用5～30min。

（12）泥斗坡度约为45°～60°，二沉池泥斗坡度不可小于55°。

3. 平流沉淀池的设计

平流沉淀池设计的内容包括确定沉淀池的数量，入流、出流装置设计，沉淀区和污泥区尺寸计算，排泥和排渣设备选择等。

（三）竖流式沉淀池

1. 竖流式沉淀池的构造

竖流式沉淀池的平面为圆形、正方形和多角形。为了使池内配水均匀，池径不宜过大，一般采用4～7m，不大于10m。为了降低池的总高度，污泥区可采用多斗排泥方式。

污水从中心管流入，由中心管的下部流入，通过反射板的阻拦向四周分布，然后沿沉淀区的整个断面上升，沉淀后的出水由池四周溢出。出水区设在池周，采用自由堰或三角堰。如果池子的直径大于7m，一般要考虑设辐射式集水槽与池边环形水槽相通。

2. 竖流式沉淀池的原理

当可沉颗粒属于自由沉淀类型时，其沉淀效果（在相同的表面水力负荷条件下）竖流式沉淀池的去除效率要比其他沉淀池低。但当可沉颗粒属于絮凝沉淀类型时，则发生的情况就比较复杂。一方面，由于在池中颗粒存在相反方向的运行，就会出现上升着的颗粒与下降着的颗粒，同时还存在着上升颗粒与上升颗粒之间、下降颗粒与下降颗粒之间的相互接触、碰撞，致使颗粒的直径逐渐增大，有利于颗粒的沉淀；另一方面，絮凝颗粒在上升水流的顶托和自身重力作用下，其会在沉淀区内形成一个絮凝污泥层，这一层可以网捕拦截污泥中的待沉颗粒。

3. 竖流式沉淀池的设计参数

（1）为了使水流在沉淀池内分布均匀，水流自下而上作垂直流动，池子的直径和有效水深之比不小于3，池子的直径（或半径）一般不大于10m。

（2）污水在沉降区流速应等于去除的颗粒最小沉速，一般采用0.3～1.0m/s。

（3）中心管内流速应不大于30mm/s，中心管下口应设喇叭口和反射板，喇叭口直径及高度为中心管直径的1.35倍；反射板直径为喇叭口直径的1.35倍。反射板表面与水平面倾角为17°，污水从喇叭口与反射板之间的间隙流出的流速不应大于40mm/s。

（4）缓冲层高度在有反射板时，板底面至污泥表面高度采用0.3m；无反射板时，中心管流速应相应降低，缓冲层采用0.6m。

（5）当沉淀池的直径小于7m时，处理后的污水沿周边流出，直径为7m和7m以上时，应增设辐流式汇水槽。

（6）贮泥斗倾角为45°～60°，污泥借1.5～1.2m的静水压力由排泥管排出，排泥管直径一般不小于200mm，下端距池底不大于0.2m，管上端超出水面不小于0.4m。

（7）为了防止漂浮物外溢，在水面距池壁0.4～0.5m处安设挡板，挡板伸入水中部分的深度为0.25～0.3m，伸出水面高度为0.1～0.2m。

（四）辐流式沉淀池

1. 辐流式沉淀池的构造

辐流式沉淀池指一种大型沉淀池，池径最大可达100m，池周水深1.5～3.0m。有中心进水和周边进水两种形式。

中心进水辐流式沉淀池进水部分在池中心，因中心导流管流速大，活性污泥在中心导流管内难于絮凝，并且这股水流与池内水相比，相对密度较大，向下流动时动能也较高，易冲击池底沉淀。周边进水辐流式沉淀池的入流区在构造上有两个特点：①进水槽断面较大，槽底的孔口较小，布水时的水头损失集中在孔口上，故布水比较均匀，但配水渠内浮渣难于排除，容易结壳；②进水挡板的下沿深入水面下约2/3深度处，距进水孔口有一段较长的距离，这有助于进一步把水流均匀地分布在整个入流的过水断面上，而且污水进入沉淀区的流速要小得多，有利于悬浮颗粒的沉淀。池子的出水槽可设在池的半径的中间或池的周边。进出水改进在一定程度上克服了中心进水辐流式沉淀池的缺点，可以提高沉淀池的容积利用率。但是，如果辐流式沉淀池的直径很大，进口的布水和导流装置设计不当，则周边进水沉淀池会发生短流现象，严重影响效果。

2. 辐流式沉淀池的设计参数

（1）沉淀池的直径一般不小于10m，当直径小于20m时，可采用多孔排泥；当直径大于20m时，应采用机械排泥。

（2）设计沉淀池时，进水流量取最大设计流量。

（3）进水处设闸门调节流量，进水中心管流速大于0.4m/s，进水采用中心管淹没式潜孔进水，过流流速宜为0.1～0.4m/s，进水管穿孔挡板的穿孔率为10%～20%。

（4）沉淀区有效水深不大于4m，池子直径与有效水深比值一般取6～12m。

（5）出水处设挡渣板，挡渣板高出池水面0.15～0.2m，排渣管直径应大于200mm，出水集水渠内流速为0.2～0.4m/s。

（6）对于非机械排泥，缓冲层高宜为0.5m；用机械刮泥时，缓冲层上缘高出刮板0.3m。

（7）池底坡度，作为初次沉淀池时要求不小于0.02；作为二沉池用时则不小于0.05。

（8）在池径小于20m，刮泥机采用中心传动；当池径大于20m时，刮泥机采用周边传动，周边线速控制在1~3r/h，一般不宜大于3m/min。

（9）池底排泥管的管径应大于200mm，管内流速大于0.4m/s，排泥静水压力宜在1.2~2.0m，排泥时间不宜小于10min。

（10）沉淀池有效水深、污泥沉淀时间、沉淀池超高、污泥斗排泥间隔等设计参数可参考平流式沉淀池。

（五）斜板沉淀池

1. 斜板沉淀池的构造

斜板沉淀池由斜板沉淀区、进水配水区、清水出水区、缓冲区和污泥区等部分组成。

按斜板或斜管间水流与污泥的相对运动方向来区分，斜板沉淀池分为异向流、同向流、侧向流三种。污水处理中采用升流式异向流斜板沉淀池（图3-6）。

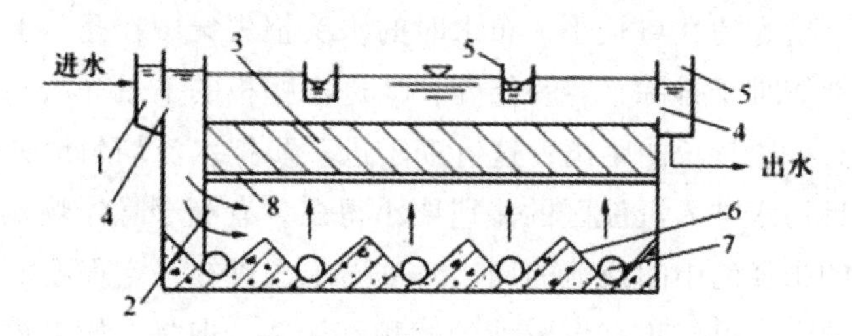

图3-6　升流式异向流斜板沉淀池

第五节　强化一级预处理技术

一、概述

当前，我国城市污水处理中，以沉淀为主的一级处理对有机物的去除率较低，仅采用一级处理，难以有效控制水污染。且我国大多数污水处理设施采用的是生物二级处理，在实际运营中常常出现污水厂的处理量远低于其设计能力，设置建成了却不投入运营或超负荷运行，处理后的出水达不到国家标准的情况。这很可能是由于建设大批城市污水二级处理厂需要大量投资和高额运行费用，这是广大发展中地区难以承受的。因而，各种类型投资较低而对污染物去除率较高的城市污水强化一级预处理技术应运而生。

强化一级预处理技术的优越性在于：在一级处理的基础上，通过增加较少的投资建设强化处理措施，可以较大程度地提高污染物的去除率，削减总污染负荷，降低去除单位污染物的费用。强化一级处理技术大致可分为三种：化学一级强化、生物一级强化以及复合一级强化。

二、化学一级强化处理工艺

化学强化一级处理，是在传统的一级处理的基础上，可以通过投加低剂量的化学絮凝剂等措施强化对污水中污染物的去除效果的水处理方法。

静置沉淀是去除悬浮物质的有效手段。但由于胶体表面带有电荷，所以胶体颗粒会在水中长期保持悬浮状态而不下沉。因此如何减少胶体表面电荷排斥作用的影响或者破坏胶体表面电荷结构是解决这一问题关键。

（一）混凝机理

1. 双电层压缩机理

水中胶体颗粒能维持稳定的分散悬浮状态，主要是由于胶体的电位，如果能消除或降低胶粒的电位，就能使微粒碰撞聚集，失去稳定性。在水中投加混凝剂可达到这样的目的。

压缩双电层作用是阐明胶体凝聚的一个重要结论。它特别适用于无机盐混凝剂所提供的简单离子的情况。但是，如仅用双电层作用原理来解释水中的混凝现象，会产生一些矛盾。例如，三价铝盐或铁盐混凝剂投量过多时效果反而下降，水中的胶粒又会重新获得稳定。

2. 吸附架桥原理

三价铝盐或铁盐以及其他高分子混凝剂溶于水后，经水解和缩聚反应形成高分子聚合物，具有线性结构。这类高分子物质可被胶体微粒所强烈吸附。因其线性长度较大，当它的一端吸附某一胶粒后，另一端又吸附另一胶粒，在相距较远的两胶粒间进行吸附架桥，使颗粒逐渐变大，形成肉眼可见的粗大絮凝体。这种高分子物质吸附架桥作用使微粒相互黏结的过程，称之为絮凝。

3. 沉淀物网捕机理

三价铝盐或铁盐等水解而生成沉淀物。这些沉淀物在自身沉淀过程中，能卷集、网捕水中的胶体等微粒，使胶体黏结。而上述产生的微粒凝结现象——凝聚和絮凝总称为混凝。

压缩双电层作用和吸附架桥作用，对于不同类型的混凝剂，所起的作用程度并不相同。对高分子混凝剂特别是有机高分子混凝剂，吸附架桥可能起主要作用，对铝盐、铁盐等无机混凝剂，压缩双电层和吸附架桥以及网捕作用都具有重要作用。

在城市污水化学一级强化处理的措施中，通常会向废水中加入混凝剂和絮凝剂，以去除污水中的悬浮物和胶态有机物，由此实现污水的净化。

（二）常用混凝剂和絮凝剂

混凝剂指主要起脱稳作用而投加的药剂，然而絮凝剂主要指通过架桥作用把颗粒连接起来所投加的药剂。

（三）混凝的影响因素

废水的胶体杂质浓度、pH 值、水温及共存杂质都会不同程度的影响混凝效果。

三、生物一级强化处理工艺

（一）生物絮凝一级强化处理工艺

生物絮凝法不同于化学絮凝沉淀，此法无需投加化学絮凝剂，二次污染低，环境效益较好。它是在污水的一级处理中引入大粒径的污泥絮体，直接利用污泥絮体中的微生物及其代谢产物作为吸附剂和絮凝剂，通过对污染物质的物理吸附、化学吸附和生物吸附及吸收作用，以及吸附架桥、电性中和、沉淀网捕等絮凝作用，将污水中较小的颗粒物质和一部分胶体物质转化为生物絮体组成部分，并通过絮体沉降作用将其快速去除。

（二）水解酸化一级强化处理工艺

水解酸化也是一种生物一级强化处理的技术。水解酸化工艺就是将厌氧发酵过程控制在水解与酸化阶段。在水解产酸菌的作用下，污水中的非溶解性有机物被水解为溶解性有机物，大分子物质被降解为小分子物质。因此经过水解酸化后，污水的可生化性得到较大提高。

在水解酸化一级强化处理工艺中，可以用水解池代替初沉池，污水从池底进入，水解池内形成一悬浮厌氧活性污泥层，在污水由下而上通过污泥层时，进水中悬浮物质和胶体物质被厌氧生物絮凝体絮凝，截留在厌氧污泥絮体中。

四、复合一级强化处理工艺

（一）化学、生物联合絮凝强化一级处理

此方法是以化学强化絮凝沉淀为主，生物絮凝沉淀为辅，在处理过程中取长补短，

既可以减少投药量、降低处理成本，又可减少污泥产生量，在采用空气混合絮凝反应的情况下，处理系统可灵活多变，根据具体情况既可采用化学强化一级处理、生物絮凝吸附强化一级处理，可采用化学、生物联合絮凝强化一级处理，以适应不同时期水质水量的变化。

（二）微生物－无机絮凝剂强化一级处理

微生物絮凝剂是具有高效絮凝活性的微生物代谢产物，其化学本质主要是糖蛋白、多糖、蛋白质、纤维素和 DNA 等。微生物－无机絮凝剂强化一级处理技术采用微生物絮凝剂和无机絮凝剂共同作用处理污水。一般该类型微生物絮凝剂多呈负电荷，因此单独作用对城市污水中带负电荷的悬浮物无絮凝效果，其与无机絮凝剂复配使用处理城市污水效果很好。

微生物－无机絮凝剂具有处理效果好、投加量少、适用面广、絮体易于分离等优点，而且，由于微生物絮凝剂部分替代了无机絮凝剂，这对改善化学污泥性质，实现污泥处理与处置的无害化和多样化大有裨益。该技术尤其适用于我国南方低浓度城市污水处理。

第四章　污泥产生的碳源用于增强污水生物除磷脱氮

第一节　碱性发酵污泥的泥水分离技术

一、碱性发酵污泥的基本性质

研究剩余污泥在碱性条件发酵后的性质，其对指导污泥脱水具有重要的意义。图4－1为碱性发酵对污泥粒径的影响，其中柱状图表示的是调理pH之前新鲜污泥的平均粒径，折线图表示的是pH10调理之后污泥的粒径。

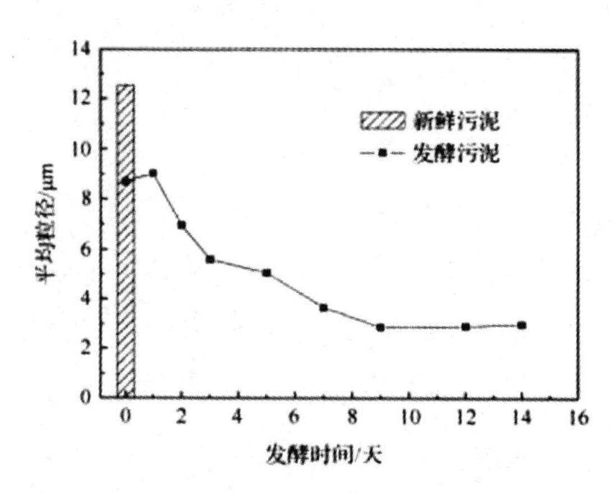

图4－1　碱性发酵对污泥平均粒径的影响

二、碱性发酵污泥调理方法的研究

污泥脱水的调理方法很多，有酸调理、热调理、盐调理等。

（一）酸处理和热处理

取碱性发酵7天的污泥，用盐酸调pH至4，或水浴加热至65℃调理一小时后，按阳离子聚丙烯酰胺（PAM）与污泥干重比为1：100加入PAM溶液进行絮凝调理，然后进行污泥脱水性能试验。

（二）污泥碱性发酵系统的泥水分离

污泥在碱性条件下发酵，将释放出大量的氮和磷，这种发酵液虽然可以作为污水处理厂的补充碳源，但会增加污水处理厂的氮和磷的负荷，降低补充碳源的作用，因此，有必要对发酵产物中的氮和磷进行回收。

（三）同时回收氮磷提高污泥碱性发酵污泥性能的机理

影响污泥脱水的聚合物包括溶解性聚合物（主要是多糖和蛋白质）和污泥胞外聚合物（EPS）。当液相中的溶解性聚合物浓度减少时，可以减轻对滤布孔隙的堵塞，过滤性能变好。

蛋白质是溶解性多聚物的主要成分，占总量的86%左右。在回收氮磷或添加PAM调理后，蛋白质占所减少的多聚物总量的80%左右。这表明，与多糖相比，蛋白质对污泥的脱水性能影响更大。

胞外聚合物（EPS）做为影响污泥脱水性能的另一重要因素。EPS是附着在微生物细胞壁的大分子有机聚合物，具有复杂的化学组成，占总量70%～80%的蛋白质和多糖是最主要的两种成分。作为污泥组成的一部分，EPS带有负电荷，吸引大量相反电荷的离子并聚集在污泥内部，使污泥内外形成渗透压，从而影响污泥脱水性能。

随着污泥LB含量的减少，污泥脱水性能得以改善，但是氮磷回收和PAM调理对TB含量没有明显的影响。无论是LB还是TB，蛋白质均是EPS的主要组分，约占LB或TB的76%～84%；其次为多糖，占LB或TB的9%～15%；DNA含量最少，占LB或TB的4%～10%。在回收氮磷和PAM调理的过程中，变化最大的是LB中的蛋白质。

将LB、TB分别与污泥脱水性能的指标进行拟合可以发现，LB与SRF、WPC和CST均有良好的计量关系，这说明LB是影响污泥脱水性能的重要因素。当LB含量增加时，污泥的脱水性恶化。LB是一种具有较高黏性的物质，由于LB位于细胞和污泥絮体结构的外侧，因此当LB增加时，泥水混合物的黏度也随之增加，从而增加了液体的黏度，导致污泥的脱水性能变差。此外，由于LB中含有大量的结合水，而结合水的增加将导致SRF增加，因此，LB含量高的污泥较难过滤，泥饼的含水率也较高（图4－2）。

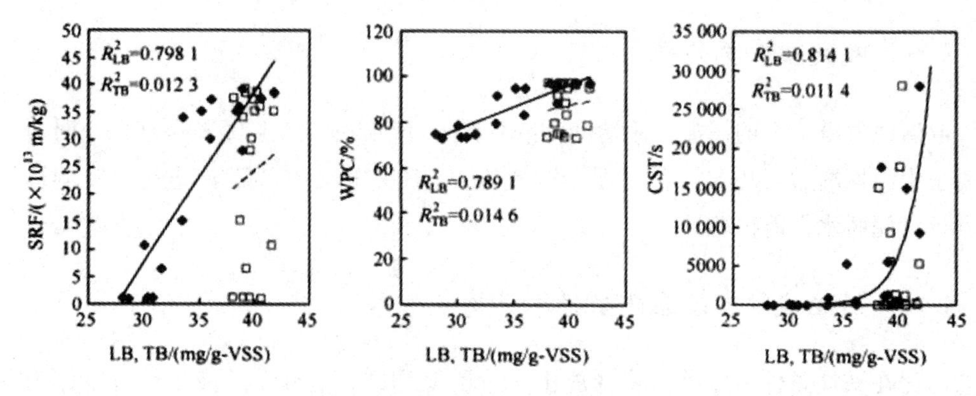

实心点及实线：LB；空心点及虚线：TB

图 4－2　LB（TB）与 SRF、WPC、CST 的关系

第二节　剩余污泥发酵液作为污水增强生物除磷微生物的碳源

增强生物除磷（EBPR）是目前去除城市污水中磷的一个重要方法，它是基于聚磷菌吸收污水中的易降解有机物，并将其储存为胞内物质聚羟基烷酸（PHA），这个过程所需的能量和还原力分别主要来源于聚磷和糖原的分解。在好氧条件下，聚磷菌以氧作为电子受体，氧化储存的 PHA，用于好氧吸磷、维持细胞生长及补充厌氧阶段消耗的还原力，同时产生 CO_2 和 H_2O。对于运行正常的 EBPR 系统，好氧吸磷量大于厌氧释磷量，通过排放污泥可达到去除污水中磷的目的。

由此可见，碳源是 EBPR 的核心物质。但是为达到高效生物除磷的目的，通常条件下污水中的碳源不足。为此，应向污水中补充碳源（如乙酸）已成为提高除磷效果的一个方法。

一、剩余污泥碱性发酵液与乙酸作为增强生物除磷微生物碳源的比较

采用了 2 个连续运行的 SBR 反应器，每个 SBR 反应器的有效容积为 3.5L，进水体积为 2.5L，进水在厌氧前 10min 内完成。反应器操作条件为每昼夜运行 3 个周期，每个周期 8h，其中厌氧 2h（包括进水 10min）、好氧 3h、沉淀 1h、排水 5min 和闲置 115min。由时控开关、蠕动泵、电磁阀及附属电子线路控制运行周期和进水、搅拌、曝气、沉淀以及排水（好氧阶段溶解氧为 6mg/L 左右）。每周期的好氧曝气结束前排放污泥，使污泥停留时间（SRT）为 12 天左右。反应器要放在 20℃ 的环境中。在试验测

定周期，采用手动方式进水，以便精确获得厌氧起始瞬时数据。两个 SBR 分别以经过氮磷回收后的剩余污泥碱性发酵液和乙酸为碳源，采用人工配水。实验过程中，控制两个 SBR 进水的 BOD 以及 SOP 基本相同。在驯化前 5 天不排泥。此后根据反应器内 SS 的变化逐渐增加排泥量。在实验前 30 天，两个 SBR 的起始 BOD 从 80mg/L 逐渐提高到 270mg/L，起始 SOP 从 4mg/L 逐渐提高到 11. 5mg/L，反应器内起始 BOD/P 也从 20 增长到 24。此后，再经过 30 天（多于两个污泥龄）驯化过程，两个 SBR 系统的释磷和吸磷均已达到稳定后，由此进行对比研究。

（一）对磷释放的影响

乙酸碳源和发酵液碳源的 SBR 反应器内，均发生了明显的厌氧释磷和好氧吸磷作用。在厌氧前 30min 为快速释磷阶段，释磷量与时间成线性增加。可见，在特定的碳源浓度下，两个反应器中的磷浓度变化趋势基本类似。

（二）对磷吸收的影响

假设吸磷速率与其浓度为 n 级反应，则其吸磷速率可以表示为

$$v_{SOP} = k_{SOP} \cdot C_{SOP}^{n} \tag{4-1}$$

式中，v_{SOP} 为吸磷速率；k_{SOP} 为吸磷速率常数；C_{SOP} 为反应器内的 SOP 浓度；n 为反应级数。

（三）SOP 的去除效果

发酵液作碳源的除磷效果比乙酸好的原因可能是因为发酵液中丙酸较多的缘故。在长期培养条件下，高丙酸/乙酸比作为碳源时的除磷效果比高乙酸/丙酸碳源好。

二、剩余污泥碱性发酵液作碳源时的微生物毒性研究

在剩余污泥碱性发酵过程中，会释放出有毒物质，因此考察了不同浓度发酵液作为碳源时反应器内好氧速率（SOUR）的变化，以及两个 SBR 中一个周期内污泥的脱氢酶活性的比较，来确定剩余污泥碱性发酵液作为碳源时对微生物是否有毒性影响。

（一）脱氢酶活性

通过对比污泥的脱氢酶活性变化来评价发酵液作为碳源时应对微生物的毒性影响，结果见图 4－3。可见，在一个厌氧——好氧周期内，F－SBR 和 A－SBR 内污泥的脱氢酶活性无明显差别，说明剩余污泥碱性发酵液作为碳源对微生物氧化过程无抑制作用。

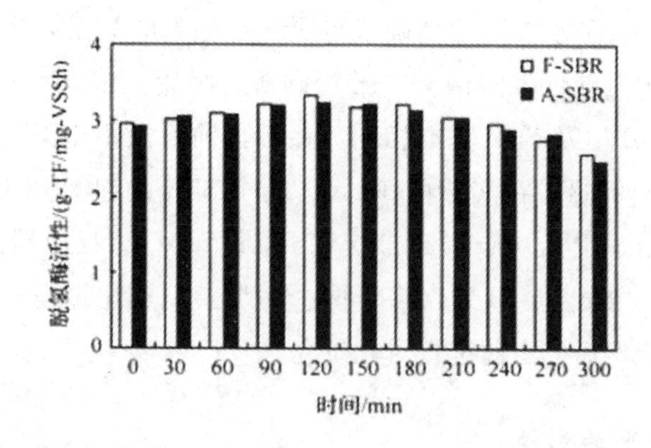

图 4－3　两个 SBR 内一个厌氧——好氧周期内脱氢酶活性的变化

（二）活性污泥的耗氧速率

活性污泥的耗氧速率（OUR）作为评价污泥微生物代谢活性的一个重要指标。目前较多采用比耗氧速率（SOUR），即单位活性污泥的耗氧速率，来表示污泥活性。

三、剩余污泥碱性发酵液作为实际城市污水增强生物除磷工艺的补充碳源

试验中以某污水处理厂的初沉池出水作为实际污水，COD 为 130～150mg/L，SOP 为 4～5mg/L。以发酵液/实际污水体积比分别为 1∶110、1∶65 和 1∶45 的比例，向实际污水中投加发酵液作为补充碳源，补充碳源后污水的 COD 分别在 230mg/L、290mg/L 和 350mg/L 左右；另以实际污水不加发酵液进行 EBPR 对比。

（一）发酵液投加量的确定

当发酵液投加比例为 1∶65 的时候，可取得良好除磷效果且投加的发酵液量较少。因此采用该发酵液投加量为推荐的生活污水补充碳源投加量。

（二）最佳发酵液投加量下的反应器内各物质转化

采用发酵液投加比例为 1/65 的生活污水与不加发酵液的生活污水（R－SBR）进行 EBPR 的对比研究。一个周期内两个 SBR 中 SOP 的变化情况见图 4－4 所示。

（三）最佳发酵液投加量下的污水

由此可见，低碳源生活污水的除磷工艺在加了剩余污泥碱性发酵液后，除磷效果显著提高，且出水的 SOP 浓度较低，达到国家一级排放标准。

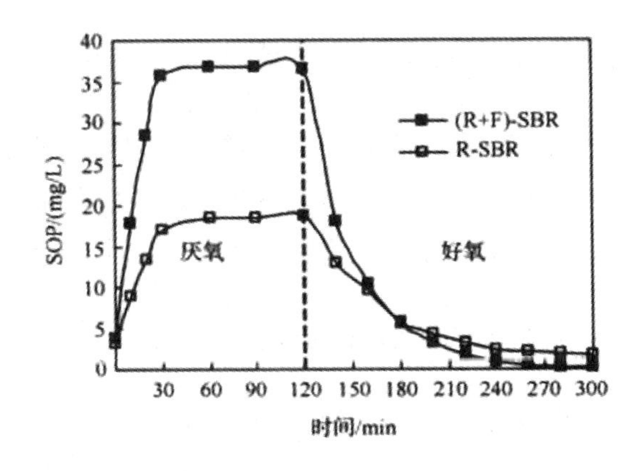

图 4-4　两个 SBR 内一个厌氧/好氧周期中 SOP 的变化

第三节　剩余污泥发酵液作为污水短程硝化反硝化脱氮除磷微生物的碳源

短程硝化 - 反硝化及反硝化除磷是近几年废水生物除磷脱氮中的一个研究热点。与传统除磷脱氮相比，短程硝化 - 反硝化及反硝化除磷具有以下优点：①节省约 25% 供氧量；②节省约 40% 反硝化所需碳源；③减少约 50% 污泥生成量；④反应时间短，等等。序批式（SBR）处理工艺已被用于污水短程硝化 - 反硝化及反硝化除磷的研究，但要实现稳定的短程硝化 - 反硝化及反硝化除磷需对运行条件（如 pH、ORP 和溶解氧等）进行实时调控，这将增加运行成本。一般可以利用乙酸作为污水短程硝化 - 反硝化及反硝化除磷的碳源。

一、乙酸作碳源对短程硝化 - 反硝化及反硝化除磷的影响

长期以乙酸为碳源驯化 3 个序批式反应器（SBR），每个 SBR 反应器的有效容积为 4.0L，进水体积为 3.0L，进水在厌氧段内前 10min 内完成，排水在空置期内的前 10min 内完成。操作条件均为每昼夜运行 3 个周期、每个周期 8h。由时间程序控制器、蠕动泵、电磁阀及附属电子线路控制运行周期和各段进水、厌氧、曝气、沉淀以及排水的启动和关闭时间。以曝气器连接微孔黏砂块作为好氧阶段气源，溶解氧控制在 6.0 ~ 6.6mg/L。每天第一个周期的好氧（W）阶段末期排放污泥，可使污泥停留时间为 13 天左右。

（一）污泥驯化及一个周期内各物质的变化

随着 SRT 调节到 13 天，出水 SOP 浓度逐渐降低，说明反应器内的聚磷菌逐渐增多，再经过约 35 天后 A－SBR－Ⅰ和 A－SBR－Ⅱ的出水基本保持稳定，A－SBR－Ⅲ由于反应器中途出现问题，SOP 出水浓度稍有些偏高，随后出水基本保持稳定。

（二）短程硝化－反硝化和反硝化除磷的研究

3 个 A－SBR 的短程硝化能力比较如图 4－5 所示。这进一步说明，增加厌（缺）氧/好氧交替级数，可以提高 NO_2^-－N 累积浓度和累积率，其可能是 A－SBR－Ⅲ内的氨氧化菌活性高于其他两个反应器，而硝化菌活性则较低。

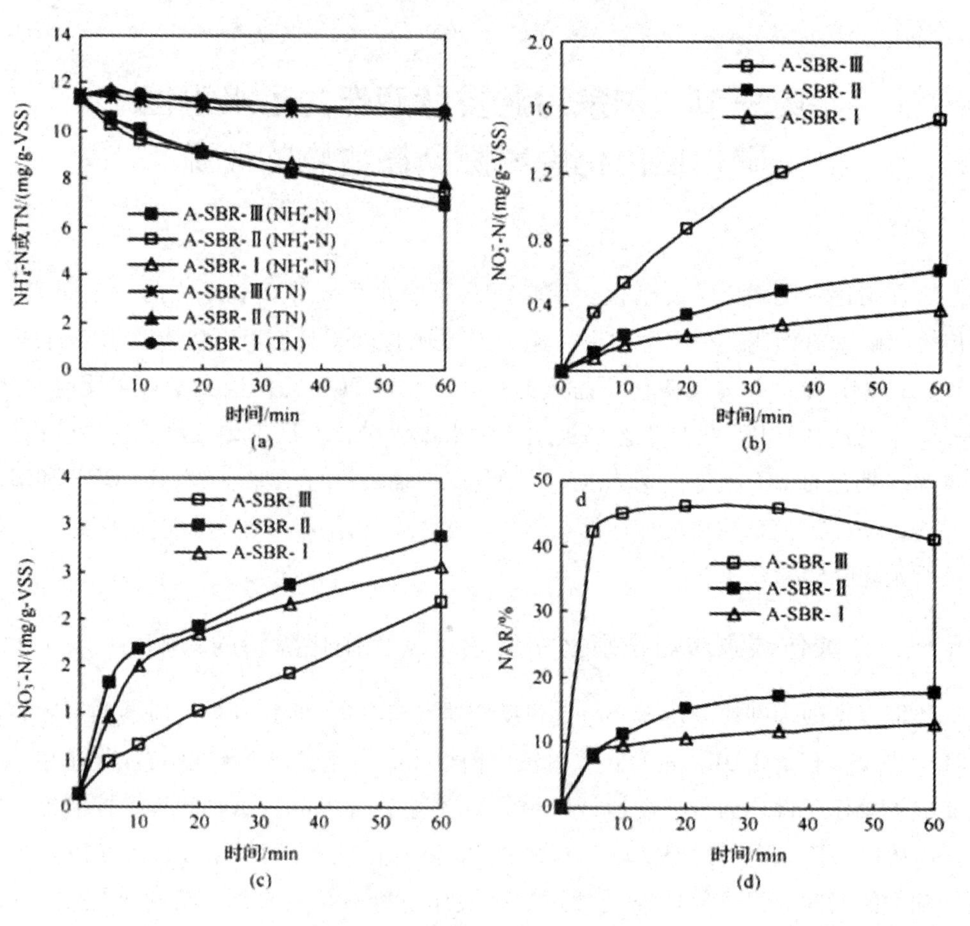

图 4－5　污泥硝化过程中的变化

二、污泥碱性发酵液对短程硝化－反硝化及反硝化除磷的影响

剩余污泥在碱性条件可发酵产生含 SCFAs 的污泥发酵液，其能够作为污水除磷脱氮的优质碳源。为了资源化利用污水处理厂产生的剩余污泥，用剩余污泥的发酵液取代乙酸作为除磷脱氮微生物碳源，研究污泥发酵液对污水除磷脱氮效果、短程硝化－反硝化和反硝化除磷的影响。

污泥碱性发酵液的制备及发酵液中氮和磷的回收按照前面方法进行。剩余污泥碱性发酵液作为碳源对污水除磷脱氮效果、短程硝化－反硝化及反硝化除磷的影响，将以剩余污泥碱性发酵液和乙酸为碳源的两个 SBR 在相同工艺条件下进行对比。

（一）各物质在一个运行周期内的变化

通过对两个 SBR 一个周期内溶解性蛋白质和溶解性碳水化合物进行研究后发现，F－SBR 内由于剩余污泥碱性发酵液带来的蛋白质较多，厌氧前 50min 内反应器中蛋白质浓度下降较快，之后随运行时间逐渐降低，同时在出水中未检测出蛋白质。A－SBR－Ⅲ进水中的蛋白质较少，在厌氧 50min 内全部去除。F－SBR 内由发酵液带来的溶解性碳水化合物降解较快，在好氧阶段末检测不出。F－SBR 和 A－SBR－ⅢCOD 和 BOD 的去除效果良好，分别达到 91.5% 和 97.3%，以及 95.2% 和 99.5%。事实证明，F－SBR 内存在反硝化除磷是剩余污泥碱性发酵液作碳源具有较高除磷效果的一个主要原因。

（二）污泥发酵液中腐殖酸对厌氧释磷及好氧吸磷的影响

发酵液中的腐殖酸对厌氧释磷及好氧聚磷均有促进作用，但对好氧聚磷的影响大于对厌氧释磷的影响，使得好氧末时添加 HA 的 SOP 浓度与不添加 HA 的相比减少了 1.43mg/g－VSS，这表明发酵液中 HA 的存在有利于污水中磷的去除。

（三）污泥发酵液主要有机组分对短程硝化的影响

剩余污泥碱性发酵液取代乙酸作生物碳源提高了污水的除磷脱氮效果，主要原因是 F－SBR 内发生了短程硝化－反硝化和反硝化除磷现象，提高了内碳源的除磷利用率及在反硝化脱氮的同时会发生聚磷。

三、污泥发酵液作碳源对微生物及关键酶活性的影响

（一）对微生物群落组成的影响

分别对 A－SBR－Ⅲ和 F－SBR 中活性污泥的微生物群落结构进行基因克隆文库分

析，共得到240个阳性克隆子，将这些克隆子的测序结果与数据库中的序列进行比较，在97%的相似度条件性下分别归类成操作分类单元（OTU）。通过对每个OTU的序列进行分析，构建了两个SBRs中微生物的系统发育树以及主要群落组成。

（二）对主要微生物种群数量分布及关键酶活性的影响

两个SBRs系统的脱氮效果与系统中氨氧化菌（AOB）和硝酸菌（NOB）的数量分布密切相关。A－SBR－Ⅲ中硝酸菌比例高于氨氧化菌，而F－SBR中氨氧化菌比例显著高于硝酸菌，这可能是NO_2^-－N累积率不同的原因；F－SBR中聚磷菌比例显著高于A－SBR－Ⅲ，而聚糖菌的比例则是A－SBR－Ⅲ较高，这是F－SBR除磷效果好于A－SBR－Ⅲ的原因；A－SBR－Ⅲ中能够利用NO_2^-和NO_3^-聚磷的聚磷菌占其总聚磷菌的9.2%，而F－SBR提高到73.0%，说明F－SBR中确实发生了显著的反硝化除磷；F－SBR系统中的亚硝酸盐还原酶（NIR）活性明显大于A－SBR－Ⅲ，说明发酵液系统的NO_2^-－N反硝化能力高于乙酸系统，而硝酸盐还原酶（NR）活性则相反，这与A－SBR－Ⅲ的NO_3^-－N反硝化能力高于F－SBR的结果。

第五章　城市污水管网污染物的沉积与释放

第一节　城市污水管网污染物沉积特性

一、污水管道中沉积物的形成规律

沉积物汇入污水管道主要有三种途径，一是指来自城市不同汇水面的固体颗粒物随雨水径流冲刷进入排水管道；二是污水管道中悬浮物的沉降；三是管道中已有沉积物在大流量冲刷下的迁移和释放。以无机颗粒为主的沉积物，大多来自地表和大气沉降；以有机颗粒为主的沉积物，主要来源于生活污水，生活习惯和饮食结构的差异会使生活污水水质变化，使得不同地区管道沉积物的影响各不相同。雨水径流中的颗粒物主要来自屋顶、停车场、路面和绿地等汇水面的降雨冲刷及大气沉降等，其中大气沉降是城市暴雨径流中有毒有害污染物质的重要来源，也是城市汇水面固体颗粒物的主要来源。而来源于生活污水中的固体颗粒物一般有三个途径：首先人类粪便中的小粒径残渣和有机颗粒；其次是厨卫垃圾中的大粒径残渣和有机颗粒；最后还有一些塑料袋、树枝等物体，这类物体很容易造成管道堵塞，其严重威胁着城市污水管道的正常运行。

（一）城市污水管道污染物冲刷与释放模拟系统

在实际城市污水管网运行过程中，除每天的生活用水高峰期外，管道中的污水在大部分时间流速较为缓慢，而缓流状态会导致污水所携带的物质发生沉降现象，这也是管道沉积层形成的主要原因。为进一步探明沉积层形成过程的规律，建立污水管道沉积与释放模拟系统，模拟管道及检查井的材质均采用有机玻璃材质，便于观察模拟管道内水流状况及冲刷与沉积情况。实际城市污水管网大多采用钢筋混凝土管，为模拟钢筋混凝土管的粗糙度（一般粗糙度值在0.3～3mm），并对模拟管道内壁适当打磨以控制管道沿程阻力系数及雷诺数，使其管内粗糙度接近于实际混凝土管，确保模拟管道的流动特性与实际污水管道一致。

如图5-1所示，建立模拟管道实验装置，管径为200mm，总有效长度32m，模拟管段有四层，层与层之间通过尺寸D×H为400mm×600mm的圆柱形检查井连接，同时管段连接处均采用法兰及橡胶圈密封，确保装置的严格密封性；模拟管道上每层设置出水阀和取样口，以便取样分析；装置顶部检查井内设有挡水溢流堰，以保证水流流态；在顶部检查井内设排气口及排气阀，使进水的同时排走管内空气，保证污水溶解氧小于0.5mg/L；装置用铸铁架支撑，坡度可调节；模拟管道及检查井均采用2cm厚的保温材料将其包裹，以模拟实际污水管网避光恒温的环境；循环水箱尺寸为1500mm×1600mm，水箱外设置有外筒，会通过水冷方式保证循环水箱内污水温度与原始污水温度相接近。

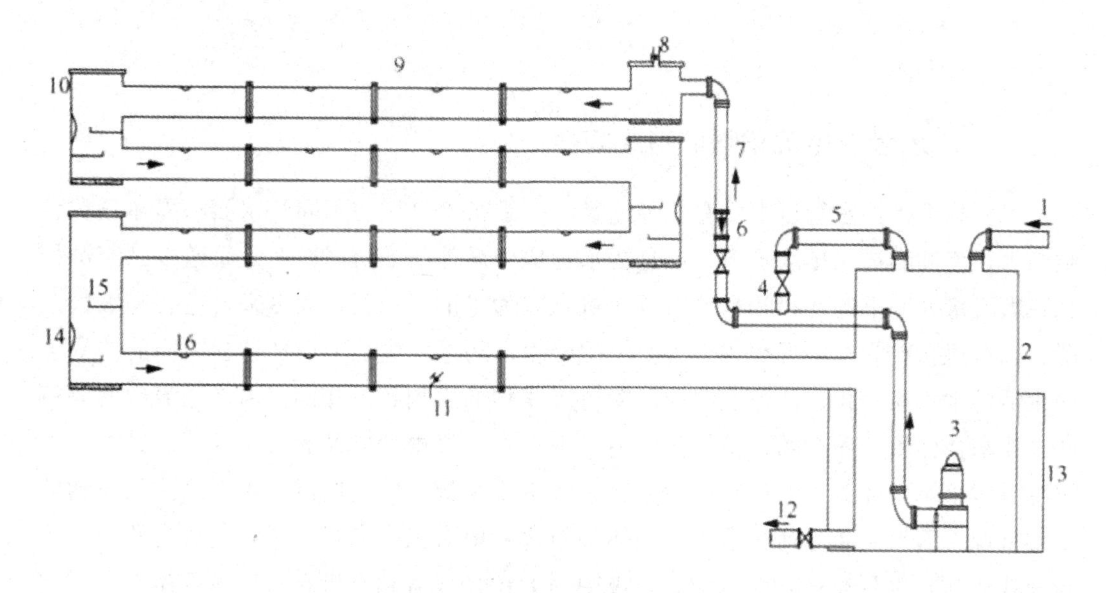

图5-1　城市污水管道模拟示意

通过控制进水管和回流管上的阀门开启度，调节水流流速与流量，且流量的调节范围为0~50m^3/h。实验装置运行前，打开装置顶部检查井上设有的排气阀，通过下潜到粗格栅前端调节池内的潜水泵抽取一定量污水处理厂前端的城市污水至循环水箱，之后关闭排气阀，利用循环水箱内的潜水泵将污水提升至反应装置顶端的检查井内，在重力作用下污水依次进入后面的模拟管道及检查井，因此实现污水的循环利用。

（二）污水管道沉积层形成过程中的理化指标

城市污水沉积与释放模拟管道系统在缓流条件下连续运行（0.15~0.25m/s），污水中悬浮态颗粒物质发生自然沉积，使沉积物厚度不断增加，其在系统运行初期沉降速度较快，而随着运行时间延长，沉积层厚度的增加速度逐渐下降。在系统运行 150d 后沉积层厚度基本停止增长，约为 60mm。

氧化还原电位是一个重要的水质指标，它能够综合其他水质指标来反映水族系统中的生态环境，但不能独立反应水质的好坏。水体中每一种物质都有其独自的氧化还原特性，而 ORP 就是用来表征水溶液中所有物质反映出来的宏观氧化——还原性。ORP 越低，还原性越强；ORP 越高，还原性越弱，且“+”电位表示溶液显示出氧化性，“-”电位表示溶液显示出还原性。污水沉积与释放管道模拟系统在密封条件下稳定运行 150d 后，对沉积物层中的 ORP 的变化情况进行检测，检测表明，污水管道沉积物内部处于严格厌氧状态，由于古菌（主要为产甲烷菌）、硫酸盐还原菌在严格厌氧环境中较易实现繁殖增长过程，因此在沉积物层基本稳定之后，管道沉积物中易产生大量的甲烷、硫化氢等有毒有害气体，有毒气体逸散易对管道产生腐蚀作用，同时威胁着城市居民的生命安全。

（三）污水管道沉积层形成过程中微生物变化特征

污水管道生物膜通常形成于水面附近的管壁上，在一段时间内沉积层不被干扰时，会形成微生物层。随着沉积层的逐渐稳定，可观察到生物膜在沉积层表面上的生长，其中细菌数量接近活性污泥，具有很强的活性。已有研究表明，管道沉积物表层生物膜的形成对污水中污染物的降解会产生较为显著的影响，因此对研究中构建的污水沉积与释放管道模拟系统内生物膜的形成过程进行连续监测，管道沉积物层表面在系统运行过程中逐渐形成明显的生物膜，分别对系统运行 10d、30d、60d、90d、120d 和 150d 的生物膜的形态结构变化进行分析。

沉积物表层生物膜在污水管道模拟系统运行过程中逐渐趋于成熟，并且微生物种群间具有一定的孔隙率。微生物种群之间呈现出的孔洞结构可显著增加生物膜的比表面积，管道污水在流过沉积物表层生物膜时，该孔洞结构内可形成一定的对流态势，使其传质系数增加，由于生物膜中微生物种群可通过扩散作用和从液体中直接吸收的方式获取营养基质，因此沉积物表层生物膜的孔洞结构有助于微生物种群的富集和繁殖，使得沉积物中微生物活动更加活跃。在生物膜形成的初期，污水中的微生物依靠沉积物表层的粗糙度黏附于其表面，会形成一层薄薄的且表面平滑的生物膜结构；随着时间的推移，管壁生物膜生长增厚，生物膜中微生物进行繁殖和进化，同时水流冲刷作用使其部分老化的生物膜片脱落，生物膜厚度逐渐趋于稳定。对于实际污水管道，由于常有汇流的情况发生，并且一天中水流高峰期和低谷期流速差异显著，因此生物膜表面呈现出凹凸不平的松散结构。

同时，通过高通量测序监测结果可知，沉积物中水解型功能微生物的种群相对丰度在运行过程中显著增加，该种微生物种群的富集繁衍可促进沉积物中污染物的分解释放，同时也为管道中其他生化代谢反应提供丰富的基质。

二、污水管道沉积物特性分析

城市污水管道系统类型、污水水质及管道区域特征等因素会直接影响管道沉积物的性质，通常在旱流以及大流量过后流量减小时，受局部的剪切力、管道结构以及沉积床附近悬浮固体的浓度和性质的影响，在管道的特定部位较易发生沉积现象。同时污水的流量和性质对管道沉积物的形成也有着重要影响，在不同流量以及黏度影响下，沉积物可能发生分层或者混合现象，它们的结构也会因生化反应而变化，因此具有多样性和易变性的特征。

根据管道沉积物的物化性质，已有研究将它们分成底层粗颗粒沉积物、有机层和生物膜三类。GBS 位于排水管道的底部，表现出无机特性，呈黑灰色，颗粒物较粗，直径为毫米级，在管道沉积物中所占比例最大。水中的颗粒物发生沉积时，密度较大的砂粒和其他较大的无机颗粒最先发生沉降，在管道底部形成 GBS 层，再经压缩沉积而使密度变大、结构紧密，对水力冲击有很强的抵抗能力。OL 也覆盖于 GBS 的上方，由细小颗粒构成，呈棕色，表现出很强的生化特性，冲刷进入自然水体后具有潜在的污染危害。OL 的抗冲刷能力较弱，形成于管道底部剪切力较弱的位置，即使很小的降雨事件也会使 OL 遭到破坏，为被暴雨冲刷起的悬浮固体的主要部分。

污水管道沉积物中赋存有许多种类的污染物，常见的有易降解的有机物，易引起水体富营养化的 N、P，难降解的油类、脂类物质、带有毒性油烃（PHC）和多环芳烃以及 Pb、Cr 等致癌、致突变和致畸重金属物质等。这些污染物的含量与沉积物的粒径分布、来源有密切的联系。易降解的有机物质、N、P 主要来自人类生活产生的废弃物和排泄物，难降解的油类、脂类物质、PHC 和 PAHs 以及 Pb、Cr 等重金属物质则主要来源于汽车尾气的排放、轮胎的磨损、汽油不完全燃烧及燃料或润滑油的泄漏。在合流制排水管道沉积物中，污染物的分布与沉积物的粒径分布密切相关，小粒径的固体微粒由于比表面积大且吸附能力强而聚集了较多污染物。

为进一步明确沉积物中各粒径范围的污染物含量，对各粒级中赋存的 VSS、氮、磷含量进行了分析测定，通过测定得到沉积物粒径大小与氮、磷含量有关系，颗粒越小，氮、磷的含量越大，反之则越小。因此，管网内大部分污染物赋存于细颗粒部分，粗颗粒多以无机颗粒为主。

三、污水管道内污染物沉积的影响因素

在污水管道不间断运行期间，污水所携带的一部分颗粒污染物会发生沉积，从而对水中污染物的去除起到一定作用。同时，由于水力冲刷作用，污水中的悬浮颗粒物之间会不断发生碰撞、摩擦等，一些大颗粒物质会在水流剪切力的作用下被削减转化

为小颗粒物质。在这个过程中污水的悬浮物浓度及其粒径分布也会发生一定变化，为了进一步明确污水中污染物质沉积的影响因素，对不同水力冲击作用下的污水管道内悬浮物浓度和粒径进行相关测定。

在0.15~0.25m/s的缓流条件下不间断地进行循环流动，在沉积层稳定之后，污水中SS浓度的变化规律可以得出，城市污水在缓流状态下的沉积现象严重，污水初始SS浓度平均为544.92mg/L，在管道中流动14h后，SS浓度均有明显下降，平均降低381.86mg/L。研究认为，在缓流状态下，颗粒物每天在单位长度管道（m）中沉积量为30~500g，因此，在管道沉积物重新达到稳定状态后，污水所携带的颗粒物在重力的作用下沉降作用明显，导致管道沉积物厚度增加，管道过水断面面积减小，会产生城市污水管道堵塞等问题。

第二节　城市污水管网污染物释放规律

一、典型流态下管道污染物在污水－沉积物间的转移转化规律

（一）有机污染物在污水－沉积物间的转移转化规律

众所周知，城市污水中碳源含量对污水处理厂工艺的稳定运行起到至关重要的作用，模拟管道装置在缓流状态下连续运行150d，待模拟管网中沉积物厚度和微生物群落结构稳定后，对固定取样口中污水－沉积物间有机物的转化进行分析，如图5－2所示。

由图5－2（a）可得，在初始8：00时污水TCOD浓度为594.52mg/L，SCOD浓度为213.46mg/L，经过不间断的循环流动，在22：00时TCOD浓度降为426.60mg/L，SCOD浓度降为155.32mg/L。这是由于污水中所携带的颗粒态物质含有较为丰富的碳源，在缓流条件下沉降至管道沉积层中，降低污水中的COD浓度。同时由于沉积物层表面孔隙率较大，吸附性能较强，污水在流动过程中溶解性物质会被沉积物所吸附，因此在经过较长距离的流动之后，污水之中TCOD与SCOD去除率分别为28.24%和27.24%。

沉积物在稳定初期，TCOD浓度为45628mg/L，经过污水在管网中连续60d的循环流动，沉积物中的TCOD浓度升高为54160mg/L，如图5－2（b）所示。沉积物中有机物浓度的升高到后续的基本稳定，主要与三种作用有关：一是进水污水中悬浮颗粒物的沉降作用；二是管网稳定运行时水流冲刷作用；三是管网沉积物所形成的密实结构以及微生物的降解作用。

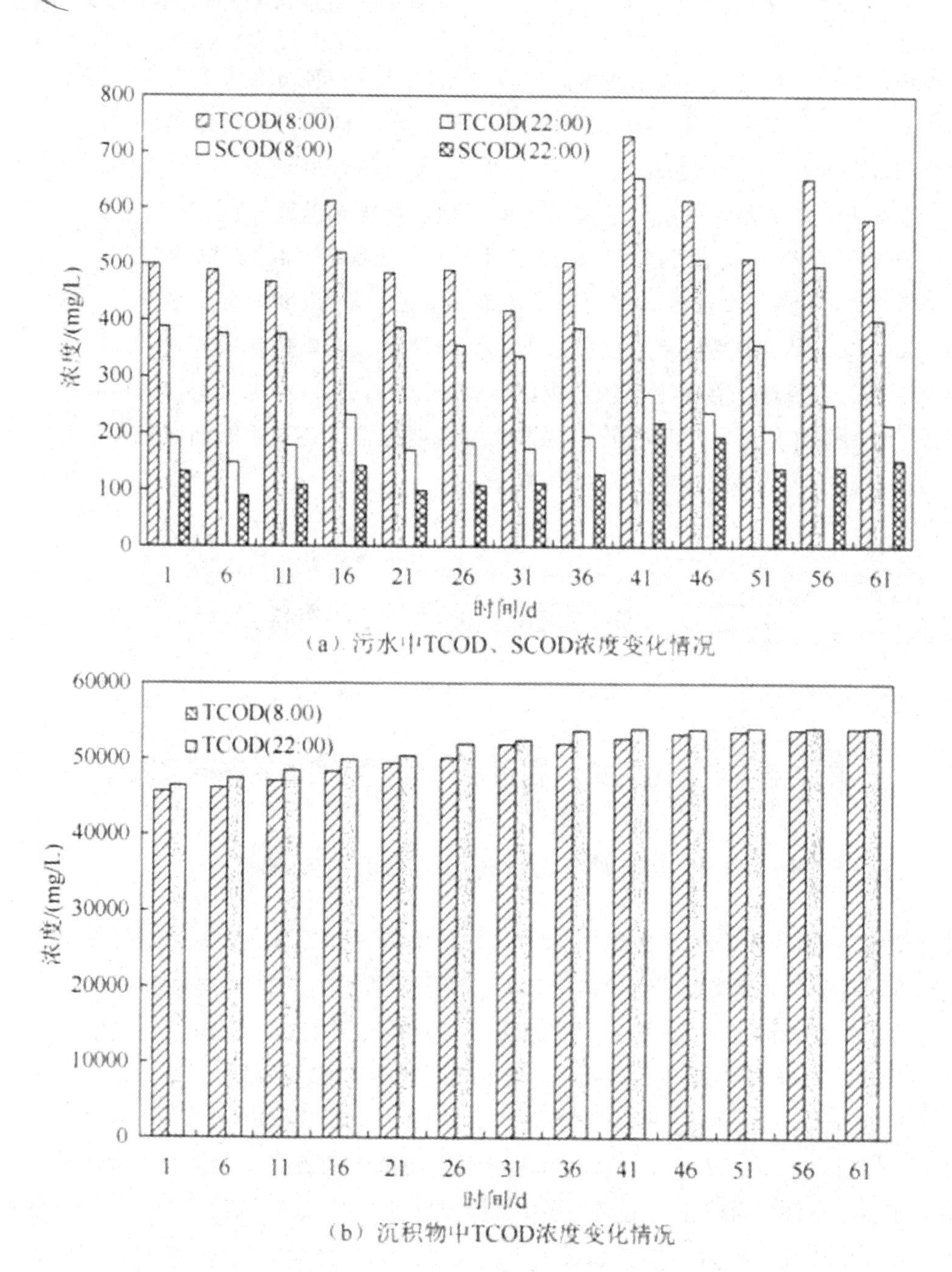

图 5-2　管网中 TCOD、SCOD 在污水-沉积物间的历时变化

挥发性脂肪酸属于一类碳原子数小于 6 的高效有机碳源，是快速易降解有机物之一，包括乙酸、丙酸、丁酸和戊酸等，其中乙酸和丙酸是其主要组成部分。研究表明每次去除 1mg 氮和磷，需要大量的 VFA，因此对系统中 VFA 的浓度变化进行了分析研究。研究显示与污水中 COD 的浓度变化规律呈相反趋势，说明管道沉积物层存在微生物厌氧发酵的过程，产生的 VFA 向污水释放转移。由此可推断，污水与沉积物之间存在着碳类物质的相互转化过程。待系统运行平稳之后，沉积物厚度和微生物结构稳定后，沉积物中 VFA 的浓度差值趋于稳定。主要是由于污水流动产生的剪切力，使小部分吸附在无机颗粒上的小分子有机物被冲刷下来；此外，在厌氧条件下，产酸发酵细菌可利用快速生物降解基质发酵产生 VFA，污水管道中颗粒态物质经沉积作用沉降，又受冲刷作用再次携带，水流剪切使其粒径变小，增大了比表面积，促使微生物对其进行水解，VFA 浓度增加。管网沉积物中绝对的厌氧环境（DO 浓度 $<0.5mg/L$）和充足的有机物条件下，有利于产酸发酵菌进行厌氧发酵。

（二）氮类污染物在污水－沉积物间的转移转化规律

近年来，对污水处理厂处理后水的氮、磷浓度的要求不断提高，而管网污水的水质波动势必会对污水处理厂处理效果产生较大的影响。其中，NH_4-N 浓度可能会由于溶解性有机氮的氨化而增加，但也会因异养菌缺氧生长而减少，抵消其一部分降解。而 NO_3-N 浓度的降低说明发生了反硝化作用，且污水管道中 NO_3-N 的浓度较低，这是由于管道处于厌氧状态，导致 NH_4-N 的硝化过程较难实现，而微生物的反硝化过程较为显著。

根据管网沉积物沿程的变化，选取污水管网模拟系统沿程取样口进行研究，结果表明，在管网模拟系统前端，沉积物中 TN 浓度从沉积物稳定初期的 434.92mg/L，逐渐增加到沉积物稳定后的 547.88mg/L；在每天的监测过程中，沉积物中 NH_4-N（8：00）浓度平均为 80.89mg/L，22：00 为 85.55mg/L，升高了 4.66mg/L；管网沉积物中 NO_3-N（8：00）浓度平均为 0.17mg/L，22：00 为 0.13mg/L，降低了 0.04mg/L。在模拟管网系统后段，测得管网沉积物中 TN 浓度从沉积物稳定初期的 436.15mg/L，逐渐增加到沉积物稳定后的 548.10mg/L；管网沉积物中 NH_4-N（8：00）浓度平均为 81.25mg/L，22：00 为 86.96mg/L，升高了 5.71mg/L；管网沉积物中 NO_3-N（8：00）浓度平均为 0.20mg/L，22：00 为 0.14mg/L，降低了 0.06mg/L。可以看出在缓流状态下，沉积物中污染物会有显著的富集现象，并且从系统前后的氮类污染物浓度变化可知，模拟管网沉积物中氮类污染物浓度沿程也略有增加。

（三）磷类污染物在污水－沉积物间的转移转化规律

模拟管网系统的污水进水（8：00）TP 浓度平均为 7.97mg/L，在系统运行 14h 之后（22：00）为 5.88mg/L，降低了 2.09mg/L；而在初始 8：00 正磷酸盐浓度平均为 4.31mg/L，在 22：00 时为 3.07mg/L，降低了 1.24mg/L。磷类污染物的浓度降低是由于污水中所携带的颗粒态物质在缓流条件下沉降至沉积物层之后，会使得污水中附着在颗粒态污染物上的磷类污染物浓度降低。

模拟管网系统前端取样口沉积物中，TP 浓度从沉积物稳定初期的 374.66mg/L，逐渐增加到沉积物稳定后的 480.58mg/L；在每天的检测过程中，管网沉积物中正磷酸盐在 8：00 浓度平均为 127.94mg/L，22：00 为 129.54mg/L，升高了 1.60mg/L。而模拟管网系统后端取样口沉积物中，TP 浓度从沉积物稳定初期的 392.18mg/L，逐渐增加到沉积物稳定后的 481.96mg/L；管网沉积物中正磷酸盐在 8：00 浓度平均为 130.10mg/L，22：00 为 131.68mg/L，升高了 1.58mg/L。由此可看出，磷类污染物在管道沉积物中大量富集，这是由于污水所携带的颗粒态物质随水流迁移沉降，且在污水流动过程中颗粒态物质易沉降至污水管道远端，由此导致污染物质富集于管道系统末端。

二、不同水力条件下管道内沉积污染物的动态变化特性

（一）不同污水流速管道沉积污染物冲刷释放特性

为研究不同流速下管道沉积污染物的释放变化情况，通过调控管道模拟系统的污水流速，探究污水中 TCOD、TN、TP 及沉积物厚度的变化规律。如图 5－3 所示，不同流速下管道污水中 TCOD、TN、TP 浓度存在明显差异，且随着流速的增加，TCOD、TN、TP 浓度呈递增趋势，而随着水流冲刷强度的增加，沉积物厚度呈递减趋势。

当水流流速由 0.1m/s 增加到 1.2m/s 时，污水中 TCOD 由 371.33mg/L 增加到 1725.36mg/L，TN 由 31.11mg/L 增加到 81.26mg/L，TP 由 5.82mg/L 增加到 15.04mg/L，污染物浓度随水流增加显著，表明各流速下管道污水中污染物浓度变化与管网中水流冲刷强度存在密切关系。控制管道模拟系统水流流速由 0.1m/s 增加到 1.2m/s 时，不同流速下模拟系统稳定运行 15min 后，沉积物厚度分别减小 2.8mm、4.6mm、5.6mm、6.2mm、7.6mm，且随着各流速稳定时间的增加，沉积物厚度持续减小，尤其是流速大于 0.6m/s 时表现得更为突出。

由于沉积物底层密度大，抵抗水流作用力强，因此可认为管道中只有有机层和部分生物膜被冲起，并向污水中释放污染物。随着管道流速的增加，水流携带能力增强即冲刷强度增加，污水中污染物颗粒发生迁移的概率大于污染物颗粒发生沉积的概率，使污水中污染物的浓度升高，沉积物厚度减小。

各流速下管道污水中污染物的粒径分布存在明显差异，同时各粒径段 TCOD、TN、TP 的占比也随流速变化而产生较大差别。因此可以推测管道中氮、磷易吸附在粒径较小的颗粒物上。

以污水管道最小设计流速 0.6m/s 为划分点，针对不同流速下管道污水中 TCOD、TN、TP 的粒径变化进行分析。结果表明，当流速小于 0.6m/s 时，污水中较大颗粒态污染物自然沉积，且水流对沉积物的扰动与携带能力有限，仅能冲刷携带走较小颗粒态污染物，造成污水中以小颗粒态污染物为主，其中 TCOD 主要分布在 6～40μm 粒径

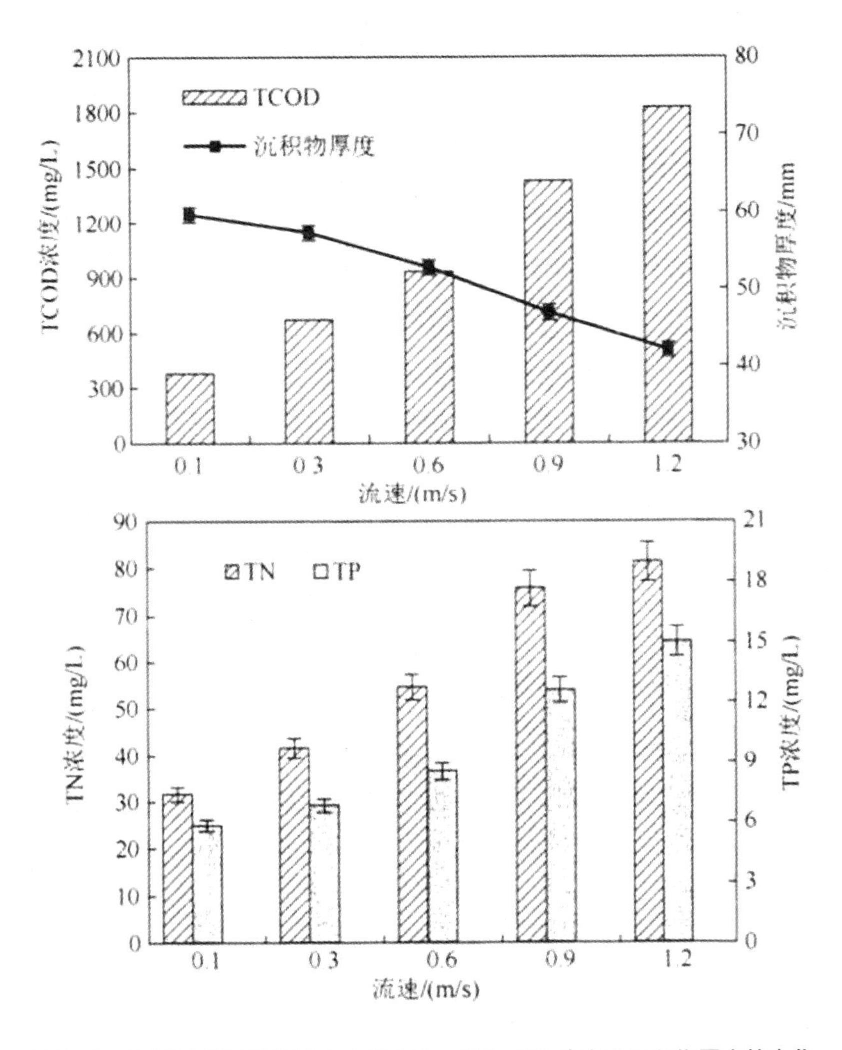

图 5-3　不同流速下管道污水中 TCOD、TN、TP 浓度及沉积物厚度的变化

段，约占 39.05%；在流速大于 0.6m/s 时，水流对沉积物的冲刷与携带能力较强，沉降下来的大颗粒态污染物再次被水流携带，造成污水中以大颗粒态污染物（>40μm）为主，其中 TCOD 主要分布在 41～100μm 粒径段，约占 51.38%。随着流速的增加，水流冲刷能力增强，以吸附或颗粒态形式沉积下来的有机污染物被冲刷严重，且随着冲刷强度的增大，污水中吸附在大颗粒上的有机污染物占比显著增加。当流速小于 0.6m/s 时，TN、TP 主要分布在 0～5μm 粒径段，约占 75.68% 和 74.60%，当流速大于 0.6m/s 时，污水中 TN、TP 仍然主要分布在 0～5μm 粒径段。由此可知，随着流速的增加，冲刷强度增大，大颗粒污染物被携带概率显著增加，有机污染物浓度升高，且主要集中在粒径较大的污染物质上，同时因管道中氮、磷主要吸附于小颗粒上，其受水流流速影响较小，基本处于悬浮状态，因此当流速变化时，污水中氮、磷类污染物始终集中在较小的颗粒物质之上。

（二）不同污水流速管道沉积污染物沉积与释放的综合评估

在城市污水管道这样一个相对密闭的环境内，其会发生污染物的沉积、释放及微生物降解作用，其水相、沉积相和气相之间发生着各种复杂的物理、化学及生物反应。由于底层沉积物具有很强抵抗力，因此认为只有有机层及部分生物膜会被冲起而释放污染物。就冲刷作用而言，管道中沉积物的径流冲刷作用在几分钟内完成，即发生首次冲刷。在之后的流动过程中，释放作用会逐渐将冲刷起的污染物再次释放到污水中，并随着时间的延长变缓并趋于稳定。因此，认为管道改变流速的几分钟内会发生首次冲刷，此后沉积物不再被冲起，释放作用则发生在被首次冲起的污染物颗粒部分，从而将沉积与释放作用分开考虑。被首次冲起的污染物颗粒，经过长时间、长距离的运输，必将会使冲起的悬浮颗粒继续向管道中释放污染物。由此，可将冲刷释放分为首次冲刷释放量和继续释放量两部分。首次释放量是污水流过时冲起的污染物量，继续释放量是被冲起污染物在冲刷作用下，颗粒态中附着的溶解态污染物的释放量以及少量的悬浮微生物代谢量。

根据管道中发生的不同作用，在提出上述假设的基础上，用差减法定量计算不同流量下的污染物沉积与冲刷释放量。具体方法实验采用两种模式运行，有沉积模式与无沉积模式，分别构建两套管道系统模拟装置（A、B），其中装置A利用管网中污水进行有沉积模式运行，模拟了正常的污水管道，沉积、释放及微生物降解作用均会发生。装置B中，采用A中首次冲刷完成后的污水进行无沉积物模式运行，因为管壁无沉积物及生物膜，所以管道中污水只存在沉积和继续释放作用，在每次循环后用清水清洗管道，确保下次循环管壁无沉积。而基于上述假设及方法，建立以下公式。

装置A中模拟了正常污水管道，因此定义以下各作用量关系式：

TCOD变化量 = SCOD变化量 + DCOD变化量

= 沉积量 + 首次冲刷释放量 + 继续释放量 + 微生物降解量

式中，DCOD为溶解态有机物。定义管道中COD的增加为负，减少为正；其中SCOD变化量 = 沉积量 + 首次冲刷颗粒态释放量，DCOD变化量 = 微生物降解量 + 首次冲刷溶解态释放量 + 继续释放量。

装置B中各作用量可定义为：

TCOD变化量 = SCOD变化量 + DCOD变化量

= 沉积量 + 继续释放量

根据公式计算方法，得出不同水力条件下，用颗粒态及溶解态有机物变化量分别表征不同作用的贡献量计算结果，因此得到各作用贡献率。为便于更为直观地了解各作用，将各作用对有机物浓度变化贡献的绝对值相加，因此得到各作用阶段对有机物变化的贡献图。由此可知，在流速为0.3m/s时，因沉积物累积和微生物降解，有机物浓度分别减少了71.7%、17.5%，因释放作用使其增加了10.8%；流速增加为管网设计最小流速0.6m/s时，沉积物累积使有机物浓度减少34.1%，而冲刷释放使其增加33.7%，沉积与释放作用对有机物含量贡献达到平衡，此时有机物增加主要为微生物降解作用的32.2%；流速进一步升高为0.9m/s时，冲刷释放作用增强，有机物含量增加达总变化的68.3%，而污染物沉积与微生物降解仅使其含量减少了19.4%与12.3%。

三、污水管网内污染物沉积与释放途径分析

在污水和沉积物的污染物交换过程中存在着两种转化途径，一种是物理转化途径，即污水和沉积物中原本存在的污染物在重力或水流冲刷的作用下（未发生形态变化）所进行的物质交换过程，具体可称为污染物物理沉积过程和污染物物理悬浮过程；另一种是有微生物参与的转化途径，因污水以及沉积物中分布着丰富的微生物种群，微生物在管道系统中的代谢活动会导致污水以及沉积物中物质形态发生变化，如氨化、硝化、反硝化作用引起的氮类物质的转化等，当物质发生变化后在污水和沉积物之间进行转化的途径，具体称为微生物转化后吸附过程以及微生物转化后释放过程。

通过改变对比实验中污水以及沉积物的性质，模拟污水－沉积物间C、N、P等污染物质的不同转化途径。第一组实验使用实际的污水和沉积物，用以模拟实际污水管道中的污染物转化规律；第二组实验中使用紫外线杀菌设备对城市污水进行照射灭菌，并在管道中铺设实际沉积物，用于阻止污水中微生物的生化反应过程；第三组实验使用实际城市污水和人工配制沉积物（高岭土——石英砂混合体系），用以阻止沉积物中微生物的生化反应过程。

城市污水管道模拟系统运行稳定，管道中沉积物孔隙率和微生物种群结构趋于与实际管道中相似，且两套管道模拟系统中水质指标控制在0.5%范围内，进行对比实验。将管网末端污水通过潜水泵抽取到水相中，将污水搅拌混匀，并均分成三份，确保实验所用污水的水质、水量相同。之后，控制管道中水流流速在0.15～0.25m/s的缓流条件下，进行管道沉积物与实际污水、管道沉积物与灭菌污水、高岭土和实际污水的实验对比。其中，污水的灭菌采用高效紫外线杀菌设备，并对灭菌后的污水进行细菌总数检测，确保实验的准确性。

城市污水管道模拟系统连续运行24h，每间隔3h进行取样监测管道中污水和沉积物的指标变化。通过对比实验，主要对N、P类污染物的迁移转化途径进行分析，管道中污水和沉积物中TN、TP浓度的时变化情况如图5－4以及图5－5所示。

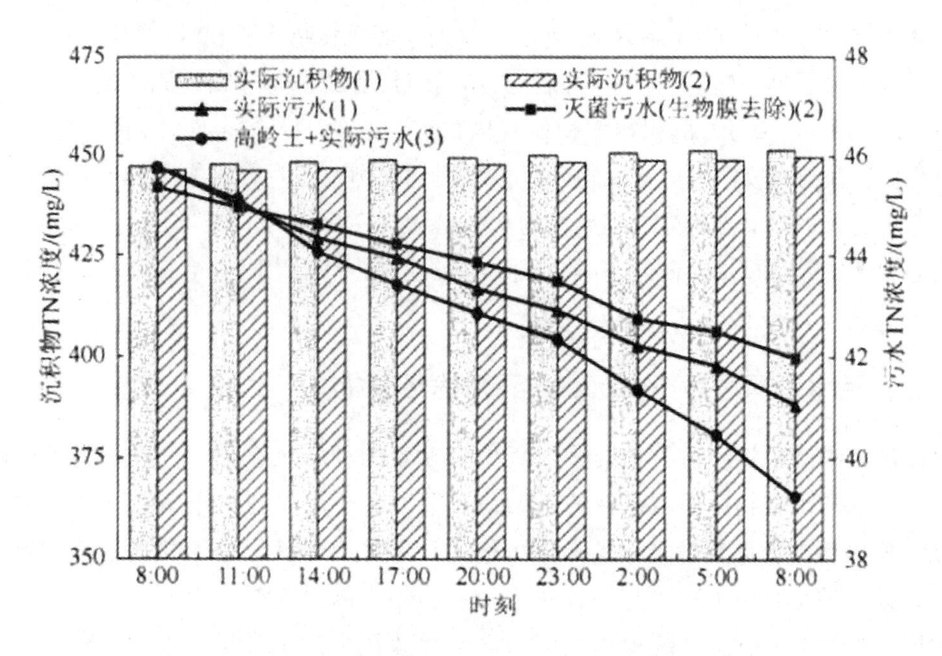

图 5-4　管道中污水和沉积物相的 TN 时变化情况

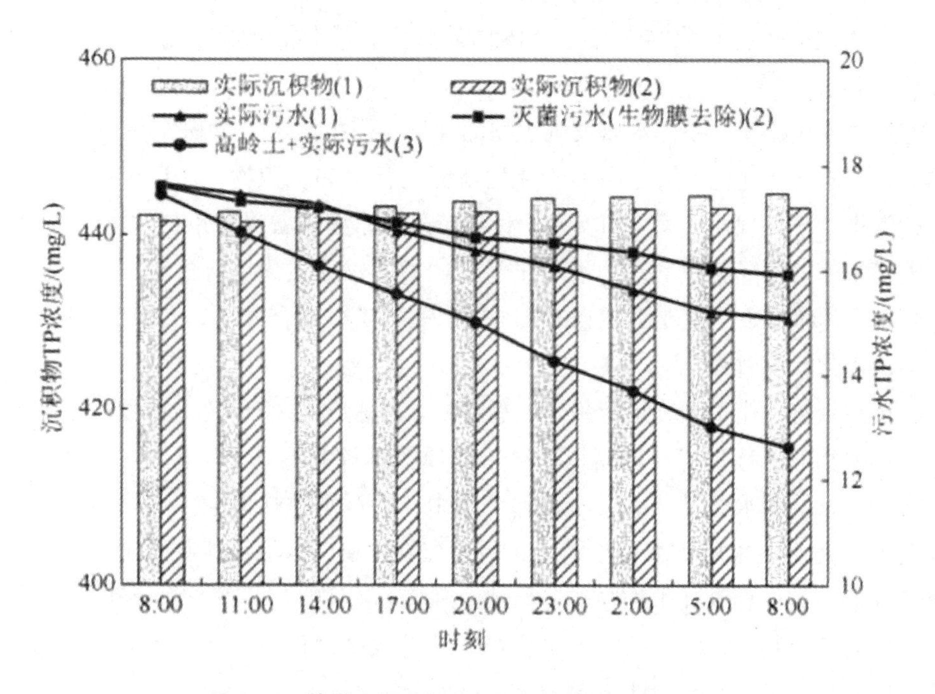

图 5-5　管道中污水和沉积物相的 TP 时变化情况

可以看出，三组对比实验中污水管道污水和沉积物相的 TN、TP 浓度时变化明显。如图 5-4 所示，在经过 24h 的管道输送，第一组实验（实际沉积物与实际污水）污水中 TN 浓度由 45.78mg/L 降为 41.07mg/L，减少了 4.71mg/L，沉积物中 TN 浓度由

447. 46mg/L 升为 451. 67mg/L，升高了 4. 21mg/L；第二组实验（实际沉积物与灭菌污水）污水中 TN 浓度由 45. 37mg/L 降为 41. 99mg/L，减少了 3. 38mg/L，沉积物中 TN 浓度由 445. 79mg/L 升为 450. 06mg/L，升高了 4. 27mg/L；第三组实验（高岭土与实际污水）污水和沉积物中 TN 浓度相同，由 45. 78mg/L 降为 39. 25mg/L，减少了 6. 53mg/L。如图 5 –5 所示，经过 24h 的管道输送，第一组实验（实际沉积物与实际污水）污水中 TP 浓度由 17. 63mg/L 降为 15. 09mg/L，减少了 2. 54mg/L，沉积物中 TP 浓度由 442. 21mg/L 升为 444. 89mg/L，升高了 2. 68mg/L；第二组实验（实际沉积物与灭菌污水）污水中 TP 浓度由 17. 58mg/L 降为 15. 91mg/L，减少了 1. 67mg/L，沉积物中 TP 浓度由 441. 53mg/L 升为 443. 21mg/L，升高了 1. 68mg/L；第三组实验（高岭土与实际污水）污水和沉积物中 TP 浓度相同，由 17. 44mg/L 降为 12. 63mg/L，减少了 4. 81mg/L。

第二组实验（实际沉积物与灭菌污水）由于污水经过灭菌处理，不考虑污水中微生物转化分解作用，对比第一组实验（实际沉积物与实际污水），其 TN、TP 浓度都减少较少，而第三组实验（高岭土与实际污水）因人工配制沉积物内无微生物群落分布，不考虑沉积物向污水中释放污染物，对比第一组实验（实际沉积物与实际污水），其 TN、TP 浓度都减少明显。

为进一步明确污水和沉积物之间污染物相互转化途径，通过三组对比实验对各转化途径进行了定量分析，同时建立污水管道中污水和沉积物两相间污染物的迁移转化模型，如图 5 –6 所示。

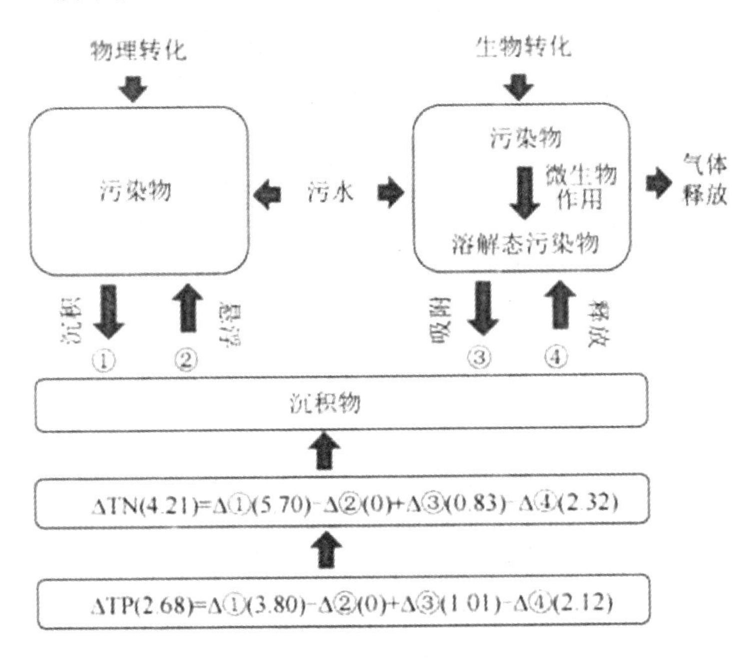

图 5 –6　管道中污水 – 沉积物间污染物的转化途径

在实际污水和沉积物实验组中，沉积物的 TN 与 TP 在一天内的浓度变化值为 4.21mg/L（ATN）和 2.68mg/L（ATP），通过对三组对比实验中污水和沉积物污染物浓度变化进行差量分析，并应用公式：

TN 或 TP 变化量 = 物理沉积变化量 - 污染物悬浮变化量
+ 微生物转化后吸附变化量 - 微生物转化后释放变化量

计算得出不同转化途径下沉积物中污染物的变化量。由于实验是在管道污水缓流条件 0.15m/s 下进行，因此管道系统中沉积物悬浮作用可忽略。在四条转化途径中，污染物的物理沉积途径转化量最高，且沉积物中氮磷污染物浓度均呈上升趋势，因此可知污水中颗粒携带的污染物的物理沉积作用是沉积物中污染物质浓度上升的决定因素。在微生物参与转化的两条途径中，沉积物释放的污染物量大于污水向沉积物的转化量，因此沉积物中的微生物的代谢活动更为显著，且通过该途径提高了污水中溶解态和小分子的污染物浓度。

第三节　城市污水管网沉积物中微生物种群特性

近些年来，城市污水管网中有毒有害气体的释放问题已经逐渐成为管网正常运行的潜在威胁，也开展了诸多此方面的研究，明确了在污水管网系统中 CH_4 和 H_2S 的产率。同时有研究表明，在考虑污水管网释放 CH_4 和 H_2S 时，管道沉积物的作用不可忽视，因此可以确定城市污水管网沉积物中存在着显著的生化反应。因产生 CH_4 和 H_2S 的过程需要丰富的碳源基质，而管网沉积物的形成主要是污水所携带的颗粒态物质沉降所致，因此沉积物层中一定存在着颗粒态物质水解过程。城市污水中含有各类丰富的污染物质，在污水管网厌氧条件下，不同微生物种群极易利用沉积物中的基质对各类污染物质进行降解转化，这与城市污水厌氧处理系统中发生的生化反应是一致的，同时该类沉积物中发生的转化过程也会显著影响城市污水处理厂的进水水质，因此对城市污水管网沉积物中污染物的转化过程进行研究分析是十分必要的。

一、沉积物中功能性微生物的种群分布特征

微生物种群利用的易降解的有机碳源（VFA）在沉积物中逐渐富集，然而限于城市污水管网的厌氧环境，促进不同污染物转化的微生物种群在管网沉积物中呈现不同分布特征。

在 34536 个有效 DNA 序列片段，检测包括细菌和古菌在内的主要门水平微生物种群，样品中相对丰度前 40 的微生物种群使用不同的圆圈表示，圆圈的大小代表微生物

的相对丰度。测序结果表明，沉积物中主要的门水平微生物具有较强的发酵能力，可以促进沉积物的水解和酸化过程，因此这些微生物在沉积物中的富集会直接引起颗粒态物质的降解，同时提升了管网沉积物中 SCOD 的浓度提升。由于新产生丰富的易降解碳类物质可成为产生 CH_4 和 H_2S 等过程中微生物所利用的基质，从而成为污水管网沉积物中主要的门水平的古菌。该微生物种群的快速增长是污水管网沉积物中甲烷气体大量逸散的主要原因。沉积物中发生的上述诸多生化反应可以促进赋存的碳类污染物的转化。除此之外，微生物包含了许多种类的与氮类污染物质转化相关的微生物种群，但是污水管网沉积物处于厌氧环境，硝化过程无法实现，然而反硝化作用却很容易实现。

二、沉积物中微生物代谢作用区域分析

污水管网沉积物中不同深度的 ORP 值具有明显的差异，不同的 ORP 值会影响沉积物中发生的氧化还原反应，进而影响不同微生物种群的新陈代谢过程。

（一）污水管网不同位置沉积物微生物（细菌）分布特征

所构建的污水管网模拟系统中沉积物厚度约为 60mm，污水在沉积物层上紊动的流动过程会对沉积物产生不规律的扰动作用，因此微生物种群的多样性以及种群分布在该作用下可能会受到一定影响。

微生物的操作分类单元可从一定程度上反应样品中微生物种群的种类数量，OTU 值越高可相对的说明样品中微生物种群数量较多，反之则比较少。为了对比污水管网沉积物中不同纵剖面的微生物分布特征，使用三元相分析方法对沉积物中不同位置的优势种群进行分析。在沉积物的七个区域中，Smithella 是一种重要的发酵型属水平微生物，具有显著地产生丙酸的功能，因此可以促进沉积物中碳类污染物的降解转化。丙酸是硫酸盐还原型微生物进行新陈代谢的重要碳类基质，因此 Smithella 在沉积物中的富集可能会为硫酸盐还原菌的增长繁殖提供良好的环境，同时由于 Smithella 在沉积物各区域中都存在着大量繁殖现象，碳类污染物在沉积层中的转化过程可以得到充分实现。需指出的是，Methanosaeta 在沉积物不同深度展现出不同的分布特征，因此需对沉积物中的古菌分布进行单独的分析探讨。

（二）污水管网不同位置沉积物微生物（古菌）分布特征

沉积物 7 个区域中所检测到的古菌种群数量为 1400 左右，古菌的多样性随着沉积物的深度逐渐增加，在沉积物中层部位达到最大，然后在沉积物的底层区域逐渐的缓慢减小，由此推断污水管网沉积物中层部位是古菌增长繁殖的最佳环境。由于沉积物

表层污水的不规律流动，古菌在沉积物表层无法实现快速繁殖。

（三）沉物中微生物作用与污染物转化耦联作用规律

为了进一步分析探讨污水管网沉积物中污染物转化的特性，使用分析手段对沉积物中功能性属水平微生物和污染物浓度变化的关联进行说明解析。在该区域中，功能性属水平微生物和污染物浓度之间存在着显著的相关关系或者非相关关系。可实现碳类污染物转化的微生物种群主要包括发酵细菌，在沉积物各个区域中均与 TCOD 和 SCOD 展现了显著的相关关系，结合高通量测序结果可知，主要的发酵细菌可以在沉积物各个区域中被检测到，微生物的存在可以促进沉积物中的水解酸化过程。由此可知，发酵过程是管网沉积物中的主要的生化反应，然而由于管网内表面的紊动状态，在沉积物的区域中发酵过程无法正常实现。

由于沉积物中不存在硝酸盐，抑制反硝化细菌的增长繁殖，同时也切断了沉积物中的氮类污染物质的转化途径，因此沉积物中存在的该类微生物种群仅仅可以通过消耗 COD 维持基本的新陈代谢过程。

研究表明，聚磷的微生物种群包含两种功能性细菌，分别为在厌氧环境下存在的具有反硝化功能的磷去除细菌和需要在有氧条件下生存的聚磷细菌，由于氧原子和硝酸盐是上述两种微生物的电子受体，而在污水管网沉积物中几乎没有氧气和硝酸盐的存在，因此高通量测序几乎没有检测出聚磷菌的存在。由此可以推论，在污水管网模拟系统运行过程中，沉积物中 TP 和 PO 随着时间推移浓度逐渐提升的原因主要在于污水中颗粒态物质的沉降作用，因生化作用而导致沉积物中磷类污染物质发生形态和含量转化的过程基本无法实现。

综上所述，发酵型微生物种群在污水管网沉积物的各个区域都起到了重要作用，促进了沉积物中颗粒态物质的水解过程，从而使得沉积物中富集大量的易降解的碳源基质，该环境为污水管网沉积层中污染物转化的相关生化反应提供了适宜的条件。之前有学者指出，可实现产甲烷过程和硫酸盐还原过程的微生物种群是有选择性地利用碳源基质，因此在污水管网沉积物的不同区域中，发酵过程所产生的水解酸化产物的种类和浓度会极大程度上影响产甲烷菌和硫酸盐还原菌的繁殖增长过程。产甲烷菌和硫酸盐还原菌在沉积物纵深断面展现出有规律的分布特征，从而促使甲烷和硫化氢主要产生在严格厌氧的沉积层的中层和底层位置。然而，产甲烷和硫酸盐还原菌可利用某些相同种类的碳源基质完成新陈代谢过程，因此这两种微生物种群在繁殖过程中会存在竞争关系，然而这种竞争机制尚不明确，需要进行进一步的研究分析。与此同时，由于生化反应过程中遵循着反应动力学的原理，在沉积物中不断消耗有机碳源的同时，污水中颗粒态物质的不断沉积，会进一步促进颗粒态物质的水解产酸过程，因此发酵型微生物种群的繁殖过程也会得到强化。然而与发酵型细菌（包括水解酸化、产甲烷细菌）以及硫酸盐还原菌在沉积物中的富集现象不同的是，硝化、反硝化以及聚磷菌仅可以在沉积物表层展现出一定的活性，并且该微生物种群的分布与沉积物中的氮类、磷类污染物的转化没有相关关系。因此，污水管网沉积物中的氮类和磷类污染物的富集和转化主要是由于污水中颗粒态污染物质的沉降作用所引起的。由于城市污水管网中各类污染物质的转化会影响城市污水处理厂的进水水质，进而影响城市污水处理厂的处理效率，因此城市污水管网以及沉积物与城市污水处理厂之间的关联性分析和研究将成为接下来的研究重点。

第六章　城市污水处理厂温室气体排放特征与减排策略

第一节　污水处理过程中温室气体产生与排放

一、污水处理过程中温室气体的产生机理研究进展

（一）污水处理过程中 N_2O 产生机理的研究进展

传统的生物脱氮理论中认为，污水中氮的去除通过硝化过程和反硝化过程两步完成。硝化过程中，污水中的氨，氮一般先被氨氧化细菌转化为亚硝酸盐，亚硝酸盐又被亚硝酸盐氧化菌氧化成硝酸盐；以往的研究认为，N_2O 作为反硝化过程的中间产物，只产生于污水的反硝化阶段，而不产生于硝化阶段。

1. 硝化过程中 N_2O 产生机理的研究进展

污水处理过程中，能够催化硝化作用的微生物大多数为专性自养型硝化类细菌。在污水硝化过程中，AOB 和 NOB 会利用水中 CO_2 作为碳源，分别氧化水中的氨氮或亚硝酸盐，产生能量供自身生长，完成氨氧化过程和亚硝酸盐氧化过程。氨氧化阶段，自养氨氧化细菌能生成氨单加氧酶和羟胺氧化还原酶，这两种酶可分别催化氨氧化过程和羟胺的氧化过程；在亚硝酸盐氧化过程之中，亚硝酸盐氧化菌能生成亚硝酸盐氧化酶催化完成亚硝酸盐向硝酸盐氧化过程。

自养氨氧化菌 AOB 在硝化过程中产生 N_2O 的多少与细菌菌属和环境条件有关。在低溶解氧（DO）及高底物浓度（高浓度氨氮）条件下，纯菌株在氨和羟氨氧化过程中能够产生 N_2O，而在其他环境条件下，几乎不产生 N_2O；亚硝酸盐氧化菌 NOB 的菌种在硝化过程中受水中低 DO 浓度及高氨氮浓度的影响较小，产生 N_2O 也较少。此外，研究发现了一些异养氨氧化细菌也会在特定条件下产生一定量的 N_2O，如低 DO、短污

泥龄或偏酸性条件等，且异养氨氧化细菌纯菌种氨氧化过程产生的 N_2O 要多于自养氨氧化细菌纯菌种产生的 N_2O。

在硝化过程中，由自养氨氧化过程中硝化中间产物之间发生的化学反应和羟胺氧化反应所排放的 N_2O 量仅占硝化过程 N_2O 排放量的小部分，而硝化细菌的反硝化作用则是 N_2O 的最主要来源。一般认为，硝化过程中 DO 浓度过低以及亚硝酸盐的积累是造成 N_2O 产生的最主要原因。

硝化过程中 N_2O 的产生主要包括两个途径：

（1）自养氨氧化过程中 N_2O 的产生途径专性自养氨氧化细菌分两步将氨氧化为亚硝酸盐，分别为氨氧化为羟胺和羟胺氧化为亚硝酸盐。将氨氧化为羟胺的过程，是由单氨加氧酶完成的。把羟胺氧化为亚硝酸盐的过程则是由羟胺氧化还原酶完成的，该过程释放两对电子，其中一对电子在第一步进行的氨的氧化过程中被利用，另一对电子则是用于将分子氧还原为水的过程。一般认为，氨向羟胺的氧化过程是不产生微生物生长所需能量的，这部分能量多取自于羟胺向亚硝酸盐的氧化过程。

将氨氮氧化为亚硝酸盐的氨氧化过程中，有不稳定的中间产物羟胺生成，其中大部分羟胺会被羟胺氧化还原酶进一步氧化为亚硝酸盐，少量的羟胺被氧化成不稳定中间物质 NOH。研究表明，N_2O 可以由 NOH 进行化学降解而产生。NOH 在缺氧条件下会聚合生成 $N_2O_2H_2$，进而发生水解反应产生 N_2O。近些年来，越来越多的研究指出，该过程对于污水处理过程中 N_2O 的排放确实存在着一定的影响。氨氧化速率与 N_2O 产生速率之间的关系，发现 N_2O 的产生速率与氨的氧化速率之间呈指数关系，并指出这个指数关系可以用一个基于 NOH 化学降解的产 N_2O 模型来表示，这就表明 N_2O 可以在高的氨氧化速率条件下产生，而且很有可能是产生于羟胺氧化过程产生的不稳定中间物质 NOH 的降解，当然这个假设尚需更多的研究结果证明。

除了 NOH 的化学降解之外，羟胺氧化过程中产生的 NO 的生物还原过程也是 N_2O 的潜在来源。在羟胺的氧化过程中，AOB 能释放两个细胞色素 c 分子，其中细胞色素之一的 c554 分子，可以作为一种 NO 还原酶，把由羟胺氧化还原酶催化产生的 NO 还原为 N_2O，而且大多数 AOB 中都能检测到一氧化氮还原酶基因组。

因此，对于以高 N 转化率为特征的城市污水处理系统，在羟胺氧化过程中，由 NOH 的直接降解过程或者由不稳定物质 NOH 产生的 NO 的还原过程所产生的 N_2O 可在城市污水处理厂的 N_2O 排放中起重要作用。对于大多数城市污水处理厂而言，污水处理过程的突然扰动导致的氨氧化速率暂时性提高也会导致 N_2O 排放的增加。

（2）硝化细菌反硝化作用中 N_2O 的产生途径自养氨氧化细菌可以在 O_2 不足时把亚硝酸盐还原为 N_2O，这个过程被称作是硝化细菌的反硝化作用。低 DO 质量浓度会对亚硝酸盐氧化菌产生明显的抑制作用，可使亚硝酸盐的进一步氧化受阻，造成亚硝酸盐的积累。在这种情况下，AOB 会分泌一系列亚硝酸还原酶和异构亚硝酸盐还原酶，将

亚硝酸盐还原为 N_2O。

硝化细菌的反硝化作用大多指 AOB 对于亚硝酸盐的反硝化作用。然而，AOB 不进行彻底的反硝化作用，一般只将亚硝酸盐还原为 N_2O。在 AOB 的基因组中，只发现了亚硝酸盐还原酶和 NO 还原酶的基因编码，并没有发现 N_2O 还原酶的基因编码。这就是说，AOB 反硝化过程的终产物是 N_2O，而不是 N_2O 羟胺、氢气，以及氨均可以作为电子供体，参与 AOB 还原亚硝酸盐为 N_2O 的过程。

硝化细菌的反硝化作用是 AOB 产生 N_2O 的重要方式之一，尤其在缺氧或低氧的条件下更为明显。研究结果表明，由硝化细菌的反硝化作用排放的 N_2O 能达到水厂总 N_2O 排放的 83%，且排放量与好氧池 DO 的质量浓度有关。硝化过程中发生的硝化细菌反硝化作用是活性污泥系统产生 N_2O 的主要途径，其同样也发现 AOB 能表现出与亚硝酸盐还原酶同样的反硝化能力。

通常地，当氧气不足时，硝化细菌排放的 N_2O 量显著增加。当 DO 质量浓度为 0.1～0.3mg/L 时，硝化细菌的产 N_2O 速率最大。AOB 的反硝化作用被认为是 N_2O 的最大来源，但需要以系统中有亚硝酸盐和铵盐同时存在为前提。

2. 反硝化过程中 N_2O 产生机理的研究进展

反硝化过程是由大量进行新陈代谢不同种类的微生物群体、细菌、古菌氧化无机物或有机物产生能量，将硝酸盐、亚硝酸盐、NO 与 N_2O 最终还原为 N_2 而完成的。由于 N_2O 是反硝化过程的中间物质之一，因此不彻底的反硝化过程能够导致 N_2O 的积累与排放。

在污水的反硝化处理过程当中，兼性异养厌氧微生物能够利用有机碳源作为电子供体把硝酸盐或亚硝酸盐还原为氮气和气态氮氧化物。理论上，气态氮氧化物包括 N_2O 和 NO 两种物质，但由于 NO 具有强烈毒性，并以 NO 作为最终还原物质的酶不易存活。

因此，认为反硝化过程的终产物只包含 N_2 和 N_2O 两种物质。能够催化反硝化过程的酶包括硝酸还原酶、亚硝酸还原酶、一氧化氮还原酶和氧化亚氮还原酶。反硝化过程中 N_2O 产生的途径如图 6-1 所示。

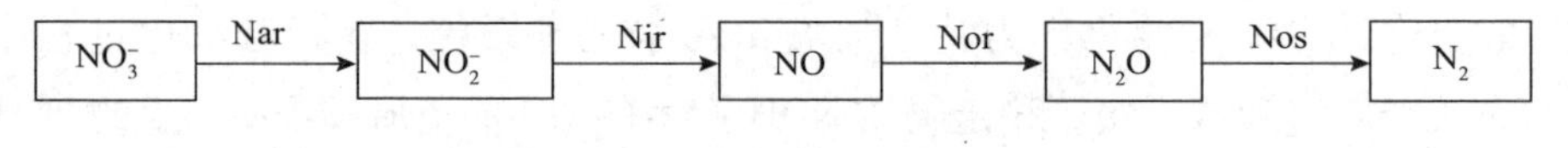

图 6-1　反硝化过程中 N_2O 的产生途径

由图 6-1 可见，这 4 类还原酶的活性及浓度直接决定了反硝化过程的终产物，不同酶的生物活性会受到各阶段反应产物浓度和环境因素的影响。通常情况下，在污水处理生物反硝化条件下，N_2O 还原酶比硝酸盐及亚硝酸盐还原酶具有更大的氮转换能力。据了解，N_2O 的最大还原速率大约是硝酸盐或亚硝酸盐还原速率的 4 倍，这表明在缺氧和厌氧条件下，N_2O 可被彻底的还原，不会发生 N_2O 的积累和排放。然而，许多反硝化微生物菌群本身就是兼性微生物，它们更倾向于以 O_2 作为电子受体，因为该过程产能要比以硝酸盐作为电子受体产生的能量更多，而 N_2O 还原酶受 O_2 的抑制作用要明显强于其他反硝化作用酶。因此，在有 O_2 存在的条件下，容易发生 N_2O 的积累。

决定反硝化过程 N_2O 排放最主要的酶是 N_2O 还原酶，它是一种可溶性蛋白质，其活性中心大多数含有铜组分，N_2O 还原酶含有一个 CuA 电子进入点位和一个 CuZ 催化中心，其中 CuZ 中心与 N_2O 还原酶的催化活性密切相关，但活性中心的结构形式多样，其氧化还原性、光谱特性、酶活性等有较大差异。

传统的反硝化理论只把 N_2 当作生物反硝化过程的最终产物，N_2O 只是反硝化过程的中间产物之一。但在 N_2O 还原酶的活性因外界因素的影响降低或失活的情况下，N_2O 的还原受阻，就会发生 N_2O 的积累和排放。环境条件的波动也会使 N_2O 还原酶的活性受到抑制，造成 N_2O 积累。例如，当系统从好氧条件进入厌氧条件之后，反硝化作用酶的活性将会得到促进。多数条件下，N_2O 还原酶活性受厌氧条件的促进作用不及其他还原酶，导致了 N_2O 的短暂积累。另外，有些反硝化细菌不具备还原 N_2O 的功能，只能把反硝化过程进行到以 N_2O 为终产物的阶段，这是因为即使反硝化作用只进行到 N_2O 阶段，反硝化细菌所获得的能量达到了完全反硝化过程（至 N_2）获得总能量的 80% 左右，这些能量足以维持反硝化细菌的生长。

一些兼性微生物菌群能够在好氧条件下发生反硝化过程，即所谓的好氧反硝化过程。一般认为，缺氧条件下发生的异养反硝化过程是污水处理过程中反硝化的主导过程，也就是说，好氧反硝化过程与硝化细菌的反硝化作用所占的比重较小。这个假设是否也适用于反硝化过程中 N_2O 的排放不得而知。

（二）污水处理过程中 CH_4 产生机理的研究进展

污水厌氧处理过程中，水中的有机物在厌氧细菌与兼性细菌的作用下，经历了从复杂组分到简单组分的分解变化过程。在这个分解过程中，有一部分有机物经一系列生化过程后转化为 CH_4。在污水厌氧处理过程中，有机物的分解由一系列细菌群体共同完成，而产甲烷菌可以利用之前生成的简单有机底物产生 CH_4。

人们对产甲烷菌的认识约有 150 年的历史。产甲烷菌属于古菌域，广域古菌界，宽广古生菌门。产甲烷细菌的种类很多，有杆菌、球菌，也有螺旋菌，多数喜中性温度（25℃左右），少数高温型，革兰氏染色反应不定，无芽孢。产甲烷菌能够把氢和二氧化碳氧化还原成甲烷，也可以利用乙酸、甲醇来产甲烷。由于沼气中的甲烷含量可达 70%，因此产甲烷菌在沼气发酵中起重要作用，高效地利用产甲烷菌来产甲烷对发展生物能源也有重要意义。

产甲烷菌是专性厌氧菌，不能呼吸氧气，因为氧气对产甲烷菌具有致命的毒性，所以产甲烷菌不能在有氧条件下生存，它们只能在完全缺乏氧气的环境中被发现。产甲烷菌的适宜生境是有机物被迅速降解的地方，例如湿地土壤、动物消化道和水底沉积物等。产甲烷作用也可发生在氧气和腐烂有机物都不存在的地方，如地面下深处、深海热水口和油库等。产甲烷作用是有机物降解的最后一步。

产甲烷菌代谢有机底物产 CH_4 的主要途径有 3 种：甲醇转化为 CH_4；H_2 和 CO_2 合成 CH_4；乙酸分解产生 CH_4。

产甲烷菌利用甲醇产 CH_4 是一种比较常见的 CH_4 代谢途径，是产甲烷菌体内一系列酶的共同作用的结果，如式（6－1）：

$$4CH_3OH \rightarrow 3CH_4 + CO_2 + 2H_2O \tag{6-1}$$

利用 H_2 和 CO_2 产甲烷的途径如式（6－2）：

$$CO_2 + 4H_2 \rightarrow CH_4 + 2H_2O \tag{6-2}$$

乙酸也可经产甲烷菌代谢生成 CH_4，主要产生途径是将乙酸中的甲基代谢为 CH_4，总反应如式（6－3）：

$$CH_3COOH \rightarrow CH_4 + CO_2 \tag{6-3}$$

（三）污水处理过程中 CO_2 产生机理的研究进展

在污水生物处理过程中，活性污泥中的微生物对污水中的有机污染物主要的作用形式为吸附和降解。活性污泥中的微生物主要是细菌，占微生物总数的 90%～95%。这些细菌在利用污水中有机物合成细胞物质的同时产生 CO_2 并释放到大气之中。微生物通过两种途径将污水中的有机物质转化为 CO_2：一种途径将有机物直接氧化产生 CO_2；另一种途径则是先将有机物质转化为胞内储能物质，然后通过内源呼吸作用再转化为 CO_2，不论通过何种方式，微生物降解污水中的有机物质都将产生 CO_2 气体。

在污水处理厂，污水的好氧、厌氧和缺氧处理过程中都会产生 CO_2 的直接排放，但是，CO_2 产生最主要的阶段是好氧反应阶段，该阶段在整个污水处理系统中起去除污水中的 COD、硝化作用和好氧吸磷的作用。CO_2 在好氧池阶段中的产生途径主要包括微生物对污水中有机物的好氧呼吸过程以及微生物细胞转化合成过程。细菌等微生物为主体的活性污泥因为好氧单元中剧烈的曝气作用形成的泥水混合液，污水中的有机物在很短时间内被吸附到活性污泥上，小分子可溶性有机物直接通过细胞膜进入细胞内，大分子有机物则通过胞外酶的作用，先转变为小分子物质后再进入细胞体内。经微生物体内一系列的生化反应，有机物转化为 CO_2、H_2O 等简单无机物，同时产生能量。微生物利用呼吸放出的能量和氧化过程中产生的中间产物合成细胞物质，使菌体大量繁殖，形成菌胶团絮状体，并构成活性污泥骨架，丝状细菌与真菌交织在一起，形成颗粒状活跃的微生物群体。微生物不断展开生物氧化，环境中有机物不断减少，从而使污水得到净化。

在缺氧池阶段主要发生的是反硝化细菌对硝酸盐进行的反硝化作用，其目的是将污水中的硝态氮转化为 N_2 或 N_2O 并排入大气中，完成生物脱氮过程。反硝化细菌进行反硝化作用时需要消耗有机碳源，并产生一定量的 CO_2。

微生物在厌氧池阶段进行的呼吸作用也会产生 CO_2。该阶段主要进行微生物的释磷过程和有机污染物的进一步去除过程。聚磷菌在厌氧条件下消耗污水中或体内的有机物产生能量，并将体内的磷酸盐释放到水中，为好氧阶段的大量吸磷做准备。其他类微生物所进行的厌氧呼吸作用可以将污水中或微生物体内的有机物转化为 CO_2 和 CH_4。

此外，在曝气池的末端，因营养物质的缺乏，微生物氧化细胞内贮藏物质，并产生能量，进行内源呼吸作用。如下式（6－4）所示。

$$(C_5H_7NO_2)_n + 5nO_2 \rightarrow 5nCO_2 + 2nH_2O + nNH_3 \tag{6-4}$$

二、污水处理过程中温室气体产生的影响因素研究进展

（一）污水处理过程中 N_2O 产生的影响因素研究进展

影响污水硝化和反硝化处理过程中 N_2O 产生的主要环境因素包括直接影响污水处理过程中 N_2O 产生的因素和间接导致污水处理过程中 N_2O 产生的因素两方面。其中，直接影响因素包括：溶解氧（DO）浓度、底物种类与其浓度、亚硝酸盐浓度、进水碳氮比和 pH 值等；间接影响因素则包括污泥龄（SRT）、水温和盐度等，间接影响因素作用于 N_2O 的排放主要是通过影响 DO 浓度和亚硝酸盐浓度来实现的。通过污水处理厂和实验室的研究，指出对于一个中等规模的城市污水处理系统，N_2O 排放因子（N_2O/TN）的均值为 0.01kg/kg（变化范围：0.0003～0.03）。更重要的是，这些污水处理过程之间存在的 N_2O 排放的差异也表明，不同控制参数条件、不同环境因素对 N_2O 的排放存在明显的影响。

1. 硝化过程中 N_2O 产生的影响因素研究进展

大多数种类硝化细菌的最适生长条件是：25～30℃，pH7.5～8.0。氨氧化细菌所需的氨浓度为 2～10mol/L；亚硝酸盐氧化菌生长所需的亚硝酸盐浓度为 2～30mol/L。在同一 DO 水平下，氨氧化细菌和亚硝酸盐氧化菌无法同时处于最佳生长条件。虽然 DO 质量浓度的提高会使呼吸作用得到加强，但是过高的 DO 质量浓度也会抑制这两类细菌的生长，适合这两类细菌生长最佳 DO 质量浓度在 3～4mg/L。硝化细菌即使在最优的条件下生长也是缓慢的，氨氧化细菌的世代时间是 8h，亚硝酸盐氧化菌的世代时间是 10h。当硝化细菌没有处于最优生长条件下时，硝化过程就会受到影响或是抑制，导致硝化过程进行不彻底，造成 N_2O 的产生与排放。影响硝化过程中 N_2O 产生的因素如下：

（1）DO 质量浓度

DO 质量浓度被认为是影响硝化过程中 N_2O 排放的最重要因素之一，其浓度越低，

N_2O 排放量越大。低 DO 质量浓度能显著改变氨氧化细菌和亚硝酸盐氧化细菌的反应活性，既影响硝化过程的反应速率，也影响硝化细菌的产 N_2O 速率。硝化细菌产 N_2O 的最佳 DO 在 0.1～0.3mg/L，最优值大约为 0.2mg/L，这个指数被大多数人所赞同。

不同的硝化细菌对 DO 的敏感程度有一定差别，通常自养氨氧化菌的氧饱和常数为 0.20～0.40mg/L，而亚硝酸盐氧化菌为 1.20～1.50mg/L。因此，当污水中的 DO $<$ 1mg/L 时，往往导致亚硝酸盐的积累。而在此条件下，自养氨氧化菌会利用亚硝酸盐来代替分子氧作为电子接受体将氨氧化成羟胺，这个反应过程会导致 N_2O 的大量产生。当曝气量为 1L 时，曝气阶段（4h）N_2O 的排放量达到 11.51mg，当曝气量增加到 4.4L 时，曝气阶段 N_2O 的排放量减少到 2.92mg。

硝化细菌的反硝化作用导致的 N_2O 大量排放多数是由于 DO 的限制所引起的。在 DO 不足的条件下，专性自养硝化细菌以亚硝酸盐作为最终电子受体而不是使用氧气来进行氨氧化反应。当 DO 由 7mg/L 降低至 1mg/L 时，N_2O 产生量增加了 4.5 倍。鉴于 DO 对于 N_2O 的排放有着如此大的影响，科学地控制硝化阶段 DO 质量浓度对于减少污水处理厂 N_2O 的排放来说是十分必要的。

（2）亚硝酸盐浓度

亚硝酸盐的积累会对硝化过程中 N_2O 的排放产生直接的影响。硝化过程中亚硝酸盐的积累能够增加 N_2O 的排放，这是因为亚硝酸盐的存在会导致 AOB 在 DO 不足条件下合成大量的亚硝酸还原酶，发生反硝化作用，产生 N_2O。当底物中亚硝酸盐和氨盐共同存在时，会产生大量的 N_2O。硝化过程中氨氧化细菌受 NO_2 影响十分明显。当水中的 NO_2 浓度由 10mg/L 增至 20mg/L 时，硝化过程中 N_2O 排放量增加了 4～8 倍，具体值与 DO 质量浓度有关。

大量的污水处理厂 N_2O 排放的监测结果表明，当污水处理系统中发生亚硝酸盐的积累时，N_2O 产量将会有所增加。一些实验室的研究结果表明，当外加 10mg/L 的亚硝酸盐时，混合硝化菌群的 N_2O 产量将会明显增加，尤其在高 DO 条件下时，其 N_2O 产量分别比 DO 为 1.0mg/L 时增长 8 倍，比 DO 为 0.1mg/L 时增长 4 倍。SBR 工艺处理养猪废水过程中 N_2O 的排放情况中，发现 N_2O 产量分别占进水总氮负荷的 0.7%～36% 和 1.1%～44%，采用间歇曝气的方式能有效地降低亚硝酸盐的积累，从而降低 N_2O 的排放量。可以说，只要有效抑制污水处理过程中亚硝酸盐的积累，就能明显地减少 N_2O 的产生与排放。

（3）pH 值

pH 值是影响 N_2O 产生的因素之一，它可对废水处理系统中微生物的活性产生影响，并影响废水中氮元素的存在形态，从而影响反硝化过程的最终产物。催化硝化过程的氨氧化菌与亚硝酸盐氧化菌的适宜 pH 值分别为 7.0～8.5 与 6.5～7.5。当 pH 值大于 8 或者小于 6.5 时，NOB 活性较 AOB 更能受到 pH 值抑制，促使亚硝酸盐大量积累，

导致 N_2O 的排放。

当 pH 值在 5 ~6 之间时，N_2O 排放量达到最大，当 pH 值大于 6.8 时，系统中几乎没有 N_2O 产生。当把 pH 值从 6 逐渐升高时，N_2O 的排放量逐渐降低，在 pH 值为 8 时达到最小值。

pH 值的变化还会打破气液两相中 N_2O 的动态平衡，高 pH 值会减少 N_2O 的逸出，低 pH 值则会促进 N_2O 的排放。因此，可以通过投加适当的缓冲剂的方式把系统的 pH 值控制在一定范围内（6 ~8），以减少 N_2O 的排放。另外，使用不同种类的缓冲溶液也会对硝化过程中 N_2O 的产生造成影响。

对于城市污水处理厂的硝化过程而言，由于 pH 值常处于 6.8 ~8 之间，pH 对于 N_2O 排放的影响很小，可以忽略不计。

（4）污泥龄

污泥龄决定了污水处理系统中微生物菌群的组成。氨氧化细菌、亚硝酸盐氧化菌、反硝化细菌等共同组成了整个生物脱氮系统。不同的微生物具有不同的世代时间，氨氧化细菌、亚硝酸盐氧化菌和异养反硝化细菌的世代时间分别为 6 ~24h、8 ~59h 和 2 ~8h。因此，可以通过控制污泥龄来优化选择合适微生物种群，有效地抑制污水硝化过程中亚硝酸盐的积累，减少 N_2O 的排放。

从对 N_2O 的排放规律的影响之中，发现污泥龄越短，系统的硝化效率越低，N_2O 的排放量也越大。当污泥龄为 20d 时，系统排放的 N_2O 的量只占到进水 TN 的 0.2%，而污泥龄为 7d 时的 N_2O 的排放速率是污泥龄为 20d 时的 10 倍左右。

（5）进水水质条件

进水水质的快速改变也会导致 N_2O 排放的增加，如进水氨氮突然提高以及亚硝酸盐浓度的显著增加等。这可能是因为微生物的新陈代谢来不及适应环境条件的快速改变，使得菌体内一些关键作用酶的活性受到抑制或者彻底失活，从而导致 N_2O 排放的急剧增加。

对于微生物来说，对于进水水质的改变，再短暂的适应时间也需要数分钟。当以脉冲式的方式增加底物亚硝酸盐浓度时，经过 10 个世代周期的适应，这类细菌产生的 N_2O 的量从占亚硝酸盐转化总量的 86% 降至 28%。其在暴露于致毒浓度的甲醛中细菌群对 N_2O 的产生量的变化时，也发现了相似的适应行为。在升流式生物滤池反应器的反硝化阶段，细菌群的产 N_2O 能力对于底物浓度的改变也表现出了相似的适应行为。

硝化过程中，高氨氮浓度有助于提高 AOB 的氨氧化速率，但高氨氮浓度废水中往往含有大量的游离氨，游离氨的致毒作用会降低 NOB 的活性。因此，当系统的氨氧化速率高于亚硝酸盐氧化菌的合成速率时，其会造成亚硝酸盐的积累，进而导致硝化细菌的反硝化作用，增加了 N_2O 的排放。

（6）缺氧好氧环境之间的转换

硝化细菌对于好氧缺氧环境交替的反应状况，由完全好氧环境转入缺氧环境时，N_2O 的排放量瞬间增加。当 DO 发生暂时性的改变会立即导致 N_2O 产量的增加，尤其是 AOB 反硝化作用所产生的 N_2O。与上述研究所得结论不同的是，AOB 产生 N_2O 是源于 AOB 从缺氧阶段向好氧阶段的恢复过程，而不是从好氧阶段向缺氧阶段的转变过程，在一个进行纯菌种培养的恒化器中，N_2O 被发现只产生于由缺氧条件向好氧条件的过渡阶段。在这个短暂的恢复过程中，N_2O 的产生量与缺氧阶段离子的积累程度和恢复时的 DO 质量浓度呈正相关关系。

城市污水处理系统中往往设计好氧和缺氧处理单元（阶段）来分别实现硝化及反硝化过程。然而，大多数污水处理厂采用单污泥处理的方式完成上述过程，活性污泥需要在好氧池和缺氧池之间进行回流，由此导致混合微生物菌群一直处于不断变换的生存环境之中，从而不可避免地导致 N_2O 的产生与排放。其如何缓解城市污水处理厂由缺氧好氧处理条件的转换所引起的 N_2O 排放尚需进一步研究。

2. 反硝化过程中 N_2O 产生的影响因素研究进展

环境因素对反硝化过程中 N_2O 排放的影响主要通过两个方面来完成：一方面，不适宜的环境条件（例如 O_2 的存在）会直接影响以 N_2 作为反硝化终产物的微生物的 Nos 的合成过程，或是抑制 Nos 的活性，导致反硝化过程不能彻底进行，造成 N_2O 的积累和排放；另一方面，不适宜的环境条件（例如碳源不足）会导致反硝化过程中亚硝酸盐的积累，从而影响整个反硝化过程的反应速率，由于 Nos 较其他反硝化作用酶更易受到亚硝酸盐积累的影响，从而导致了 N_2O 的积累与排放。

（1）DO 质量浓度

对于反硝化过程来说，较低浓度 DO 存在可影响反硝化细菌的活性，因此导致反硝化作用不彻底。相对于其他类型的反硝化作用酶，N_2O 还原酶对分子氧的抑制作用更加敏感，其生物活性更容易受到影响，所以 O_2 的存在会导致反硝化过程中 N_2O 的大量的积累和排放。当 DO 为 0mg/L 时，反硝化过程中 N_2O 排放量基本为 0；当 DO 分别为 0. 5mg/L 和 4mg/L 时，反硝化阶段生成的 N_2O 可占总气态产物的 1% 和 6%。

硝化过程中过高的 DO 质量浓度会导致反硝化过程 DO 的大量存在，造成反硝化过程 N_2O 的积累与排放。以硝酸盐作为氮源、乙醇作为碳源的 SBR 反应系统中发现，当硝化过程中的 DO 为 9mg/L 时，系统的 N_2O 总排放量达到了最大值，占总氮负荷的 7. 1%，远远高于 DO 为 2mg/L 与 5mg/L 时的 N_2O 排放量。从这方面来讲，有学者建议采用监测硝化过程 N_2O 释放量变化的方法来控制硝化阶段的供氧量，有效抑制整个生物处理系统的 N_2O 的产生。

（2）亚硝酸盐和硝酸盐质量浓度

亚硝酸盐的存在能够明显影响反硝化细菌群的 N_2O 还原酶的活性，从而增加了反

硝化过程 N_2O 的排放。总体来说，N_2O 的产生量与亚硝酸盐的质量浓度呈正相关关系，水中亚硝酸盐的质量浓度从 0 提高到 10mg/L，会导致硝化过程排放的 N_2O 的量增加 4～8 倍，具体产生量与所提供的 DO 质量浓度有关。污水处理厂亚硝酸盐质量浓度的改变对于 N_2O 的排放也存在明显的影响，亚硝酸盐质量浓度越高，N_2O 的释放量越大。另外，反硝化过程中硝酸盐质量浓度过高也会导致 N_2O 的产生。硝酸盐质量浓度对反硝化过程中 N_2O 产生的影响，结果表明，当进水中硝酸盐质量浓度升高时，N_2O 的产生量会随之增加。进水中硝酸盐质量浓度为 750mg/L 时，基本没有 N_2O 的产生，当进水中硝酸盐质量浓度升高到 1500mg/L 时，大约会有 30% 的硝酸盐转化为 N_2O。

然而，目前对于亚硝酸盐的积累导致 N_2O 排放增加的看法依然存在一定的争议。N_2O 还原酶的真正抑制剂并不是亚硝酸盐，而是当系统中亚硝酸盐质量浓度升高时而出现积累的 NO，这一观点准确与否尚需大量实验来论证。

（3）pH 值

催化反硝化过程的反硝化细菌适宜的 pH 值为 7.0～8.5，pH 值过低对 Nos 的抑制作用要比其他反硝化细菌强得多，当 pH 值小于 7.3 时，反硝化过程的最终产物大多为 N_2O 而不是 N_2O，当 pH 值等于 7 时，反硝化过程中 N_2O 的产生量明显比 pH 值为 8 和 9 时要大。在反硝化过程中只有当 pH 值低于 6.8 时，反应器中才有 N_2O 的产生。当 pH 值由 8.5 降至 6.5 时，N_2O 的产生量有所增加，并适当升高 pH 有利于减少反硝化过程 N_2O 的排放。

（4）COD/N 及碳源种类

因碳源不足而造成不彻底的反硝化过程是造成 N_2O 排放的重要影响因素之一。当碳源不足时，反硝化速率降低，各类反硝化作用酶（硝酸盐还原酶，亚硝酸盐还原酶，NO 还原酶）就会竞争有限的电子，以 N_2 为反硝化最终产物的反硝化细菌为防止毒性物质（如 NO_2/NO 等）在体内的累积，将 NO_2 或 NO_3 还原成无毒的 N_2O，又由于 Nos 的活性受到 COD 缺乏的抑制，使反硝化过程停留在 N_2O 阶段。

在 COD/N 降至 1.5 时，有将近 10% 的进水 TN 转化为 N_2O 并得到排放。在一个用于处理高浓度废水稳定运行的间歇曝气生物反应池内，当 COD/N 小于 3.5 时，有 20%～30% 的进水 TN 将会被转化为 N_2O。SBR 工艺处理人工配水过程中 N_2O 的排放情况，发现 N_2O 的排放量占进水 TN 负荷的 1%～35%，进水 COD/N 也是影响 N_2O 产生的主要因素。

为了实现彻底的反硝化过程，COD/N 的比值需要在 4 以上。目前，我国众多大中型城市的生活污水中的 COD/N 比值普遍较低，很容易造成污水处理过程中反硝化过程进行得不充分，导致 N_2O 的产生与排放。由此可见，通过调节 COD/N 比值对于控制实际污水处理过程中 N_2O 的排放具有重要的实际意义。然而，COD/N 比值太高也可能会造成 N_2O 排放量增加。研究表明，当进水中的 COD/N 比值大于 10 时，会造成系统中好氧反硝化细菌大量繁殖，很可能导致 N_2O 排放增加。

使用不同种类的外加碳源对同一系统中的 N_2O 产量会造成不同的影响。从理论上来说：一方面在 COD 不足的情况下，N_2O 是容易发生积累的，因为硝酸盐与亚硝酸盐还原酶对于电子的吸引力要比 N_2O 还原酶相对高一些，但也不是说这个理论对于所有种类的碳源都适用，这是因为针对不同的碳源，反硝化细菌会表现出不同的新陈代谢途径。另一方面，使用不同种类的碳源可造成不同类细菌的富集培养，并对反硝化速率造成不同的影响。甲醇、乙醇、乙酸、甘油以及污泥发酵液等都被广泛地用作进行生物脱氮过程中外加碳源来强化反硝化过程。当以乙酸和酵母作为培养基底物时，反硝化菌群会在 COD/N 低于 1.5 时产生 N_2O，当以乙醇和甲醇作为底物时，COD 的不足并不会对反硝化细菌的产 N_2O 有明显的影响。另外，与基于乙醇培养的反硝化细菌相比，基于甲醇培养的反硝化细菌对氧的抑制作用更加敏感。与此不同的是，纯菌种的研究结果表明，碳源种类（对比分析了乙酸和丁酸）以及细菌的生长速率对 N_2O 的产生量没有明显的影响，不同研究之间 N_2O 产量的差异可能是源于所培养反硝化菌群的种类不同。

（5）有毒物质及盐度

一些有毒物质（某些重金属离子、H_2S、甲醛等）的浓度越高，反硝化过程 N_2O 的排放量越大。当系统中 H_2S 的质量浓度高于 0.32mg/L 时，反硝化细菌 N_2O 还原酶的活性受到强烈的抑制，导致反硝化过程产生了大量 N_2O。

在好氧硝化过程中，盐度过高会阻碍 DO 从絮体外层向絮体内部渗透，导致絮体内部 DO 不足，硝化反应进行不彻底，NO_2 得到大量积累，促使 N_2O 的产生。高盐度会导致硝化阶段对氧的利用率降低，促使好氧段剩余 DO 向缺氧段转移，对反硝化细菌的 N_2O 还原酶系统产生了抑制作用，引起不彻底的反硝化过程，从而导致 N_2O 大量排放。当系统中的含盐量由 10g/L 增至 20g/L 时，N_2O 的总排放量增加 2.2 倍。另外，盐度对酶活性，尤其是对 N_2O 还原酶的活性影响也是其导致 N_2O 排放量增大的原因之一。但是盐度的影响对于一个城市污水处理厂甚至一个工业用水处理厂来说往往是可以忽略不计的，因为污水处理厂水中的盐度几乎不会增至那种程度。

（6）内源物质

污水处理过程中聚糖菌的反硝化作用会导致 N_2O 的排放。生物除磷过程一般都是由专属的聚磷菌完成的，但在高温条件下，GAO 也会参与生物脱氮过程。由于反硝化作用酶之间存在对于电子的竞争，且 Nos 对于电子的竞争能力有限，使得 NO 的还原速率会远远高于 N_2O 的还原速率，导致反硝化过程中 N_2O 积累。

然而，一个基于以 PHB 降解为主要能量来源的反硝化细菌纯菌种研究表明，当 PHB 不是以内部碳源而是以外界底物的形式参与 GAO 的反硝化过程时，并没有发现反硝化过程中有明显的 N_2O 排放。从物料平衡的角度来看，尚且无法从一个生物除磷反

应器中推断 N_2O 的排放情况。因此，需要在探索反硝化系统中聚合物的储存与 N_2O 形成之间是否存在必然联系上开展进一步研究。

（7）铜组分

铜组分是 N_2O 还原酶进行生物合成的必需物质，并且它的含量能够影响 N_2O 的产生量。铜组分供应的不足会导致反硝化过程的终产物由 N_2 向 N_2O 转变，而重新补充铜的供应会降低反硝化过程中 N_2O 的产量并增加 N_2 的产量。目前，尽管有报道指出铜能够增强 N_2O 还原酶的活性，降低活性污泥处理系统 N_2O 的产生量，但在实际污水处理系统中，铜组分的作用及其对反硝化过程中 N_2O 产生量的影响未见报道。

（二）污水处理过程中 CH_4 产生的影响因素研究进展

1. 污水管网中 CH_4 产生的影响因素研究进展

因存在厌氧环境，污水在管道输送过程中会产生一定量的 CH_4，这部分 CH_4 在进入污水处理厂之后，绝大部分会被释放到大气中。通过现场采样监测和以实际管道污水做小试实验对污水输送管网中 CH_4 产生影响因素进行了相关研究，分析了污水输送管道中管道管径、管道截面面积和水力停留时间对 CH_4 产生的影响规律。结果表明，在污水输送管道中，产甲烷菌能利用污水中可溶性有机物产生大量的 CH_4，产生量随着管网中污水的水力停留时间延长与管径的增大而增多，且会在密闭压力管的巨大压力作用下形成过饱和状态。产生的 CH_4 气体一部分通过非压力管道扩散到大气中，另一部分已过饱和状态溶解在污水中，随着污水进入污水处理厂，在污水的处理过程中因剧烈机械扰动排放到大气。

2. 污水处理过程中 CH_4 产生的影响因素研究进展

（1）污泥负荷

污泥负荷是在污水的厌氧处理过程中 CH_4 产生的重要影响因素。在厌氧条件下，污水中的有机物通过微生物的转化作用形成 CH_4，而有机物的浓度会影响 CH_4 的产量。CH_4 的产生量随着污泥负荷的升高而升高，但 CH_4 产率随着污泥负荷的升高而降低。在实际污水厌氧处理过程中，如果污泥负荷过高，则在 CH_4 产生过程中挥发性脂肪酸会大量积累，引起 pH 改变，从而破坏产 CH_4 过程的正常进行，影响 CH_4 产率，同时也影响污水处理的效果。由于生活污水处理过程中的污泥负荷较低，并且在现场复杂的运行条件下，CH_4 的产生同时受到多方面因素的影响，且 CH_4 的转化率相对较低，没有得到很好的相关性。

（2）DO 质量浓度

污水处理过程中，CH_4 主要是在厌氧处理单元中产生，好氧处理单元几乎没有 CH_4 产生，污水好氧处理所产生的温室气体以 CO_2 为主；而温室气体 CH_4 主要产生于污水的厌氧处理过程。

（3）亚硝酸盐和硝酸盐质量浓度

亚硝酸盐和硝酸盐是污水处理过程中氮的重要存在形式。研究显示，两者对于污水处理过程中 CH_4 的产生存在一定影响。当硝态氮质量浓度为 8.3 ~ 12mg/L 或亚硝态氮质量浓度为 7.6 ~ 10.2mg/L 时，与没有投加两种物质时相比 CH_4 的产量减少了 95%。亚硝酸盐对产甲烷菌的产甲烷作用有一定的抑制作用，亚硝酸盐存在时间越长、质量浓度越高，抑制越明显；通过现场实验证明，间歇性投加亚硝酸盐可以对产甲烷菌的活性起到明显抑制作用。亚硝酸盐浓度对污水处理管网中 CH_4 产生量的影响发现，污水中存在亚硝酸盐的情况下无 CH_4 积累，所形成的生物膜产 CH_4 能力显著降低；当停止加入亚硝酸盐时，生物产 CH_4 速率逐渐恢复。

（4）温度

温度是影响生化反应及微生物活性的重要因素之一。一般来讲，产甲烷菌的适宜生存温度为 5 ~60℃。由于产甲烷菌最适宜温度范围较大，通常可将厌氧消化分为常温消化（10 ~30℃）、中温消化（35 ~ 38℃）和高温消化（50 ~ 55℃）。在 10 ~ 30℃ 区间，甲烷菌的产气能力随着温度的升高而增强，甲烷含量也随之增高。10 ~ 20℃ 区间因不适合产甲烷菌的生长，产甲烷菌的产气量较低，20 ~ 30℃ 区间适合产甲烷菌群的生长，产甲烷菌的产气量较为理想。我国污水处理厂四季水温一般控制在 10 ~ 26℃ 范围内，所以多以常温消化为主，温度越高，甲烷的产生量也越大。

（5）pH

微生物生长过程需要适宜的 pH 值范围，pH 的变化会影响污水处理过程中 CH_4 的产生。产甲烷菌生长要求的 pH 范围一般为 6.7 ~7.4，最佳 pH 范围为 7.0 ~7.2。在实际运行过程中，污水处理厂内整个污水处理流程的各单元中 pH 大致在此范围内。根据其他运行工况的需要，污水处理过程中各单元之间的 pH 不会出现大波动。也有研究表明，微弱的 pH 变化仍可能影响 CH_4 的产生情况。在相同污泥负荷下 pH 为 6.8 ~ 7.2 时，pH 越大，CH_4 产生的量越少。污水处理厂稳定运行后，污水的 pH 受进水 pH、污染物浓度和种类、生化反应过程、气 – 液 – 固的溶解平衡等因素的共同作用而保持在一定范围内。

（三）污水处理过程中 CO_2 产生的影响因素研究进展

污水处理过程中，CO_2 的直接排放主要受 COD 去除总量的影响。在处理时间和污水总量一致的情况下，直接 CO_2 排放水平与 COD 去除量呈正相关。相对于纤维素和烃类等有机污染物而言，在污水中淀粉、蛋白质和核糖等物质更容易被生物降解，所以仅考虑 COD 的降解时，相同进水情况下水力停留时间较长的工艺会降解更多的 COD，从而释放更多 CO_2 气体。

城市污水处理厂 CO_2 的间接排放主要源于运行厂区内污水和污泥处理设备所需的

电力消耗以及絮凝沉淀过程所投加的化学药剂等。对于冬季低温地区，间接排放源还包括对污水处理过程进行供热所产生的电力消耗。污水处理厂的电力消耗主要用于污水的曝气处理单元、污水与污泥的提升单元和污泥处理单元等所消耗的电能。通常地，电能消耗占污水处理厂总能耗的60%～90%。从污水不同的处理流程来看：首先二级处理过程消耗的电能最多，占总电耗的68.73%；其次污水的预处理过程和污泥处理过程。从污水不同的处理单元来看：一是曝气单元的耗能最大，占总能耗的51.58%；二是污水、污泥提升单元（17.76%）和污泥处理单元（8.78%）。

我国不同地域电耗边际 CO_2 排放因子的加权平均值是不同的。具体取值应视不同地域的综合条件而定。因此，不同地域污水处理厂的相同电耗所折算的 CO_2 间接排放量也不相同。

药剂消耗所带来的 CO_2 间接排放主要是指在药剂制备过程和药剂输送过程中产生的 CO_2，如：投加石灰可用于调节污水 pH 值、而加入甲醇可以合理补充碳源、投加液氯用于污水消毒、在污泥浓缩脱水过程中投加聚丙烯酰胺（PAM）、聚合氯化铝（PAC）等絮凝剂和助凝剂，这些化学药剂的使用都会造成大量的 CO_2 间接排放。供热过程所造成的 CO_2 间接排放主要来自于污水加热处理和污泥厌氧消化过程的加热，产生 CO_2 排放的原因是化石燃料燃烧和加热所造成的电耗。如果可以利用污泥厌氧处理过程产生的沼气来进行加热，可抵消一部分 CO_2 排放量。

由于污水中有相当一部分的有机碳会转移到剩余污泥中，所以污泥处理过程中 CO_2 的排放也得到了一定的关注。由于我国污水处理厂普遍采用活性污泥法处理废水，所以会产生大量的剩余污泥。剩余污泥的主要处理步骤是污泥稳定化和污泥脱水，其中污泥厌氧消化过程会排放一定量的 CO_2。另外，污泥的运输过程也会产生一定量的 CO_2 间接排放。剩余污泥的处置方法主要是填埋、土地利用与焚烧等。

三、污水处理过程中温室气体排放的研究进展

（一）污水处理过程中 N_2O 排放的研究进展

大量的现场监测结果表明，城市污水处理厂生物脱氮过程中有大量的 N_2O 产生。目前，城市污水处理厂 N_2O 的排放量一般是通过模型估算得到的。

对于许多国家来说，假设污水处理厂不发生任何脱氮过程是不现实的。在意识到这一点的基础上，改进了 N_2O 的估算方法，把实现硝化和反硝化过程控制的污水处理厂直接排放的 N_2O 包括在内，新的 N_2O 排放因子的建议值是0.0032kg/(人·a)（变化范围：0.002～0.008）。

国外城市污水处理厂温室气体 N_2O 排放量的现场监测研究始于20世纪70年代。美国每年都要发布污水生化处理过程中有关 N_2O 排放量的数据，而且已经把 N_2O 作为

污水生化处理过程中的一项重要监测指标来监测。自20世纪90年代开始，人们进一步加大了对污水处理过程中 N_2O 排放的关注和研究。日本学者分别开展了关于粪便污水和养殖污水处理过程中温室气体 N_2O 排放的监测研究。污水处理过程中 N_2O 的排放量占污水处理过程温室气体排放总量（以 CO_2 当量计）的26%左右，是水再生过程、水运输过程和污泥处置过程等排放 N_2O 量的总和。生活污水处理所导致的全球 N_2O 排放量（以N计）大约为0.22Mt/a，占全球 N_2O 人为排放6.9Mt/a的3.2%和总排放(16.4Mt/a)的1.3%。

大量研究表明，污水生物处理过程脱氮方式和控制条件的差异导致了不同工艺之间 N_2O 的排放存在排放规律性和排放总量上的差异。但需注意的是，N_2O 的排放每提高1%，就会导致污水处理厂的碳排放增加大约30%。对于所监测的水厂，N_2O 的排放之间存在的巨大差异源于进水水质的差异、不同的污水处理工艺和不同的工艺运行条件，而不同的监测方法和采样方法也会对 N_2O 排放的监测结果造成影响。这就说明：第一，可通过优化监测方法来提高 N_2O 排放现场监测结果的准确性与可靠性，第二，可通过优化水厂的设计与运行来减少 N_2O 的排放。

近年来，随着新型污水生物脱氮工艺的运用和发展，关于新型工艺污水处理过程中 N_2O 排放的研究逐渐引起人们的兴趣。虽然新型生物脱氮工艺——例如同步硝化反硝化、短程硝化反硝化、厌氧氨氧化、好氧反硝化和同步脱氮除磷等在污水生物脱氮方面较传统工艺具有节省占地面积、节约成本和减少运行环节等优势，但在污水处理过程中仍然有较多的进水总氮最终以 N_2O 的形态排放出来，这些工艺在产 N_2O 方面同样受控制因素与环境条件的影响。

优化控制参数可能增加这些工艺的脱氮效率，但与此同时也有可能增加了 N_2O 的排放量。因此，无论是对于传统的生物脱氮工艺还是新型的生物脱氮工艺，人们在注重脱氮效率的同时，必须兼顾 N_2O 的排放情况。若只进行硝化反应而几乎没有或少有反硝化脱氮过程的污水处理厂相比，能实现高效脱氮的污水处理厂排放的 N_2O 更少，这也表明提高出水水质与实现 N_2O 减排是可能同时实现的。从这方面来说，开展典型工艺处理生活污水的相关研究，研究典型工艺在不同控制条件及环境条件下 N_2O 的排放情况与污水的脱氮效率，寻求二者之间的最优化组合，对于未来污水生物脱氮领域的创新和发展至关重要。

随着全球对污水处理出水水质要求的不断提高以及总污水处理量的不断加大，污水处理厂排放的 N_2O 总量将会不可避免的增加。我国就污水处理过程中 N_2O 排放的研究尚处于起步阶段，且大多都是以实验室小试为主。因此，开展我国典型工艺城市污水处理厂 N_2O 的排放量及排放源的研究对充分了解我国污水处理领域 N_2O 的排放情况有着十分重要的作用。换而言之，在污水处理过程中 N_2O 排放的研究方面，我国与发达国家相比仍存在着较大的差距。因此，我国需要对城市污水处理厂 N_2O 的排放开展大量的现场研究，进一步了解和掌握我国城市污水处理厂温室气体 N_2O 的排放特征，加深对污水处理过程中 N_2O 产生的源、机制、排放的强度以及排放总量的了解，从而加强对污水处理领域 N_2O 排放的控制，达到减少 N_2O 人为源排放总量的目的。

以生物处理为主体的污水处理工艺也多种多样，这些工艺可通过强化不同反应池的硝化和反硝化过程来达到更高的生物脱氮需求，而这两个过程均能够导致 N_2O 的产生与排放。虽然硝化过程与反硝化过程中都有 N_2O 产生，但城市污水处理厂 N_2O 的排放基本上都是由曝气区域吹脱出来的。因反硝化过程生成的 N_2O 在曝气池中被吹脱到大气中，因此很难分辨硝化过程与反硝化过程对污水处理厂 N_2O 排放各自的贡献到底有多少。通过使用特殊的抑制性物质，可以发现依赖于水体中 DO 质量浓度大小发生的硝化细菌反硝化作用所产生的 N_2O 占 N_2O 总排放的 58% ~83%，其他 42% ~17% 的 N_2O 主要来自于异养反硝化作用。然而，这一结论尚不能确定硝化过程与反硝化过程对城市污水处理厂 N_2O 排放贡献的大小。至今，这一结论仍处于争论之中。

城市污水经过污水管道系统运输进入城市污水处理厂之后，一般需要经过一级处理过程（如格栅、沉砂池和初沉池等）与二级处理过程（如生化反应池、二沉池和污泥浓缩池等）处理之后排出污水处理厂。鉴于 N_2O 主要产生于硝化过程和反硝化过程，污水处理厂的生物处理单元应该是 N_2O 的最主要产生源。其他会造成 N_2O 排放的源包括：沉砂池、初沉池、二沉池、储泥罐以及厌氧消化池等。这些处理单元排放 N_2O 有一定的前提条件，或者发生在有少量 O_2 存在的微弱的硝化过程中，或者发生在有一定量的亚硝酸盐或硝酸盐存在的反硝化过程中。90% 的 N_2O 排放来自于生物处理单元，5% 来自于沉砂池，其余 5% 来自于储泥池。沉砂池中排放的 N_2O 基本来自于城市污水管网运输过程中或是来自于污水处理厂内部管道设施对于污水的运输过程中硝酸盐或亚硝酸盐的还原过程，这部分 N_2O 的产生是有专属地域性的；储泥池中 N_2O 的排放可能是源于剩余污泥中较高浓度硝态氮或亚硝态氮的还原过程。通过开展抑制微生物生长代谢的控制实验或是通过研究具有生物本质的微生物动态变化等实验，指出污水处理厂非生化过程产生的 N_2O 非常少，几乎可以忽略不计。

污水二级处理过程的生物反应池是污水处理厂 N_2O 最主要的产生与排放源。在生物池缺氧段，异养反硝化细菌会利用进水中的 COD 对回流硝化液中的硝酸盐或亚硝酸盐进行还原。若存在缺氧池 DO 质量浓度过高、进水 COD/N 过低以及其他一些因素的影响，反硝化细菌的活性特别是 Nos 的生物活性受到抑制或完全失活，导致污水中 N_2O 不能进一步被还原为 N_2 而发生积累，这部分溶解于污水中的 N_2O 会在硝化段得到吹脱释放。可以说，生物池的缺氧反硝化段是城市污水处理厂 N_2O 的主要产生源之一；在生物池硝化段，异养微生物和自养硝化细菌同时利用 DO 分别对污水中的有机物和氨氮进行降解与转化，大量地消耗水中的 DO，使得硝化段 DO 的质量浓度不足以满足硝化细菌进行彻底的硝化过程，造成了亚硝酸盐的大量积累，进而产生了大量的 N_2O。硝化过程产生的N_2O除部分溶解于污水中之外，大部分直接被曝气作用吹脱到空气中，这就使得生物池硝化段不仅是城市污水处理厂N_2O的主要产生源之一，更是N_2O的最主要排放源。好氧区域排放N_2O的量比缺氧区域排放的高出2~3个数量级。N_2O在水中有较高的溶解性，其亨利常数是0.024mol/(L·atm)，而O_2的亨利常数只为0.0013mol/(L·atm)，因此，因曝气吹脱过程导致的N_2O排放是比较迅速的。即使水中溶解的N_2O达到了0.5mg/L，反应器也几乎不排放N_2O；相反，当处于曝气阶段时，反应器中的N_2O得到大量的吹脱释放，水中溶解的N_2O只剩下了0.01~0.03mg/L。

硝化液进入二沉池之后进行泥水分离，这里可能存在微弱的硝化过程和反硝化过程，可产生少量的N_2O，一部分逸出排放，另一部分继续溶解在水中，这部分N_2O会随着处理后废水的排出一同进入受纳水体，并在特定条件下排放到空气中。污水处理厂出水中溶解态N_2O的排放将会是未来N_2O排放研究领域的重点之一。剩余污泥进入污泥浓缩池之后，会发生微生物的内源呼吸过程。研究表明，微生物消耗内源物质也会造成N_2O的排放，但排放量不大，几乎可忽略不计。

（二）污水处理过程中CH_4排放的研究进展

CH_4在污水处理过程中的厌氧环境条件下产生，但CH_4的排放却发生在污水处理过程的各环节。在污水的一级处理单元，由于机械及水流快速流动的扰动，污水中溶解CH_4会排放出来，所以可以监测到一定大小的CH_4排放通量。在二级处理单元中，生物处理单元的CH_4排放量最高，是整个污水处理过程中CH_4排放的主体部分，主要原因在于：一级处理单元中，溶解态CH_4会在此部分排放到空气中；由于生物池中微生物含量较高，由此某些厌氧区域可能产生一定量CH_4，这些CH_4连同来水中携带的CH_4大部分会在曝气单元由于剧烈的鼓风曝气扰动被吹脱释放出来。

在污水处理过程中的曝气单元，CH_4的排放量主要与曝气作用对水流的扰动或机械搅拌有关；在污水处理的非曝气单元，CH_4的排放量主要是与CH_4的产生量和CH_4在污水中的溶解状态有关。在污水处理过程中的CH_4排放情况中，曝气池和厌氧池是CH_4排放的主要单元，并且曝气池的曝气量大小与CH_4的排放通量存在一定关系。一方面在曝气池及曝气沉砂池中，曝气作用会导致水中较高的DO含量，从而抑制了CH_4的产生；另一方面剧烈的机械曝气扰动又容易导致大量的溶解态CH_4从污水中排放出来，得到的CH_4排放通量与曝气池水中DO的关系。在曝气池与曝气沉砂池中，CH_4与DO的R2分别为0.656和0.772，呈现一定的线性关系，表明此二池CH_4的排放通量随污水处理过程中曝气量的增大而增大。在厌氧处理过程中，由于大量CH_4在此过程中产生而导致较高CH_4排放通量。

（三）污水处理过程中CO_2排放的研究进展

污水处理厂CO_2排放的差异主要来自于地域、污水处理量、COD负荷和季节差异等因素的影响。对于我国不同地域的城市污水处理厂来讲，东部地区的kg/kg的值比西部和中部地区都要低；对于污水处理量而言，处理量大的污水处理厂比小型的污水处理厂的kg/kg值低；COD负荷和季节差异对温室气体排放的影响存在一定的波动，但可以看出，CO_2排放随着COD负荷的降低总体呈下降趋势。每年3月至5月，CO_2的排放量最低，冬季时CO_2的排放量最高。从我国污水处理厂CO_2平均排放水平来看，南北不同省（市）的排放量相差较大，排放量最高的北京和排放量最低的海南相差数倍。地域水质、温度的不同以及污水处理厂采用的工艺和参数的差别，造成电耗情况的不同，从而导致CO_2排放上的较大差异。

不同处理工艺CO_2的直接排放与间接排放的相关性不大，因为直接排放是由COD去除引起的，在处理时间和污水总量一致的情况下，COD去除率高的工艺相应的直接碳排放水平就高，COD去除率低的工艺相应直接碳排放水平较低。

四、污水处理过程中温室气体减排的研究进展

目前，人们主要通过以下3个方面减少城市污水处理过程中温室气体的排放量：①减少城市污水处理过程中N_2O的直接排放量；②回收利用城市污水处理过程中产生的CH_4以减少其直接排放量；③减少城市污水处理过程中CO_2间接排放量。

（一）污水处理过程中N_2O减排的研究进展

实现城市污水处理厂温室气体N_2O减排的关键是减少曝气过程中N_2O的释放量。研究表明，进行城市污水处理厂N_2O的减排研究需要从以下3个方面入手：减少硝化过程中N_2O的产生量、减少反硝化过程中N_2O产生量以及减少曝气过程中N_2O的释放量。

许多实验室研究也提出了一些相关的N_2O减排方法。可以通过间歇性进水的方式把反应器中铵盐和亚硝酸盐的浓度控制在一个较低的水平，这样就可以把N_2O的产量降低50%。通过低流速进水而不是采用脉冲式进水的方式来避免好氧条件下pH的瞬时波动被证明可大大降低经富集培养AOB菌群的N_2O产生量。采用延长污泥龄来增加AOB生物质的浓度并控制DO在0.5mg/L以上也被认为能降低硝化过程的N_2O产量。在膜曝气生物反应器中采用间歇曝气的方式可以降低N_2O产量，因为内层生物膜产生的N_2O能被处于生物膜外层的异养反硝化细菌还原。为了降低反硝化过程中N_2O的产量，可加入甲醇来降低其他还原酶与N_2O还原酶间的电子竞争，从而阻止N_2O积累。然而目前这些缓解措施只适用于实验室规模的污水处理系统，它们在实际工程中的有效性尚需通过现场实验研究来进一步验证。许多科学家正在进一步深化对污水处理系统N_2O产生机理的探索，无疑将为进一步减少城市污水处理厂N_2O的排放提供技术支持。

（二）污水处理过程中 CH_4 减排的研究进展

目前，关于城市污水处理厂 CH_4 排放研究的结果一致表明，城市污水处理厂释放的 CH_4 有两个来源：一是进水中溶解的 CH_4 二是污水处理过程中新生成的 CH_4。城市污水处理厂的厌氧池和污泥浓缩池因处于厌氧环境中，是 CH_4 产生的主要单元。城市污水处理厂的曝气处理单元，包括曝气沉砂池和好氧池，是 CH_4 最主要的释放单元，且 DO 质量浓度与 CH_4 排放量呈显著的正相关关系。而且，若存在污泥消化池，可成为城市污水处理厂 CH_4 排放的一个重要来源。当然，这个假设有两个前提：一是厌氧消化的密闭性存在问题，导致产生的 CH_4 直接从装置逸出；二是产生的 CH_4 没有或很少作为能源被回收利用，大部分继续溶于水中。这部分溶解在水中的会随着回流液进入曝气池，在曝气过程中被大量地吹脱出来。

虽然到目前为止仍没有较为系统的关于城市污水处理厂 CH_4 减排方法的报道，但不难发现，合理地控制曝气处理单元的 DO 质量浓度是城市污水处理厂 CH_4 减排的最主要途径。当城市污水处理厂设有剩余污泥的厌氧消化装置时，将产生的 CH_4 回收利用是进行 CH_4 减排的最经济有效的方法。另外，开展系统维护、检查装置气密性对于减少 CH_4 排放也是十分重要的。

（三）污水处理过程中 CO_2 减排的研究进展

对于城市污水处理过程中 CO_2 的减排研究，目前主要集中在削减间接排放的 CO_2 总量。首先，减少污水处理厂碳排放的措施可从优化污水处理工艺、改善控制条件等方面来考虑，这不仅能减少温室气体的直接排放，而且还可以减少能源消耗，以此来降低污水处理的成本。目前，城市污水处理厂生物处理工艺的曝气过程多采用通过控制曝气量来降低电能消耗，从而减少污水处理的 CO_2 间接排放。但是需要注意的是若曝气量变小，DO 处于较低水平，则会抑制微生物对 COD 的降解过程，影响出水水质。

其次，污泥的再利用也给减少 CO_2 的排放提供新思路生物量封存和沼气回收是减少温室气体排放的两大手段。研究表明，沼气回收并作为燃料利用可以有效地减少温室气体的当量排放，当进水 BOD 为 2000kg/d 时，所排放的 7640kgCO_2 当量可减少为 1023kgCO_2。在我国，每年有大约 2000 万 t 污泥（含水量 80%）产生，如果不妥善处理，会造成严重的温室气体排放，通过污泥厌氧消化再利用产沼气可以减少 24% 的 CO_2 当量排放水平。另外，利用污泥本身热值与无机物，代替水泥黏土用量，也可以减少 CO_2 当量的排放。污泥还可以经处理转换为生物柴油，利用生物柴油代替柴油作为燃料可以减少约 45% 的温室气体排放，而科学界已成功利用非均相催化剂与镁渣将污泥转化为生物柴油。

第二节　城市污水处理厂温室气体监测方法的完善

一、温室气体采样装置的改进

基于对污水处理厂温室气体采样与监测方法的文献查询以及国际上污水处理中有关温室气体监测研究的调研，发现城市污水处理厂温室气体的采样需要注意如下几个问题：

第一，污水处理单元水面的扰动作用明显，特别是曝气单元的水面。污水的流动、厌氧/缺氧池搅拌装置的扰动以及曝气装置导致的液面强烈紊流效应，对污水处理系统水面温室气体的采样具有十分明显的影响。因此，需要对曝气与不曝气水面的温室气体采样装置均进行改进。在采样器浮体的下方设置伸向水面以下 15cm 的不锈钢挡板，以保证装置在液体表面的稳定性以及所覆盖的气体空间的密闭性。对于溶解度较大的温室气体，若采样装置出现较大的晃动，或是采样气体空间的密闭性无法保证，就会出现挥发出来的温室气体重新溶入污水中或是从装置内逸散到空气中的现象，特别是针对痕量气体 N_2O 会造成相当大的误差，可以说设置固定挡板和固定挂件对于不曝气单元温室气体释放的监测尤为重要。

第二，对于不曝气单元，温室气体采集过程中，静态平衡箱与污水水面形成一个密闭的空间。通过气液界面进入到静态平衡箱内的气体量随时间线性增加，表明通过气液界面进入到静态平衡箱内的气体没有达到动态平衡，可用压力计监控静态平衡箱内气体的含量。当静态箱内的压力不随着时间变化过程中，认为通过气液界面的气体达到动态平衡，此时停止采样。

第三，对于曝气单元，温室气体采集过程中，气袋内外的压力也始终保持平衡，随着气体通过气液界面进入到气袋内，使得气袋内气体的含量逐渐增加，当气袋充满时，气袋内外的压力处于临界平衡状态，当气袋内气体的含量进一步增加时，会导致袋内压力明显高于外界压力，此时停止采样。

综合考虑上述因素，结合我国城市污水处理厂主要处理工艺的现状和特点，并根据城市污水处理厂温室气体产生与排放的原理，给出了一个适合于我国城市污水处理厂不同处理单元和不同类型水面的温室气体现场采样装置与方法。

（一）不曝气水面温室气体的采样装置——静态平衡箱

不曝气水面温室气体的采集采用静态平衡箱，装置如图 6－2、图 6－3 所示，包括：浮体、气体收集箱、温度监测组件、压力监测组件与气体采样组件。

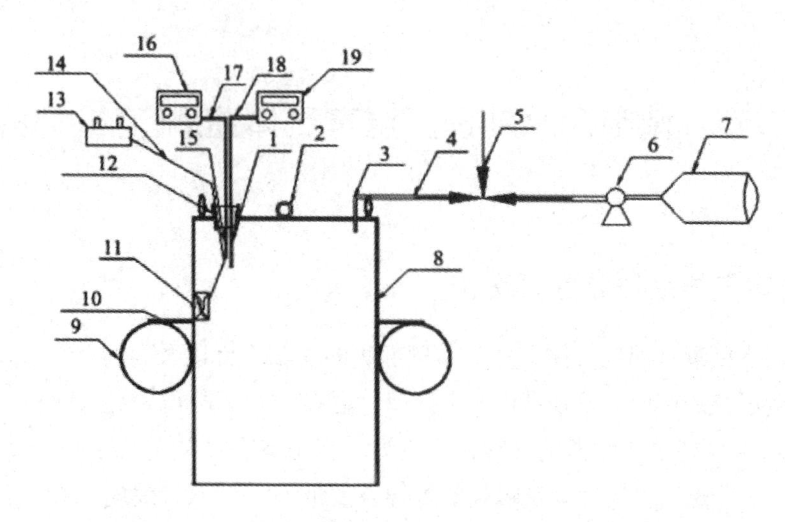

图 6－2　污水处理不曝气单元温室气体采集装置示意图

注：1. 温度探头；2. 固定挂件；3. 采气接口；4. 硅胶管；5. 三通阀；6. 小型气体采样泵；7. 气体采样袋；8. 气体收集箱；9. 浮体；10. 浮体固定挡板；11. 搅拌装置；12. 橡胶塞；13. 搅拌装置电源；14. 搅拌装置电源线；15. 压力探头；16. 高精密数字气压计；17. 压力探头导线；18. 温度探头导线；19. 数显温度计

图 6－3　静态平衡箱采样器

（1）浮体主要为气体收集箱提供浮力及维持气体收集箱在液面上的平衡，保证气体收集箱的底部在样品采集过程中始终浸没在水面下。浮体选取汽车的内胎，其易得、浮力大、便于携带和更换，亦可选择泡沫板等。

（2）气体收集箱主要由浮体限位挡板、固定挂件、温度探头接口、采气接口、搅拌装置组成。其中浮体限位挡板设置在集气桶下部，其与集气桶下沿的距离由选择的浮体的厚度决定；4 个固定挂件均匀分布在气体收集箱顶部，用来固定气体收集箱；为实现接口的密封，在气体收集箱顶部设有和 8 号胶塞等大的橡胶塞固定出嘴，用以固定橡胶塞，橡胶塞上有两个打孔，连接温度探头的导线和连接搅拌器的导线穿过胶塞孔分别与数显温度计和搅拌装置电源相连；气体采样口与气体采集组件相连实现气体采集；气体搅拌装置是电力驱动的搅拌器，其作用是使集气桶内收集的气体混合均匀，采集到的气体更具有代表性。

（3）温度监测组件主要由温度探头和数显温度计组成，温度探头与数显温度计通过温度探头导线相连，以实现箱内气体温度实时监控。

（4）压力监测组件主要由压力探头和高精密数字气压计组成，压力探头与高精密数字气压计通过压力探头导线相连，以实现箱内气体压力实时监控。

（5）气体采样组件包括三通阀、小型气体采样泵、气体采样袋，其通过硅胶管与气体采样口依次相连。采气泵功率、采气袋容积由现场试验情况来决定。

（二）曝气水面温室气体的采样装置——气袋采样器

曝气水面温室气体的采集采用气袋装置，采样装置如图 6－4、图 6－5 和图 6－6 所示。

气袋法设计原理为在一定的时间一定的水面面积内，定量排放出的温室气体的体积，从而计算出整个池体排放的温室气体的体积，而根据温室气体的浓度计算出气体排放的量。对于污水处理厂的好氧曝气水面，研制的温室气体采集装置系统包括浮体、气体收集袋、限位固定组件、气体采集组件和气体监测组件。

（1）浮体为泡沫板，被限位固定组件固定在整个装置的下部。

（2）气体收集袋为聚乙烯气袋，气袋高 1m，边长为 30cm，体积为 0.09m^3。位于限位固定组件的内部，同时其下端被限位固定组件密封固定，其余用以收集气体样品。

（3）限位固定组件包括：高约 1.2m 的金属长方形框架，框架底面为边长 30cm 的正方形；底部大约边长为 1m 的正方形泡沫底板（使其整体装置能够漂浮水面），其正中间有一个边长约 30cm 的正方形开口；采用与金属框架底面一致的金属卡圈，将泡沫板卡在金属框架底部。

（4）气体采集组件与气体收集袋顶部相连，用以采集气体样品。

（5）气体监测组件位于气体收集袋的顶部，用以及时监测气体收集袋内的温度和压力。

上述两种城市污水处理厂曝气与不曝气单元温室气体的采样装置具有以下优点：

（1）通过设计浮体下方挡板，有效地保证了样品采集过程中装置密闭性；

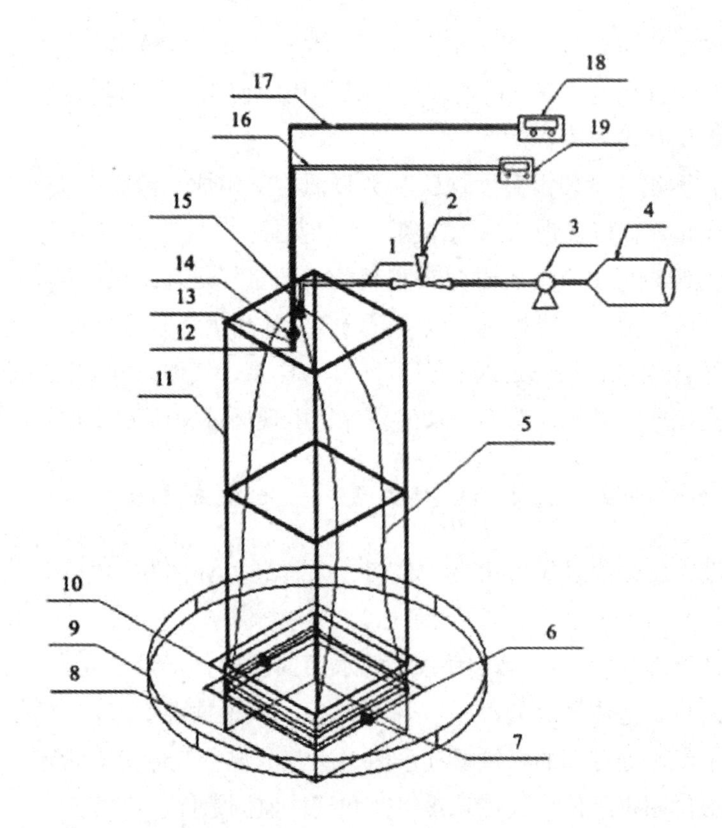

图 6-4　污水好氧处理单元释放的温室气体采集装置的示意图

注：1. 硅胶管；2. 三通阀；3. 小型气体采样泵；4. 气体采样袋；5. 气体收集袋；6. 卡扣；7. 紧固螺栓；8. 不锈钢四面体；9. 浮体；13. 压力探头；14. 橡胶垫；15. 采气接口；16. 温度探头数据线；17. 压力探头数据线；18. 高精密数字；19. 数显温度计

图 6-5　气袋法装置放入水中前

图 6-6　气袋法装置放入水中气体充满后

（2）通过高精密的压力计，准确地获得不曝气水面温室气体采样时的平衡时间以及曝气水面温室气体采样时的采样时间。

二、温室气体监测的布点及采样频率研究

选取了目前我国城市污水处理领域常用的 4 种典型工艺作为温室气体排放监测的主要研究对象，开展了城市污水处理厂温室气体排放的现场监测研究。针对 4 种典型工艺污水处理厂不同处理单元的温室气体的排放进行了现场监测，所选择的监测单元均是典型工艺的各个敞开式污水处理单元。典型工艺各个污水处理单元温室气体采样点的位置及数量由工艺类型、污水处理规模以及温室气体的排放规律来决定。

（一）布点原则

（1）所布设的监测点位要具有代表性，能科学地反映该处理单元所释放的温室气体的量和排放特征。这就需要按污水不同处理工艺和不同处理单元（阶段）设置有代表性的监测点位。对于一级处理阶段，可以选择初沉池、旋流沉砂池，配水井等作为温室气体排放的监测对象；对于二级处理单元，可以选择缺氧池、好氧池和二沉池等作为温室气体排放的监测对象。

（2）所布设的点位能够反映出来温室气体随时间或空间的变化。对于明显存在时间或空间变化的污水处理单元，分别采用空间和时间推流处理模式，温室气体的释放量在不同监测点位及监测时间段之内存在着明显差异，因此需要根据不同监测点位温室气体释放强度的差异相应地布置合适的监测点位及监测点数量；对于不存在时间或空间变化的污水处理单元，例如初沉池、缺氧池等，需要根据池体的形状及大小，对称布置采样点位并选取合适的采样点数量，以求更加准确地反映温室气体的真实排放情况。

（二）A^2/O 工艺温室气体监测的布点及采样频率

A^2/O 工艺采用空间推流模式，污水可依次经过曝气沉砂池、初沉池、A^2/O 池（缺氧池、厌氧池与好氧池）、二沉池，完成脱氮除磷、有机物的去除过程以及泥水分离过程，最后排出水厂。

1. A^2/O 工艺各处理单元的布点方法

对于曝气沉砂池，由于污水从长方形池子的一侧进入从另一侧流出，又由于水面面积较小，因此在曝气沉砂池内沿水流方向布置了 2 个采样点。

对于初沉池，由于没有设置曝气或机械搅拌，池中的水面平静，温室气体在这里释放比较均匀，因此沿水流方向布置了 2 个采样点。

对于 A^2/O 生物池，污水依次经过缺氧池、厌氧池和好氧池。因缺氧池与厌氧池水

面面积较小、各占生物池第一条廊道的1/3，且水面较为平静，温室气体释放均匀，因此分别沿水流方向布置了两个采样点。好氧池水面面积较大，并且存在曝气过程对温室气体强烈的吹脱作用，使得好氧池内温室气的释放比较剧烈。尝试性研究表明：好氧池内沿水流方向温室气体的释放通量差异较大，温室气体释放通量沿水流方向逐渐降低，因此，在现场监测过程中加强了对好氧池的监测强度。按照温室气体排放强度的大小来安排采样点的疏密程度，最后决定在曝气池中设置6个采样点。

对于二沉池，虽然水面面积较大，但由于水面平静，温室气体排放比较均匀，因此在直径两端布置2个采样点。

2. A^2/O 工艺各处理单元的采样频率

为了提高现场监测结果的准确性，在每次现场监测过程中，针对不同处理单元，项目组均采集2组温室气体样品。对于不曝气单元，每组包含5个气体样品，对于曝气处理单元，每组包含3个气体样品。

（三）A/O 工艺温室气体监测的布点及采样频率

A/O 工艺采用空间推流模式，污水依次经过曝气沉砂池、初沉池、A/O 池（缺氧池和好氧池）、二沉池，完成脱氮除磷、有机物的去除过程以及泥水分离过程，最后排出水厂。

1. A/O 工艺各处理单元的布点方法

对于曝气沉砂池，由于污水从长方形池子的一侧进入从另一侧流出，又由于水面面积较小，因此沿水流方向布置了2个采样点。

对于初沉池，由于没有设置曝气或机械搅拌，池中水面平静，温室气体在这里释放比较均匀，因此沿水流方向布置了2个采样点。

对于 A/O 生物池、污水依次经过缺氧池和好氧池。由于缺氧池水面面积较小、占生物池第一条廊道的1/2，且水面较为平静，温室气体释放均匀，因此沿水流方向布置了两个采样点。好氧池水面面积较大，并且由于曝气作用对温室气体强烈的吹脱作用，使得好氧池内温室气体的释放较为剧烈。尝试性研究表明：好氧池内，沿水流方向温室气体的释放通量差异较大，温室气体释放通量沿水流方向逐渐降低，因此项目组在现场监测过程中加强了对好氧池的监测强度。按照温室气体排放强度的大小来安排采样点的疏密程度，最后决定在曝气池中设置6个采样点。

对于二沉池，虽然水面面积较大，但因水面平静，温室气体排放比较均匀，因此在直径两端布置2个采样点。

2. A/O 工艺各处理单元的采样频率

与 A^2/O 工艺类似，为提高现场监测结果的准确性，在每次现场监测过程中，对于不同处理单元，项目组均采集2组温室气体样品。对于不曝气单元，每组包含5个气体样品，对于曝气处理单元，每组包含 3 个气体样品。

（四）氧化沟工艺温室气体监测的布点及采样频率

氧化沟工艺采用完全混合处理模式，污水会依次经过曝气沉砂池、选择池、厌氧池、氧化沟池（氧化沟池不曝气区与氧化沟池曝气区）、二沉池，污泥分配井和污泥浓缩池，完成脱氮除磷、有机物的去除过程以及泥水分离过程，最后排出水厂。

1. 氧化沟工艺各处理单元的布点方法

对于曝气沉砂池，由于污水从长方形池子的一侧进入从另一侧流出，又由于水面面积较小，因此沿水流方向布置了 2 个采样点。

对于选择池和厌氧池，由于没有设置曝气或机械搅拌，池中的水面平静，温室气体在这里释放比较均匀，因此沿水流方向布置了 2 个采样点。

对于氧化沟池，由于存在缺氧环境与好氧环境的不断交替，氧化沟池内温室气体的释放通量存在较大的变化。对于氧化沟池不曝气区，沿水流方向布置 3 个采样点，分别为氧化沟弯道进水口、缺氧 A 与缺氧 B 监测点；对于氧化沟池曝气区，根据尝试性实验得到的转刷后不同距离的 DO 变化情况，将从曝气转刷开始沿水流方向 10m（DO≥0.5mg/L）之内的距离作为氧化沟的曝气区域。沿氧化沟内的水流方向，不同廊道转刷处的温室气体的释放通量存在较大差异且呈逐渐降低的趋势，因此，项目组在现场监测过程中加强了对氧化沟池曝气区域的监测强度，可在不同廊道中共设置了 4 个曝气区域采样点。

对于二沉池，虽然水面面积较大，但因水面平静，温室气体排放比较均匀，因此在二沉池直径两端布置 2 个采样点。

对于污泥分配井与污泥浓缩池，由于水面面积较小、水面平静，温室气体排放比较均匀，因此在这两个池子的直径两端各布置 2 个采样点。

2. 氧化沟工艺各处理单元的采样频率

为了提高现场监测结果的准确性，在每次现场监测过程中，对于不同处理单元，项目组均采集 2 组温室气体样品。对于不曝气单元，每组包含 5 个气体样品，对于曝气处理单元，每组包含 3 个气体样品。

（五）SBR 工艺温室气体监测的布点及采样频率

SBR 工艺采用时间推流模式，污水依次经过旋流沉砂池、污水分配井和 SBR 反应池（包括进水曝气阶段、沉淀阶段和滗水阶段），完成脱氮除磷、有机物的去除过程以及泥水分离过程，最后排出水厂。

1. SBR 工艺各处理单元（阶段）的布点方法

对于旋流沉砂池，由于水面面积较小且不存在剧烈的扰动，温室气体的释放相对均匀，因此在池体直径的两端布置 2 个采样点。

对于污水分配井，由于长方形池体的水面面积较小且不会存在剧烈的扰动，温室气体的释放相对均匀，因此在池子内布置 2 个采样点。

对于 SBR 生物池的进水曝气阶段，由于采用进水和曝气同时进行的方式，且尝试性实验研究表明，污水中的 DO 及温室气体释放通量随着时间变化较为明显，所以随着时间的变化均匀地布置 4 个采样时间段，即在进水曝气阶段的 2h 内，每 30min 采一次样。

对于 SBR 生物池的沉淀和滗水两个阶段，由于不存在明显的扰动，水面平静，温室气体释放均匀，因此各设置 2 个采样点，每小时进行一次逸出气体样品的采集。

由于 8 个生物池每 2 个池子一组交替运行，因此对于整个 SBR 工艺污水处理厂而言，水厂总是处于连续运行的状态当中。因此，项目组选取了其中的 2 生物池作为监测对象，研究不同 SBR 处理阶段温室气体的排放规律。

2. SBR 工艺各处理单元的采样频率

为了提高现场监测结果的准确性，在每次现场监测过程中，对于不同处理单元（阶段），项目组均采集 2 组温室气体样品。对于不曝气单元（阶段），每组包含 5 个气体样品，对于曝气处理单元，每组也包含 3 个气体样品。

三、温室气体的采样方法

城市污水处理厂温室气体的采样方法包括不曝气水面温室气体采样方法、曝气水面温室气体的采样方法和水中溶解态温室气体的采样方法。

（一）不曝气水面温室气体的采样方法

城市污水处理厂污水处理过程中不曝气水面温室气体的采样主要分以下 4 个步骤进行：

第一步，采样装置的固定。针对不同污水不曝气处理工艺以处理单元构筑物特点，选取具有代表性的监测点，将本装置固定于该监测点，装置利用浮体漂浮在水面上，浮体下部集气桶部分没入水中，应确保与水体密封。

第二步，采样前准备。采样前使硅胶管与小型气体采样泵相连，根据小型气体采样泵的流量和硅胶管的体积，确定好抽取气样时间，旋转三通阀，开启小型气体采样泵，抽取与硅胶管体积相同的气体，以排除硅胶管内原有气体对气体样品的干扰，关闭三通阀，准备气体样品的采集。

第三步，平衡时间的确定。采样时，将静态平衡箱放在确定的采样水面上，开始记录采样时间，并监控压力表的变化。当静态箱内的压力不随着时间变化时，认为通过气液界面的气体达到了动态平衡，此时认为气体从水面扩散及溶解进入了水箱达到平衡。记录整个过程所需时间为平衡时间。

第四步，样品的采集。将静态平衡箱放在确定的采样水面上，在平衡时间之前采集不同时刻的气体样品。在同一采样点，选取 10min、20min、30min 和 40min 4 个采样时间，分别采集温室气体，研究温室气体浓度随时间的变化规律。抽取气体的方法是：打开三通阀，气样通过与箱体上表面连接的橡胶导管用小气泵（2.5L/min）抽取约 200mL 气体于铝箔塑料气袋中，等待测。

（二）曝气水面温室气体的采样方法

第一步，采样装置的固定。首先将气体收集袋中的空气排空，然后连接固定装置。针对不同污水好氧处理工艺，选取具有代表性的监测点，将本装置固定于该监测点，记录装置固定的起始时间。

第二步，气体样品的收集。随着好氧池不断曝气，气体收集袋逐渐被气体鼓吹起来，同步记录收集袋内的气压与温度，当气体收集袋内的压力明显高于外界压力时，停止气体样品的收集，记录时刻。

第三步，气体样品的采集。采样时，使气体收集袋与小型气体采样泵相连，同时将气体采样袋与硅胶管相连，旋转三通阀，开启小型气体采样泵，用气泵从连接在聚乙烯气袋顶部的橡胶导管抽取约 200mL 气体于铝箔气袋中，待测。

（三）溶解态温室气体的采样方法

使用静态顶空法进行污水中溶解态温室气体的采集。采样时，将采水器置于水面下 20cm 处，待采水器充满后，迅速并平稳地将其从水中取出，尽量减少采水器内水样与外界空气的接触。将采水器下方导管深入至带密封盖的 300mL 顶空玻璃瓶底部，使水样迅速并平稳地完全注满顶空瓶，加入 1mg/L 的 $HgCL_2$ 溶液，杀灭污水中的活性微生物，避免任何温室气体的产生。用注射器取 100mL 高纯氮气，经由顶空瓶内的长导管注入瓶中，以置换相同体积的污水。用止水夹夹住两个导管，剧烈摇动瓶体一段时间后置于避光处静置 1h。用注射器取 50mL 蒸馏水置换出顶空瓶内上部空间的气体，存于 200mL 气体于铝箔气袋中，待测。

四、温室气体样品的保存及预处理

对于污水处理厂各处理单元释放的温室气体，可通过气体采集装置收集于 200mL 的铝箔塑料气袋之中，密闭、遮光保存。带回实验室后，样品在常温下于 12h 之内进行温室气体浓度的分析。

针对水中溶解态温室气体，需要对所采集的水样进行预处理。处理方法是向盛满污水的顶空瓶中加入微生物抑制剂 H_2SO_4 或 $HgCL_2$，其目的在于抑制水中的微生物的活性，防止水中溶解态温室气体浓度的变化。震荡、放置之后尽快进行顶空，使溶解在水中的温室气体进入到气箱，并保存于铝箔采样袋中。带回实验室后，样品在常温下于12h之内进行温室气体浓度分析。

五、温室气体样品分析与数据处理

（一）温室气体样品分析方法

如图6－7所示。通过在普通配有双检测器（ECD和FID）的气相色谱上添加3个气体切换阀、色谱分离柱和催化反应器，实现了气体进样——水蒸气杂质的分离——温室气体组分的分离——二氧化碳的还原——系统反吹扫净化的过程。

改装型气相色谱在分析温室气体方面的主要优点有：

（1）1#阀可以实现气体样品的定量进样；

（2）色谱柱1可以完成水蒸气杂质和温室气体的高效分离，消除水蒸气对痕量 N_2O 浓度分析的干扰；

（3）色谱柱2可以实现3种温室气体色谱分离；

（4）镍催化反应器可以完成 CO_2 向 CH_4 的转化，实现 CO_2 的定量分析；

（5）2#阀可以实现 N_2O 和 CH_4 质量浓度分析所使用的两种不同检测器（ECD和FID）的在线切换。

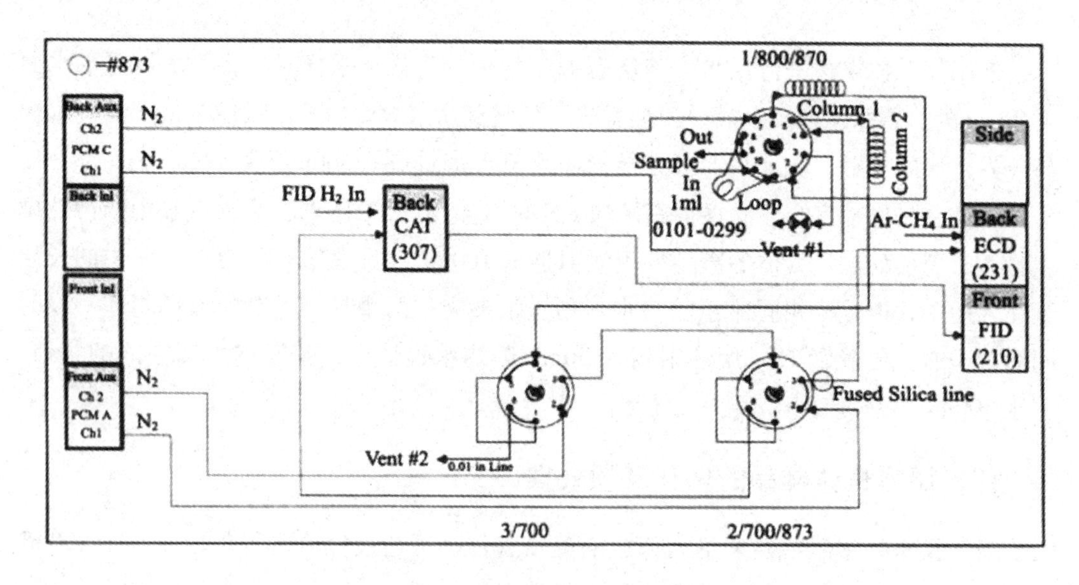

图6－7　改装型气相色谱的气路系统

改装型气相色谱可以完成在较短时间内对3种温室气体中的同步分析。其中，N_2O

的出峰时间为6.4min，最低检测限为30nL/L；CH_4 的出峰时间为2.9min，最低检测限为200nL/L；CO_2 的出峰时间为5.0min，最低检测限为400nL/L。

利用气相色谱进行物质定量分析的依据是物质的浓度 c 和峰面积 A（峰和基线围成的面积，通过积分算得）呈线性关系，这就要求所使用的气相色谱可以准确地测量物质对应的峰面积。

利用外标法对3种气体的混合气来制作标准曲线，通过所测得的峰面积 A（纵坐标）绘制对浓度 c（横坐标）的标准曲线。进行样品分析时，取与标准曲线相同量的样品进行分析，测得样品对应的峰面积，通过峰面积的大小再调取标准曲线即可计算出物质的浓度。这种方法的优点在于易于操作，计算方便，但对进样量的控制较严格。对于峰面积的计算，气相色谱仪中自带自动积分软件，可准确地获得出峰的积分面积，进而可以快速地计算得到物质浓度 c。

（二）数据处理

1. 不曝气水面温室气体释放通量的计算方法

不曝气水面温室气体释放通量的计算方法如式（6-5）所示。

$$E = (\mathrm{d}c/\mathrm{d}t)\rho V/A \tag{6-5}$$

式中，E——温室气体的释放通量，$g/(m^2 \cdot d)$；

V——静态平衡箱的体积，m^3；

A——被罩住的水体表面面积，m^2；

ρ——采样时静态平衡箱内气体的密度，g/m^3；

$\mathrm{d}c/\mathrm{d}t$——箱内温室气体累积曲线的斜率。

其中温室气体的密度 ρ 需要根据标况下温室气体的密度由理想气体状态方程（用密度表示）进行换算，如式（6-6）所示。

$$PM = \rho RT \tag{6-6}$$

式中，P——采样时静态平衡箱内的气体压强，Pa；

M——摩尔质量，g/mol；

ρ——采样时静态平衡箱内气体的密度，g/m^3；

R——气体常量，$J/(mol \cdot K)$；

T——采样时静态平衡箱内的温度，℃。

2. 曝气水面温室气体释放通量的计算方法

曝气水面温室气体释放通量的计算方法如式（6-7）所示。

$$E = Qc\rho/A \tag{6-7}$$

式中，E——温室气体的释放通量，$g/(m^2 \cdot d)$；

Q——气体流量，m^3/d；

c——气体的体积分数，μl/L；

ρ——采样时静态平衡箱内气体的密度，g/m^3；

A——被罩住的水面面积，m^2。

其中温室气体的密度ρ需要根据其在标况下的密度值由理想气体状态方程（用密度表示）进行换算，采用的是与上一个公式相同的计算方法。

对于A^2/O和A/O工艺好氧池温室气体释放通量的计算，因在好氧池内沿水流方向分别选取了6个不同的监测点位，因此，在计算整个好氧池温室气体的平均释放通量时，需要考虑好氧池不同廊道的面积及各个廊道温室气体的平均释放通量。

（三）水中溶解态温室气体浓度的计算方法

利用亨利定律计算溶解态温室气体浓度，溶解态温室气体浓度计算方法如式（6-8）所示，

$$c_W = [(c_{A1} - c_A) \times V_{A1} + \alpha \times c_{A1} \times V_W]/V_W \quad (6-8)$$

式中，C_W——水体中溶解的所测气体的浓度，mol/L；

c_{A1}——达到平衡时采样瓶顶空气样中所测气体的浓度，mol/L；

c_A——采样时同地点空气中所测气体的浓度，mol/L；

V_{A1}——采样瓶中顶空气体的体积，L；

V_W——水样的体积，L；

α——布氏系数，mol/L。

（四）温室气体吨水释放量的计算方法

典型工艺各处理单元温室气体的日排放量以及吨水排放量的计算方法是相同的，其中，公式（6-9）为典型工艺水厂各处理单元温室气体日排放量的计算过程。

$$E_d = S_{reactor} \cdot E_{reactor}/1000 \quad (6-9)$$

式中，E_d——各处理单元温室气体的日排放量，g/d；

$S_{reactor}$——各处理单元的面积，m^2；

$E_{reactor}$——各处理单元温室气体的释放通量，$g/(m^2 \cdot d)$。

式（6-10）为典型工艺水厂各处理单元温室气体吨水排放量的计算过程。

$$E_v = E_d/Q_w \quad (6-10)$$

式中，E_v——处理单元温室气体的污水排放量，g/m^3；

Q_w——污水日处理量，m^3/d。

六、温室气体监测过程的质量保证

（一）装置的研发过程

本书基于文献调研与尝试性实验，项目组对静态平衡箱和气袋装置进行了改进，增加了挡板、浮体、挂件等组件，保证了曝气及不曝气污水处理过程中采样装置的稳定性，有利于减少外界因素对采样过程的干扰，保证了采样过程的稳定进行。

（二）布点及采样频率的选取过程

项目组根据典型工艺不同处理单元构筑物的特征及污水处理过程的差异，分别设定了不同的监测点位与监测频率，特别是针对典型工艺的生物处理单元，项目组加大了点位的布设数量与密度，使得采集到的样品更具代表性。

（三）样品的采集过程

项目组针对曝气水面和不曝气水面温室气体的释放分别建立不同的采样方法。通过压力和温度的监控，有效地控制了采样装置内气体样品的气液平衡，掌握了达到气液平衡所需要的时间，之后再进行气体样品的采集。这就使样品的采集过程更具可靠性。

（四）样品保存及预处理过程

用于盛装气体样品的铝箔气袋在经过 3 次以上高纯 N_2 清洗之后，可用于保存收集到的温室气体样品，这样既节约了成本，又避免了铝箔气袋中残留物对所采集的气体样品真实浓度的干扰。顶空过程中，对污水中残留微生物的去除有利于抑制温室气体的产生，保证了所收集到的温室气体能够更加真实地反映水中溶解态温室气体的浓度。

（五）样品分析及数据处理过程

每次进行温室气体样品浓度分析之前，都要使用标气对气相色谱进行校准。标气中，N_2O 体积分数为 1μl/L，CH_4 体积分数为 5μl/L，CO_2 体积分数为 600μl/L。改装型气相色谱对于 3 种温室气体的分析结果具有很高的精确性，适用于城市污水处理厂释放温室气体浓度的分析。另外，进行样品分析时，一般通过重复抽气排气 3 次来清洗注射器；还要使用待测气体样品清洗色谱柱，避免上一次测样时残余样品组分对分析结果的干扰。

对于数据的处理过程，项目组通过尝试性实验发现了典型工艺生物处理单元温室气体的排放通量存在时间与空间上的差异，并据此分别建立了典型工艺生物处理单元温室气体释放通量的计算方法，使得计算得到的温室气体排放通量更加准确客观。

（六）监测方法的验证

按照所改进的城市污水处理厂温室气体排放的监测方法，分别对典型工艺主要曝气和不曝气污水处理单元的温室气体的释放通量以及溶解态浓度进行了平行试验，具体结果如下：

（1）曝气水面温室气体使用气袋法，在相同环境条件下，在曝气沉砂池和好氧池中的同一监测点位进行2次平行实验，每次实验采集2组样品，每组3个，共12个样品。N_2O释放通量的计算结果表明，曝气沉砂池N_2O释放通量监测结果的标准偏差$S=4.54\%<5\%$；好氧池N_2O释放通量监测结果的标准偏差$S=3.81\%<5\%$。因此，对于曝气水面温室气体释放的监测方法是有质量保证的。

（2）不曝气水面温室气体使用静态平衡箱法，可在相同环境条件下，在初沉池、缺氧池和二沉池3个典型非曝气处理单元中的同一监测点位进行2次平行试验，每次实验采集2组，共20个样品。N_2O释放通量的计算结果表明，初沉池N_2O释放通量监测结果的标准偏差$S=2.16\%<5\%$；缺氧池N_2O释放通量监测结果的标准偏差$S=2.55\%<5\%$；二沉池N_2O释放通量监测结果的标准偏差$S=1.32\%<5\%$。因此，对于不曝气水面温室气体释放的监测方法是有质量保证的。

（3）溶解态温室气体使用静态顶空法，在相同环境条件下，在好氧池和缺氧池同一监测点位进行3组平行试验，溶解态N_2O浓度的分析结果表明，好氧池溶解态N_2O浓度监测结果的标准偏差$S=1.71\%<5\%$；缺氧池溶解态N_2O浓度监测结果的标准偏差$S=1.09\%<5\%$，因此，对于水中溶解态温室气体浓度的监测方法是有质量保证的。

七、常规水质指标的分析方法

（一）水样采集方法

研究中所选取的水样采集点位与温室气体排放的监测点位相同，所使用的采水装置为北京普利特仪器有限公司提供的2.5L分层采水器，采集上清液水样存入试剂瓶中，带回实验室过滤后进行分析。采集过程如图6-8所示。

（二）水质分析内容

为了分析污水常规水质指标对温室气体产生与排放的影响，对典型工艺污水处理厂各监测单元污水的DO、pH、水温、COD以及TN等常规水质指标进行了分析。

图 6 -8　水样采集过程

第三节　城市污水处理典型工艺温室气体减排策略

因温室气体排放导致的全球气候变化已经成为 21 世纪全球范围内共同关注的热点问题。作为负责任的大国，我国郑重承诺要采取相应措施来控制和减少温室气体的排放。

污水处理厂是温室气体产生的大户之一。随着我国污水排放总量的不断增加和污水处理率的不断提高，污水处理过程中产生的温室气体量必将会随之增加，在我国各行业温室气体排放中所占的份额也会越来越大。因此，研究城市污水处理厂温室气体的减排策略，对于降低我国温室气体的排放总量具有重要的意义。

对于我国而言，城市污水处理厂温室气体的产生与排放研究基本上处于空白阶段，既没有相关的减排技术策略，也没有合理的监管技术措施和国家鼓励性政策，这将对合理控制和削减我国城市污水处理厂温室气体的排放量带来不可忽视的影响。因此，为提出适合我国城市污水处理厂温室气体排放的减排技术策略，需要通过大量的现场监测及中试、小试研究，优选污水处理工艺、优化工艺参数，并结合我国城市污水处理厂温室气体减排监管技术的需要，分别从国家层面和污水处理厂层面提出适合我国国情的城市污水处理典型工艺温室气体的减排技术策略和管理策略。而且，还需要综合考虑我国的基本国情和污水处理行业的现状，提出促进我国城市污水处理厂温室气体减排的政策策略，为我国城市污水处理厂温室气体的减排提供技术服务、监管措施和政策导向多方面的支持，以便切实推进并保障温室气体减排的顺利进行。

一、城市污水处理温室气体减排技术策略研究

为实现我国城市污水处理厂温室气体排放的削减，需要综合考虑污水处理工艺、污水处理工况运行参数、污水处理厂运行管理及国家政策导向等多方面技术措施的综合集成，既可实现对某一种温室气体的减排，也可实现对温室气体整体减排。在对比分析我国城市污水处理厂温室气体减排适宜工艺和工况参数的基础上，分别从国家层面和污水处理厂层面提出城市污水处理厂温室气体减排技术方案。

（一）城市污水处理厂温室气体减排的适宜工艺分析

基于典型工艺城市污水处理厂温室气体的排放特征，对比分析 4 种典型工艺 3 种温室气体的排放量，提出 3 种温室气体减排的适宜工艺。在此基础上，汇总 4 种典型工艺温室气体的吨水排放总量（以 CO_2 当量计），得到我国城市污水处理厂温室气体整体减排的适宜工艺。

1. 城市污水处理厂 N_2O 减排的适宜工艺分析

SBR 工艺 N_2O 的吨水排放量最大，其次是 A/O 工艺、A^2/O 工艺和氧化沟工艺。氧化沟工艺 N_2O 的吨水排放量与其他 3 种工艺相比，仅为 A^2/O 工艺的 35.4%、A/O 工艺的 26.2%、SBR 工艺的 9.3%。由此可见，从 N_2O 减排角度来说，氧化沟工艺是我国城市污水处理厂 N_2O 减排的适宜工艺。

2. 城市污水处理厂 CH_4 减排的适宜工艺分析

工艺 CH_4 吨水排放量大小依次为氧化沟工艺 > SBR 工艺 > A^2/O 工艺 > A/O 工艺。A/O 工艺 CH_4 的吨水排放量与其他 3 种工艺相比，仅为氧化沟工艺的 29.3%、SBR 工艺的 63.2%、A^2/O 工艺的 88.9%。因此，从温室气体 CH_4 减排的角度，A/O 工艺作为我国城市污水处理厂 CH_4 减排的适宜工艺。

3. 城市污水处理厂 CO_2 减排的适宜工艺分析

4 种典型工艺中，CO_2 吨水排放量从大到小依次是：SBR 工艺 > 氧化沟工艺 > A^2/O 工艺 > A/O 工艺。A/O 工艺 CO_2 的吨水排放量与其他 3 种工艺相比，仅为氧化沟工艺的 50.4%、SBR 工艺的 49.9%、A^2/O 工艺的 98.7%。

4. 城市污水处理厂温室气体总量减排的适宜工艺分析

污水处理过程中非化石燃料消耗导致的 CO_2 排放不宜纳入温室气体排放总量的计算之中，且认为污水处理过程中产生的 CO_2 全部来自于非化石燃料的消耗，这显然与事实存在一定的差距。因为城市生活污水中除了含有人类生活消耗的来源于非化石燃料的有机物质外，还含有化石燃料产品，包括洗涤用品、化妆品以及药物等，它们在废水的生化处理过程中会被矿化为 CO_2，这部分 CO_2 应当被计入污水处理厂温室气体

的排放量之中。但是，由化石燃料和非化石燃料消耗所产生的 CO_2 占排放总量的比重难以界定，而其总和为 CO_2 的直接排放量。因此，本小节分别计算含 CO_2 直接排放和不含 CO_2 直接排放两种情况下我国城市污水处理厂温室气体的吨水排放总量（以 CO_2 当量计），并给出两种条件下温室气体减排的适宜工艺。

5. 温室气体总量（含 CO_2 直接排放）减排的适宜工艺分析

从典型工艺污水处理厂 3 种温室气体 N_2O、CH_4 与 CO_2 的吨水排放量来看，SBR 工艺温室气体 N_2O 与 CO_2 的吨水排放量均高于其他 3 种工艺；氧化沟工艺的 N_2O 吨水排放量最低，CH_4 的吨水排放量最高。A^2/O 与 A/O 工艺之间 3 种温室气体的吨水排放量相差不大。

从典型工艺污水处理厂温室气体的吨水排放总量（以 CO_2 当量计）来看，SBR 工艺的温室气体吨水排放总量要高于其他 3 种工艺，氧化沟工艺与 A/O 工艺次之，A^2/O 工艺的温室气体吨水排放总量最低。

当考虑 CO_2 的直接排放时，A/O 工艺与 SBR 工艺 N_2O 排放对于污水处理厂温室气体排放的贡献最大，A^2/O 工艺与氧化沟工艺 CO_2 的排放对于污水处理厂温室气体排放的贡献最大；4 种工艺 CH_4 的排放对于污水处理厂温室气体排放的贡献都最小。可以认为，N_2O 与 CO_2 对于我国城市污水处理厂污水处理过程中温室气体排放的贡献要大于 CH_4，是我国城市污水处理厂温室气体减排的主要对象。

6. 温室气体总量（不含 CO_2 直接排放）减排的适宜工艺分析

SBR 工艺温室气体（以 CO_2 当量计）的吨水释放总量明显高于其他 4 种工艺，A/O 工艺与 A^2/O 工艺次之，氧化沟工艺的温室气体排放总量最低。

当不考虑 CO_2 的直接排放时，4 种工艺 N_2O 排放对于污水处理厂温室气体总量排放的贡献都最大，是我国城市污水处理厂温室气体减排的主要对象；CH_4 的排放对于污水处理厂温室气体总量排放的贡献都最小，但氧化沟工艺释放的 CH_4 占温室气体释放总量的百分比要明显高于其他工艺。

是否将 CO_2 直接排放含我国城市污水处理厂温室气体的排放总量对于选择温室气体总量减排的适宜工艺存在明显的影响。如果考虑污水处理过程中 CO_2 的直接排放，则 A^2/O 工艺 3 种温室气体的排放总量与其他工艺相比，其仅为 A/O 工艺的 86.8%、氧化沟工艺的 78.4%、SBRT 艺的 36.1%，是我国城市污水处理厂温室气体总量减排的适宜工艺；如果不考虑污水处理过程中 CO_2 的直接排放，则氧化沟工艺 3 种温室气体的排放总量与其他 3 种工艺相比，其仅为 A^2/O 工艺的 47.4%、A/O 工艺的 35.6%、SBR 工艺的 12.9%，是我国城市污水处理厂温室气体总量减排的适宜工艺。

是否将 CO_2 直接排放纳入我国城市污水处理厂温室气体的排放总量对于分析城市污水处理厂 3 种温室气体排放占温室气体排放总量的份额有着明显的影响。如果考虑污水处理过程中 CO_2 的直接排放，则 N_2O 和 CO_2 是我国城市污水处理厂温室气体减排的主要对象；若不考虑污水处理过程中 CO_2 的直接排放，则 N_2O 是我国城市污水处理厂温室气体减排的最主要对象。

因此，单纯从削减城市污水处理厂 3 种温室气体排放总量的角度，如果考虑污水处理过程中 CO_2 的直接排放，可推荐采用 A^2/O 工艺；如果不考虑污水处理过程中 CO_2 的直接排放，可推荐采用氧化沟工艺。

（二）城市污水处理典型工艺温室气体减排工况参数的分析

在典型工艺城市污水处理温室气体排放影响因素研究的基础上，进一步对比分析典型工艺不同运行参数条件下温室气体的吨水排放量，研究典型工艺运行参数的改变对温室气体吨水排放量的影响，以寻求典型工艺温室气体减排的适宜运行参数。

1. A/O 与 A^2/O 工艺温室气体减排工况参数的分析

对于 A/O 工艺和 A^2/O 工艺，曝气速率对 N_2O 排放量和温室气体排放总量具有重要影响，对 CH_4 以及 CO_2 的排放影响较小；内回流比对 3 种温室气体的排放影响不大。因此，主要可以通过调整曝气速率控制 A/O 工艺和 A^2/O 工艺城市污水处理厂 N_2O 排放量和温室气体的排放总量。

可以发现，提高曝气速率能够明显降低 A/O 工艺和 A^2/O 工艺 N_2O 的排放量。当把曝气速率由（4.0 ±0.5）m^3/h 提高至 5.5m^3/h 时，对于 N_2O，处理每吨污水可以减少排放 0.37 ~0.56g。这是因为，提高曝气速率增加硝化过程水中的 DO 质量浓度，有利于硝化过程的彻底进行，减少 N_2O 的产生与排放。

2. 氧化沟工艺温室气体减排工况参数的分析

对于氧化沟工艺，曝气转刷的位置与转刷速率这两项运行参数对 3 种温室气体的排放量及温室气体排放总量具有重要影响。因此，可通过调整曝气转刷的位置与转刷速率来控制 3 种温室气体的排放量以及排放总量。

氧化沟工艺污水处理厂 N_2O 的排放量处于较高水平，与中试研究中同时开启前后端 2 座曝气转刷时的对应值较为接近。这是因为，污水处理厂 12 座曝气转刷一直处于稳定运行状态，进水中的 COD 被大量地好氧氧化，使得缺氧反硝化过程中碳源不足，导致 N_2O 的大量排放。而中试研究中只运行后端转刷可以提高碳源的利用率，有利于反硝化过程的彻底进行，因此减少 N_2O 的排放。在反硝化过程中碳源充足的前提下，提高曝气速率有利于硝化过程的彻底进行，从而减少 N_2O 的排放量。

3. SBR 工艺温室气体减排工况参数的分析

对于 SBR 工艺，进水曝气时间组合与曝气速率两项运行参数对 3 种温室气体的排放量以及温室气体排放总量都具有重要影响。因此，可以通过调整进水曝气时间组合与曝气速率来控制 SBR 工艺 3 种温室气体的排放量及温室气体的排放总量。

延长进水缺氧搅拌时间有利于降低 N_2O 的排放，这是因为，增加缺氧反硝化时间，可以提高进水中碳源的利用率，会使反硝化过程进行得更加彻底，从而减少 N_2O 的排放量。在进水缺氧搅拌由污水处理厂的 0min 延长至中试 SBR 的 60min 时，相同曝气速率条件下，N_2O 的吨污水排放量减少 1.07g/m^3。提高曝气速率，有利于硝化过程的彻底进行，从而降低 N_2O 的排放量，将曝气速率由 0.6m^3/h 提高至 1.2m^3/h 时，N_2O 的吨水排放量降低 0.33g/m^3。

4. 城市污水处理厂温室气体减排的工况参数分析

（1）N_2O 减排的工况参数分析

城市污水处理厂 N_2O 的减排可以通过提高曝气速率或调控缺氧反硝化作用时间的方式来实现。这是因为曝气速率越高，曝气系统的充氧能力越强，水中 DO 质量浓度越高，越有利于硝化过程的彻底进行，避免污水中 NO_2 的积累，从而减少硝化过程中 N_2O 的排放量；合理地调控缺氧反硝化作用时间，有利于进水中的碳源参与反硝化过程，提高反硝化过程中碳源的利用率，其有利于反硝化过程的彻底进行，降低反硝化过程中 N_2O 的产生量，从而减少 N_2O 的排放量。然而，提高曝气速率会造成大量的能源消耗，这就需要通过技术进步，提高相同曝气水平条件下水中的 DO 质量浓度，使硝化过程进行得更加彻底，降低污水处理过程中 N_2O 的排放量，而不增加污水处理厂的运行成本。

（2）CH_4 和 CO_2 减排的工况参数分析

在保证出水水质达标的前提下，城市污水处理厂 CH_4 和 CO_2 的减排可以通过减少曝气时长和降低曝气速率的方式来实现。这是因为减少曝气，就可以降低曝气过程对水中溶解态 CH_4 和 CO_2 的吹脱作用，使 CH_4 和 CO_2 更多地溶解在水中而不直接被释放到空气中，从而减少其排放量。

（3）温室气体总量减排的工况参数分析

城市污水处理厂温室气体总量的减排需在保证出水水质达标的前提下，综合考虑工况参数的改变对 3 种温室气体排放的影响。对于典型处理工艺，某种温室气体排放量的改变对温室气体总排放量改变的影响最大，则该温室气体就是典型工艺温室气体总量减排的主要对象，则可相应地调节该工艺的主要工况参数，以便其有利于温室气体的总量减排。

（三）国家控制城市污水处理厂温室气体排放的技术策略

1. 城市污水处理厂温室气体减排工艺的方案选择

（1）N_2O 减排污水处理工艺的方案选择

从目前我国典型工艺城市污水处理厂 N_2O 排放的监测结果来看，氧化沟工艺 N_2O 的吨水排放量为 0.15g/m^3，明显低于 A^2/O 工艺的 0.47g/m^3、A/O 工艺的 0.64g/m^3 和

SBR 工艺的 1.78g/m^3。因此，从优选城市污水处理工艺的角度，不考虑污水处理厂的基建和运行成本，在出水的水质达到《城镇污水处理厂污染物排放标准》（18918—2002）一级 A 标准的前提下，对于未来 10 年投建的城市污水处理厂，推荐使用氧化沟工艺来削减污水处理过程中 N_2O 的排放量。

（2）CH_4 与 CO_2 减排污水处理工艺的方案选择

从目前我国典型工艺城市污水处理厂 CH_4 和 CO_2 排放的监测结果来看，A/O 工艺 CH_4 和 CO_2 的吨水排放量分别为 0.24g/m^3 和 173.37g/m^3，明显低于 A^2/O 工艺的 0.27g/m^3 和 175.68g/m^3、氧化沟工艺的 0.82g/m^3 和 343.78g/m^3 以及 SBR 工艺的 0.38g/m^3 和 347.34g/m^3，因此，从优选城市污水处理工艺的角度，不考虑污水处理厂的基建和运行成本，在出水水质达到《城镇污水处理厂污染物排放标准》（18918—2002）一级 A 标准的前提下，对于未来 10 年投建的城市污水处理厂，推荐使用 A/O 工艺来削减污水处理过程中 CH_4 和 CO_2 的排放量。

（3）温室气体减排污水处理工艺的方案选择

从目前我国典型工艺城市污水处理厂温室气体排放的计算结果来看，若考虑污水处理过程中 CO_2 的排放，A^2/O 工艺的温室气体吨水释放总量为 323.43g/m^3，明显低于 A/O 工艺的 371.37g/m^3、氧化沟工艺的 409.28g/m^3 以及 SBR 工艺的 890.84g/m^3，因此，从优选城市污水处理工艺的角度，不考虑污水处理厂的基建和运行成本，在出水水质达到《城镇污水处理厂污染物排放标准》（18918—2002）一级 A 标准的前提下，对于未来 10 年投建的城市污水处理厂，应推荐使用 A^2/O 工艺来削减污水处理过程中温室气体的排放总量。

若不考虑污水处理过程中 CO_2 的排放，则氧化沟工艺的温室气体吨水释放总量为 71.50g/m^3，明显低于 A^2/O 工艺的 150.75g/m^3、A/O 工艺的 201.00g/m^3 以及 SBR 工艺的 555.50g/m^3。因此，从优选城市污水处理工艺的角度，不考虑污水处理厂的基建和运行成本，在出水水质达《城镇污水处理厂污染物排放标准》（18918—2002）一级 A 标准的前提下，对于未来 10 年投建的城市污水处理厂，推荐使用氧化沟工艺来削减污水处理过程中温室气体的排放总量。

2. 城市污水处理温室气体排放控制新技术推荐

研究表明，一些新的污水处理技术较我国目前常用的污水处理工艺能够明显降低污水处理过程中 N_2O 的排放量。例如：

（1）同步硝化反硝化工艺

该工艺已经在国外相关学者对于污水处理厂温室气体排放的研究中被证实既可以实现高效脱氮，又可以减少 N_2O 的排放量。

（2）短程硝化－反硝化工艺和厌氧氨氧化工艺

这两种污水处理工艺温室气体 N_2O 的排放当前大多局限于实验室研究的规模，但已被证明能显著减少 N_2O 的排放。未来我国还需要投入资金来研究与推广这两种工艺，进一步考察它们在生物脱氮能力和温室气体 N_2O 减排方面的潜能。

3. 城市污水处理温室气体排放控制与资源化技术方案

通过资源化利用技术削减城市污水处理过程中温室气体 CH_4 与 CO_2 的排放，目前有以下几种改变处理工艺技术可供参考。

（1）废水产沼气

该技术是利用废水中的高浓度有机物经厌氧发酵产生沼气，沼气可用来发电和余热利用，抵消一部分污水处理厂的电力消耗，这也是 CH_4 减排的一项重要措施。该技术主要用于处理畜禽粪便和高浓度工业有机废水。对于城市污水处理厂，厌氧消化气中的 CH_4 的含量为60%～65%，燃烧热值为21～23MJ/m^3，可用于锅炉燃烧、取暖等。

（2）废水产酸

该技术是利用产氢产酸微生物对废水进行厌氧发酵，将废水中的有机物转化成乙酸，在控制污染物排放的同时，为生产高附加值生化产品提供可溶性碳源。影响该技术产酸的因素较多，目前存在的问题是乙酸产率低。

（3）废水产氢

该技术是利用产氢微生物对废水进行厌氧发酵，将废水中的有机物转化成氢气。目前，国内外在产氢污泥驯化、基质的产氢潜能以及厌氧发酵产氢数学模式等方面已开展相关研究。影响该技术产酸的因素也较多，目前存在的问题也是氢气产率低，而且实现产业化还有一些关键问题没有彻底解决。

综上所述，对于城市污水处理温室气体的削减，可以通过改变处理工艺来实现还存在许多困难，不会在短时间内实现产业化。在目前现有技术水平的条件下，控制污水处理中温室气体排放的技术方案主要是在现有污水处理工艺不发生大的调整的前提下，对于污水处理过程中产生排放的温室气体可以考虑进行末端处理和实现资源化利用，特别是对于 CH_4 和 CO_2 有多种资源化利用技术方案。为此，建议首先要构建城市污水处理温室气体控制技术筛选的评估框架，结合现有的温室气体处理技术与资源化技术的效能进行调查与评估，筛选并提出适合我国的城市污水处理温室气体排放控制与资源化技术方案，并加以推广应用。

（四）城市污水处理厂温室气体减排的技术策略

影响城市污水生物处理过程中温室气体产生的因素很多，而且影响 3 种温室气体产生与排放的因素也不相同。

1. N_2O 减排工况参数的优化

对于温室气体 N_2O，总体上，废水生物处理过程中影响硝化与反硝化的因素都有可能影响 N_2O 的产生和排放，这些影响因素中既包括污水处理过程的工况运行参数，也包括活性污泥中的微生物种群结构。从理论上讲，污水硝化过程只能产生 N_2O，不能消耗 N_2O；反硝化过程既能产生 N_2O 也能消耗 N_2O。因此，要减少污水处理过程中 N_2O 的排放，一方面要减少硝化过程中 N_2O 的产生和排放量，另一方面需要减少反硝化过程中 N_2O 的产生量或增加反硝化过程中 N_2O 的消耗量。污水处理过程中主要可以通过以下两种途径来减少 N_2O 的产生和排放：

（1）硝化过程中的 DO 质量浓度。从城市污水处理典型工艺温室气体排放的现场监测与中试研究结果来看，对于未来 10 年投建的城市污水处理厂，在出水水质达到《城镇污水处理厂污染物排放标准》（18918—2002）一级 A 标准的前提下，通过技术革新，提高相同曝气水平条件下水中的 DO 质量浓度至合适水平，使硝化和反硝化过程进行得更加彻底，降低污水处理过程中 N_2O 的排放量，而不增加污水处理厂的运行成本。

工程上的技术革新包括对好氧池进行分段曝气、微孔曝气，或通过 DO 在线监测对曝气量进行智能控制等。

（2）缺氧工段碳源利用效率。国外大量研究结果及典型工艺温室气体排放的现场监测结果表明，污水生物处理过程中，TN 的去除率越高，N_2O 的排放量越低。这是因为降低污水中 NO_2 和 NO_3 的浓度有利于减少硝化过程中的产生。因此，通过工艺优化，提高反硝化过程对进水中有机物的利用效率，这样既可以降低出水中 TN 的浓度，又可以减少污水处理过程中温室气体的排放量。

对于目前正在运行的和未来 10 年即将投建的具有生物脱氮功能的城市污水处理厂，在出水水质达到《城镇污水处理厂污染物排放标准》（18918—2002）一级 A 标准的前提下，通过改造，合理地调控各工段、特别是前置缺氧反硝化工段的 HRT，可以提高进水中碳源的利用率，有利于反硝化过程的彻底进行，降低反硝化过程中 N_2O 的产生量，从而降低污水处理厂 N_2O 的排放量。

对于我国早期建成的只具有有机物去除和生物硝化功能的污水处理厂，应该对其进行改造或扩建，增加生物反硝化处理工段。利用进水中的有机碳源将 NO_2 和 NO_3 还原，降低其在污水中的浓度，从而减少硝化过程中 N_2O 的产生。因此，增加反硝化过程既有利于降低出水中的 TN 浓度，减少对受纳水体的污染，其又有利于削减污水处理厂温室气体 N_2O 和 CO_2 当量排放。

除需控制上述两个主要的工况参数之外，还可以通过优化其他一些工况参数来实现 N_2O 的减排。例如控制污水处理厂进水中的 COD/N 值在 3.5 以上，控制活性污泥的 SRT 值在 10d 以上，对好氧及缺氧体系中的亚硝酸盐浓度进行跟踪监测并避免其积累，控制污水的 pH 值在 6.8 ~8 之间，降低污水中毒性物质（包括重金属离子、H_2S 及甲醛等）对硝化细菌和反硝化细菌作用酶的致毒作用等。这些措施均已被证明可以有效降低污水处理过程中 N_2O 的排放。

污水生物处理过程中，微生物种群结构、硝化细菌和反硝化细菌关键作用酶的活性也会影响 N_2O 的产生与排放。在采用分子生物学技术确定典型污水处理工艺活性污泥系统中硝化细菌和反硝化细菌种群结构及关键作用酶的基础上，在不影响污水处理过程及出水水质的前提下，通过向活性污泥中投加 N_2O 释放菌种或直接对该菌种进行固定、富集等方式对微生物种群结构进行优化，可有效控制污水处理过程中 N_2O 的产生与排放。

2. CH_4 减排工况参数的优化

对于温室气体 CH_4，通常地，污水的厌氧生物处理过程就会产生 CH_4，厌氧过程是废水生物深度处理必要阶段。因此，对于 CH_4 的产生不用进行控制，需要解决的问题是实现 CH_4 气体的资源化利用。另外，对于污水管道输送过程中产生的 CH_4，主要是通过减少污水在管道中的停留时间来削减，还可以通过添加产甲烷菌的抑制剂来削减产甲烷菌的活性，从而减少污水管道运输过程中 CH_4 的产生。

3. CO_2 减排工况参数的优化

对于温室气体 CO_2，在废水生物处理中主要产生于污水厌氧和好氧生物处理中有机物的矿化过程。对于污水厌氧和好氧生物处理过程中产生的 CO_2，主要控制合适的曝气量和曝气反应时间控制 CO_2 的释放。

二、城市污水处理温室气体减排管理策略研究

为减少未来城市污水处理厂温室气体的排放量，需构建为我国环境管理部门和城市污水处理厂服务的管理体系。根据国内外相关经验，从我国城市污水处理领域的客观实际出发，分别从国家层面和污水处理厂层面提出我国城市污水处理厂温室气体减排的管理策略。

（一）国家层面温室气体减排监管策略研究

建议结合城市污水处理厂运行管理的规程，可以根据技术可行性、经济合理性以及我国现有的温室气体的控制技术水平，制定城市污水处理温室气体排放控制技术规范或指南。规范或指南应包括适用范围、工艺路线、工艺运行参数、监测方案、管理措施等内容。这将有利于城市污水处理厂根据污水处理过程中不同种温室气体的排放控制需要及时地调整污水处理厂的运行控制参数。

建议适时建立我国《城市污水处理厂温室气体排放标准》，并提出相应的监管程序和管理框图，编制环境监察技术手册，包括监管程序、监管标准体系、监管方法体系，建立国家污水处理厂温室气体排放的预测平台及数据库，及时掌握我国城市污水处理厂温室气体的总体排放情况。这些可为我国环境管理部门为城市污水处理厂温室气体的减排与控制方面的环境管理工作提供技术支撑。

（二）污水处理厂温室气体减排管理策略研究

建议建立城市污水处理厂厂内温室气体监测体系与管理体系，建立适合我国城市污水处理厂的温室气体排放控制与资源化技术方案，从而减少城市污水处理厂温室气体的排放量。

建议水厂工作人员加强对水质指标及温室气体排放情况进行监测，及时地了解水厂的运行状况，掌握控制关键点位的温室气体排放的措施。

建议将合流制排水系统向分流制排水系统改造，从而减少来水水量波动对污水处理厂的冲击。另外，需要加强水厂工作人员的专业知识培养，使其在进水水量和水质发生剧烈变化时，能够及时、恰当地应对和处理紧急情况，合理地调节工况参数，保证城市污水处理厂污水处理过程的正常稳定运行，从而有效地控制水质参数的明显波动对温室气体排放造成影响。

三、城市污水处理温室气体减排政策策略研究

大量研究已经表明，提高城市污水处理厂的生物脱氮能力，降低出水中 TN 含量，有利于降低污水处理过程中温室气体 N_2O 的排放量，进而有利于减少污水处理厂温室气体的排放总量。因此，从温室气体减排的角度来看，国家的政策导向应立足于鼓励提高城市污水处理厂的脱氮能力。

（一）提高城市污水处理厂的脱氮效率

对城市污水处理厂的升级改造，由此提高污水处理过程的生物脱氮效率。一方面，要对目前只能进行有机物降解的硝化过程的污水处理厂进行改造，增加反硝化处理过程；另一方面，要对目前能够进行脱氮的污水处理工艺进行升级，提高其脱氮效率。这两方面措施在有利于减少污水处理过程中温室气体 N_2O 排放的同时，还可以减少电能和化石燃料的消耗，这是因为增加反硝化过程会有利于消耗污水中的有机物质，降低好氧降解有机物时所需要的氧的量，由此减少曝气所导致的能源消耗；反硝化过程能够部分弥补硝化过程所导致的碱度损失，从而减少化学物质的投加量。

（二）加大提标改造和技术研发的资金投入

不论是从提高我国城市污水处理厂脱氮能力的角度还是从削减我国城市污水处理厂温室气体排放的角度，国家都应鼓励对城市污水处理厂的提标改造。然而，污水处理厂的提标改造过程会导致一些能源与资金消耗，包括对缺氧反硝化搅拌过程所导致的电能消耗、硝化液内循环所导致的电能消耗、投加碳源导致的化石燃料消耗等。这

些因素是导致目前我国污水处理能力和处理效果相对较低的直接原因，会对提标改造过程产生直接影响。因此，国家需要加大对污水处理领域的资金投入，支持我国城市污水处理厂的提标改造，使其在提高脱氮能力的同时削减温室气体的排放，进而保护我国的大气环境和水环境。

另外与发达国家相比，与此同时，相对落后的污水处理技术也是导致我国城市污水处理厂脱氮能力不足的主要原因之一，排出水厂的 TN 进入受纳水体之后，会对河流或湖泊等水环境造成污染，且会导致温室气体的二次排放。因此，国家应加大对污水处理过程中温室气体产生与排放研究以及新技术（例如同步硝化反硝化、短程硝化反硝化，厌氧氨氧化等）研发的资金投入，并进一步实现推广应用，真正地实现我国城市污水处理厂高效脱氮和温室气体减排的双赢。

以美国为例，有研究指出，如果美国为其污水处理部门提供 1000 万美元/a 的资金支持，用于对污水处理厂进行提标改造或升级，那么，既能够显著减少污水处理厂温室气体 N_2O 的排放量，又能减少 3000 万 ~ 10000 万美元/a 的电力消耗。虽然该过程所需的资金投入要远大于产出，但不可否认的是，降低污水处理厂出水中的 TN 浓度和温室气体 N_2O 的排放量对于减少受纳水体污染、保护水环境和大气环境具有重要而长远的意义。

（三）碳排放交易

国家发改委于 2013 年 6 月颁布实施了《温室气体自愿减排交易管理暂行办法》，通过备案管理的方式来推出经国家认可的自愿减排的项目、交易产品、交易平台和第三方审核认定机构，促进市场公开、公正及公平。此外，还出台《温室气体自愿减排交易审定与核证指南》，主要是规范审定与核证工作，保证管理办法的顺利实施。有研究指出，如果能合理地回收和利用城市污水处理厂厌氧消化有机物质产生的 CH_4，抵消一部分能源消耗，则污水处理厂的 CO_2 当量的净排放可为负值。这就说明，可以通过污水处理过程减少我国温室气体 CO_2 当量的排放量。因此，将我国城市污水处理厂温室气体的排放含全国的碳排放交易，通过转让碳排放权，获得一定的资金收入或者等量当地能源，用于我国污水处理厂的提标改造，从而提高城市污水处理厂的脱氮能力并削减温室气体的排放量。

（四）制定排放标准，鼓励达标排放

通过制定相关导则，对污水处理厂温室气体 N_2O 和出水中的 TN 设置相应的排放标准，对超出部分的排放设置一定的收费标准，监督并鼓励我国城市污水处理厂温室气体和氮类污染物的达标排放。

四、城市污水处理厂温室气体减排的情景分析

（一）特大城市污水处理厂温室气体的减排策略

对于特大型城市，如北京市和上海市，能源需求与消耗量巨大，但同时其资源非常匮乏，经济发展对外部能源输入的外依存度很高。持续增长的能源消费尤其是传统能源消费，使得城市地区温室气体排放量不断攀升。据统计，2008 年北京人均 CO_2 排放量达到6.91t，为全国人均排放量（5.3t）的 1.3 倍多。如果这些特大型城市未来的经济社会发展依惯性推进，则人均碳排放量将达到全球其他城市所未曾有过的规模。因此，“低碳化的发展道路”是我国特大型城市要面对的一个严肃问题，建设低碳型世界城市是它们未来发展的战略方向。

低碳情景是一个综合调控的情景，是从产业结构到能源结构的全面优化，以及从生产方式到生活方式的全面变革。该情景设想进一步加大对低碳经济的投入，更好地利用低碳经济提供的机会促进经济社会发展。在低碳情景下，经济发展模式和居民消费方式得到巨大改善；能源多元化发展方面进展顺利，能源结构优化效果明显。这个情景的实现要求在提高能效、调整经济和能源结构，以及环保政策和经济技术措施方面有重大举措。

低碳情景下，北京市城市污水处理厂将大力推进污水处理新技术和理论的研究和开发工作，进一步对现有城市污水处理厂进行提标改造，大量采用节能降耗、减缓温室气体排放的新工艺、新技术和新设备，从直接排放和间接排放两个方面减少城市污水处理厂的 $N_2O > CH_4$ 和 CO_2 等温室气体的排放因子和排放水平，努力建设资源高效利用和环境友好的高科技型城市污水处理厂。在这一情景下，北京市城市污水处理厂可以采取的温室气体减排战略与措施有：

（1）总体上说，将加大对高效、节能、低碳型城市污水处理新技术的研究与开发工作。在城市发展中，将加大对高效集约、节能降耗、环境友好型城市污水处理工艺研究的资助力度。

（2）城市污水处理厂脱氮工艺，要努力突破对污水脱氮各个过程中 N_2O 产生途径的解析及控制技术研究。加强同步硝化反硝化技术、厌氧氨氧化技术等温室气体低排放污水处理技术与工艺在城市污水处理厂的应用配套研究，加快突破这些新技术在城市污水处理厂推广应用的技术“瓶颈”。

（3）城市污水处理厂温室气体的捕集与利用，应加大研发城市污水处理厂温室气体的捕集方法与技术研究，建设封闭式城市污水处理设施，并对产生的 CH_4 等气体进行应用途径和技术研究，减少温室气体的外排比例。

（4）城市污水处理厂温室气体间接排放的控制，加大高效节能型污水处理厂工艺、

配套设备与技术研究，降低污水处理的能耗与药剂消耗，从而减少温室气体的间接排放。

（5）城市污水处理厂出水中温室气体的控制，降低城市污水处理厂处理出水中 TN 的浓度，尽量避免进入受纳水体之后发生二次硝化和反硝化作用，而进一步产生和排放温室气体。

（6）城市污水处理厂温室气体实时监测与智能控制，加大城市污水处理厂各处理单元气态和溶解态温室气体浓度的实时监测技术研究与应用，加强污水处理过程中温室气体排放的测算与智能控制技术研究，通过人工智能仿真技术与预测技术，对城市污水处理厂的温室气体排放进行实时优化调控，由此达到将温室气体产生与排放最小化的目的。

（二）大型城市污水处理厂温室气体的减排策略

对于大型城市，如大连市和厦门市，伴随着经济的快速增长，能源需求总量将同样保持着高速增长，为实现地区节能减排目标，通常需要制定和颁布实施一系列的节能减排政策措施。

政策情景是指在一定的政府约束条件下的能源与碳排放情景，反映的是在特定的经济、能源、环境政策干预下未来社会和环境的发展状况。在该情景下，政府可基于大型城市人口密度不太大、土地资源不太紧张，经济实力较强等特点，在近期及今后一段时间，将对城市环境及容量进行进一步的合理规划，通过政策引导和技术优化实现城市污水处理厂温室气体的减排，具体措施包括：

（1）从总体上说，通过城市污水处理政策和标准的制定、污水处理厂发展规划与建设标准的制定、污水处理厂温室气体减排技术的采用等措施，同时最大可能地减少城市污水处理工程中的温室气体排放。

（2）新建污水处理厂的工艺选择，对于非城市中心区的新建污水处理厂，如厦门岛外，可考虑采用氧化沟工艺作为污水生化处理系统的主体工艺。

（3）现有污水处理厂的工艺优化与调控，对于城市中心区现有的污水处理厂，要加强污水处理厂温室气体排放的监测和测算，依靠污水处理过程 N_2O、CH_4 和 CO_2 等温室气体的产生和排放理论的进一步建立，通过污水处理过程的优化调控，减少温室气体的产生与释放。

（4）现有污水处理厂的升级改造，针对城市中心区现有的污水处理厂，还可通过工艺的升级改造，减少温室气体的产生与排放量。

（三）中等城市污水处理厂温室气体的减排策略

对于中等城市，如盘锦市和宜兴市，特色经济的快速发展以及由此带来的城郊接合部快速城镇化，需要这些新兴的中等城市科学合理地研讨和分析其城市定位、发展空间、生态容量、经济条件等特定问题，从而确定当地城市污水处理厂温室气体减排的最佳方案，如：

（1）城镇中心区、新区污水处理厂主体工艺的选择，在规划与建设城镇中心区、新区污水处理厂的同时，考虑城市污水处理过程中温室气体减排的可能性。在土地资源允许的情况下，可以考虑采用氧化沟作为生化处理的主体工艺。

（2）农村地区污水处理设施的建设与管理，在城乡结合地带和农村地区，要发展简便、有效和封闭式的小型市政污水处理系统，尽可能结合生态处理的理念和技术，实现有机污染物和含氮污染物的原位处理和生态循环，减少温室气体的产生与排放。比如，在土地资源允许的情况下，可采用氧化塘或人工湿地污水处理技术，减少因常规二级生物脱氮过程中的强化硝化作用和反硝化作用而产生的 N_2O 及排放。

（3）在降水丰富的南方城镇，可通过雨水对市政污水进行一定的稀释，因此减少因污水生物处理硝化过程中因亚硝酸盐积累导致大量 N_2O 的产生及排放。

（四）小城镇污水处理厂温室气体的减排策略

对于一些小城镇，如黑龙江省富锦市、江西省婺源县，由于区域定位和经济发展的思路与大中型中心城市存在明显差异，因此可按照各自不同的区域特色，充分利用小型城镇空间资源丰富、城镇污水量偏小且波动较大，污水来源分散等现状，研究适宜的城镇污水温室气体减排措施：

1. 污水主体处理工艺的选择

可在城镇周边土地资源丰富、生态条件良好的区域，采用氧化塘、人工湿地、土壤渗滤等生态型污水处理技术，将污水中的碳和氮源用于生态系统中的物质输入，从而减少污水处理系统中强化脱碳、硝化和反硝化作用引起的温室气体排放。

2. 脱氮方式和水平的优化与确定

对于一些水环境容量大、水生态系统平衡且稳定的小城镇，可对城镇污水处理过程中氨氮和总氮去除的水平进行科学的论证，以便确定污水生物处理是否需要实现温室气体排放。

3. 污水土地处理

对于一些森林资源丰富的小城镇，可考虑在不影响土地生态安全和不污染地下水的前提下，通过污水的林地处理，一方面去除水中的碳、氮、磷等污染物，另一方面也为林地提供了有机与无机的营养物质。

第七章　城市污水处理常用机械设备及维修

第一节　泵及泵的检修

在污水处理厂中，水泵担负着输送污水、污泥及浮渣等任务，是污水处理系统中必不可少的通用设备。水泵按其工作原理分为叶片泵、容积泵和其他类水泵。叶片式水泵是利用工作叶轮的旋转运动产生的离心力将液体吸入和压出。叶片泵又分为离心泵、轴流泵和混流泵。容积式水泵是依靠工作室容积的变化压送液体，有往复泵和转子泵两种。往复泵工作室容积的变化是利用泵的活塞或柱塞往复运动，转子泵工作室容积的变化是利用转子的旋转运动。容积式水泵主要有螺杆泵、隔膜泵及转子式泵等。叶片式水泵、容积式水泵之外的水泵称为他类水泵。

污水处理厂中常用的水泵有：离心泵、轴流泵、混流泵、螺旋泵、螺杆泵和计量泵等。

一、离心泵的工作原理及构造

离心泵是利用叶轮旋转而使水产生的离心力来工作。水泵在启动前，必须使泵壳和吸水管内充满水，然后启动电机，使泵轴带动叶轮和水做高速旋转运动，水在离心力的作用下，被甩向叶轮外缘，经蜗形泵壳的流道流入水泵的压水管路。水泵叶轮中心处由于水在离心力的作用下被甩出后形成真空，吸水池中的水便在大气压力的作用下被压进泵壳内，叶轮通过不停地转动，使得水在叶轮的作用下不断流入与流出，达到了输送水的目的。

离心泵的主要部件有泵壳、泵轴、叶轮、联轴器、轴封装置等。

（一）叶轮

叶轮是泵的核心组成部分：它可使水获得动能而产生流动。叶轮主要由叶片、盖板和轮毂组成，主要由铸铁、铸钢和青铜制成。

叶轮一般可分为单吸式和双吸式两种。叶轮的形式有封闭式、半开式与敞开式三种。按其盖板情况又可分为封闭式、敞开式和半开式三种。污水泵往往采用封闭式叶轮单槽道或双槽道结构，以防止杂物堵塞；砂泵则往往采用半开式及敞开式结构，以防止砂粒对叶轮的磨损及堵塞。

（二）泵壳

泵壳由泵盖和泵体组成。泵体包括泵的吸水口、蜗壳形通道和泵的出水口。蜗壳形流道沿流出的方向不断增大，可使其中水流的速度保持不变，以减少由于流速的变化而产生的能量损失。泵的出水口处有一段扩散形的锥形管，水流随着断面的增大，速度逐渐减小，而压力逐渐增大，水的动能转化为势能。一般在泵体顶部设有放气或加水的螺孔，以便在水泵启动前用来抽真空或灌水。在泵体底部设有放水螺孔，在停止用泵时，泵内的水由此放出，以防冻和防腐。

（三）泵轴

泵轴是用来带动叶轮旋转的，它的材料要求有足够的强度与刚度，一般用经过热处理的优质钢制成，泵轴的直度要求非常高，任何微小的弯曲都可能造成叶轮的摆动，一定要小心，勿使其变形。泵轴一端用键、叶轮螺母和外舌止退圈固定叶轮，另一端装联轴器与电机或者其他原动机相连。为了防止填料与轴直接摩擦，有些离心泵的轴在与填料接触部位装有保护套，以便磨损后可以更换。

（四）轴承

轴承用以支持转动部分的重量以及承受运行时的轴向力以及径向力。一般来讲，卧式泵以径向力为主，立式泵以轴向力为主。有的大型泵为了降低轴承温度，其在轴承上安装了轴承降温水套，用循环的净水冷却轴承。

（五）减漏环

又称密封环。在转动的叶轮吸入口的外缘与固定的泵体内缘存在一个间隙，它是水泵内高低压的一个界面。这个间隙如果过大，则泵体内高压水便会经过此间隙回漏到叶轮的吸水侧，从而降低水泵的效率。如果间隙太小，叶轮的转动就会与泵体发生摩擦；特别是水中含有砂粒时更会加剧这种摩擦。为了保护叶轮和泵体，同时为了减少漏水损失，在叶轮的吸入口与泵体的同一部位安装减漏环。减漏环有单环形、双环型和双环迷宫型。

（六）轴封装置

在轴穿出泵盖处，为了防止高压水通过转动间隙流出及空气流入泵内，应设置轴封装置。轴封装置有填料盒密封和机械密封。

1. 填料盒密封

填料盒密封是国内水泵使用最广泛的一种轴承装置。填料又称盘根，常用的有浸油石棉盘根、石棉石墨盘根，近年来，碳纤维盘根及聚四氟乙烯盘根也相继出现，使其使用效果要好于前者，但是成本较高；盘根的断面大部分为方形，它的作用是填充间隙进行密封，通常为 4 ~6 圈。填料的中部装有水封环，是一个中间凹外圈凸起的圆环，该环对准水封管，环上开有若干小孔。当泵运行时，泵内的高压水通过水封管进入水封环渗入填料进行水封，同时还起冷却及润滑泵轴的作用。填料压紧的程度用压盖上的螺丝来调节。如压得过紧，虽然能减少泄漏，但填料与轴摩擦损失增加，消耗功率也大，甚至发生抱轴现象，使轴过快磨损；压得过松，则达不到密封效果。因此，应保持密封部位每分钟 25 ~150 滴水为宜，但具体的泵应根据其说明书的要求来控制滴水的频率。

2. 机械密封又称端面密封

机械密封主要是依靠液体的压力和压紧元件的压力，可使密封端面上产生适当的压力和保持一层极薄的液体膜而达到密封的目的。

二、轴流泵的工作原理及基本构造

轴流泵的工作是以空气动力学中的升力理论为基础的。当叶轮高速旋转时，泵体中的液体质点就会受到来自叶轮的轴向升力的作用，使水流沿轴向方向流动。

轴流泵外形很像一根水管，泵壳直径与吸水口直径差不多。轴流泵按泵轴的工作位置可以分为立轴、横轴和斜轴三种结构形式。因立轴泵占地面积小，轴承磨损均匀，叶轮淹没在水中，启动无需灌水，还可以采用分座式支承方式并且能将电机安置在较高位置上，以防被水淹没，因此大多数轴流泵都采用立式结构。如图 7 -1 所示。其基本部件由吸入管、叶轮（包括叶片、轮毂）、导叶、泵轴、出水弯管、上下轴承、填料盒以及叶片角度的调节机构等组成。

（一）吸入管

吸入管的作用就是改善入口处水力条件，使来流稳定、均匀流至叶轮进口。一般采用符合流线型的喇叭管或做成流道形式。

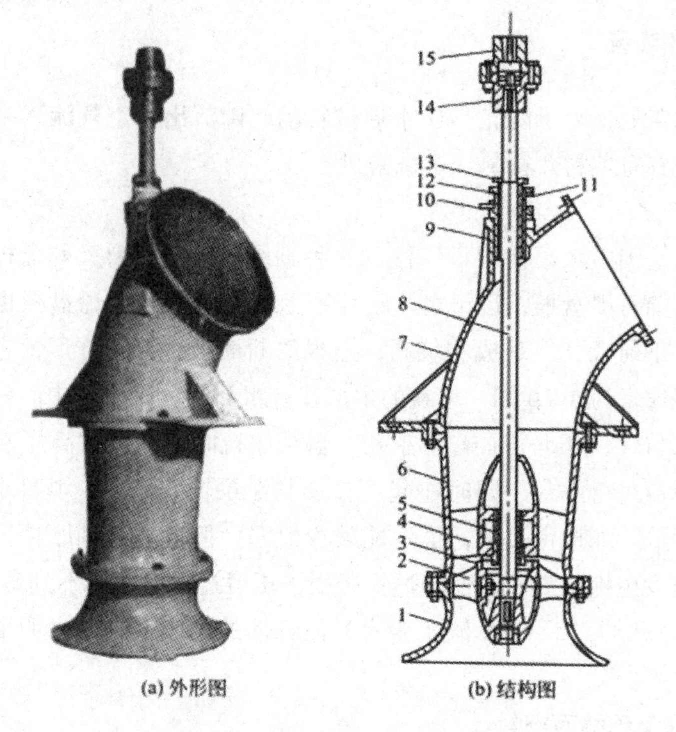

(a) 外形图　　(b) 结构图

图 7-1　立式半调（节）式轴流泵

1—吸入管；2—叶片；3—轮毂体；4—导叶；5—下导轴承；6—导叶管；
7—出水弯管；8—泵轴；9—上导轴承；10—引水管；11—填料；
12—填料盒；13—压盖；14—泵联轴器；15—电动机联轴器

（二）叶轮

轴流泵叶轮按其调节的可能性，可分为固定式、半调式和全调式三种。固定式轴流泵的叶片和轮毂体是一体的，叶片的安装角度是不能调节的。半调式轴流泵的叶片是用螺母栓紧在轮毂体上，在叶片的根部上刻有基准线，而在轮毂体上刻有几个相应的安装角度的位置线。在使用过程中，可以根据流量和扬程的变化需要，调整叶片的安装角度，确保水泵在高效区工作。但调节叶片安装角度，只能在停机的情况下完成。全调式轴流泵可以根据不同的扬程与流量要求，在停机或不停机的情况下，通过一套油压调节机构来改变叶片的安装角度，从而来改变其性能，以满足使用要求，这种全调式轴流泵调节机构比较复杂，一般多应用于大型轴流泵站。

（三）导叶

在轴流泵中，液体流经叶轮时，除有轴向运动以外，还随叶轮有一个旋转运动，液体流出叶轮后继续旋转，且这种旋转运动是我们不需要的。导叶的作用就是把叶轮中向上流出的水流旋转运动变为轴向运动，把旋转的动能变为压力能，从而提高了泵的效率。导叶是固定在泵壳上不动的，水流经过导叶时会消除旋转运动。一般轴流泵中有6~12片导叶。

（四）轴和轴承

泵轴是用来传递扭矩的。在大型轴流泵中，为了在轮毂体内布置调节、操作机构，泵轴常做成空心轴，里面安置调节操作油管。轴承在轴流泵中按其功能有两种。

（1）导轴承主要是用来承受径向力，起到径向定位作用。

（2）推力轴承其主要作用在立式轴流泵中，是用来承受水流作用在叶片上的方向向下的轴向推力，水泵转动部件重量以及维持转子的轴向位置，并将这些推力传到机组的基础上去。

（五）密封装置

轴流泵出水弯管的轴孔处需要设置密封装置，目前，一般仍常用压盖填料型的密封装置。

（六）出水弯管

出水弯管作为轴流泵的一个过流部件起到了改变流向的作用，弯管角度一般为60°或75°。

三、混流泵的工作原理及基本构造

混流泵是介于离心泵与轴流泵之间的一种泵，泵体中液体质点所受的力既有离心力，又有轴向升力，叶轮出水的水流方向是斜向的。根据其压水室的不同，通常可分为蜗壳式和导叶式两种，其中蜗壳式应用比较广泛。从外形上看，蜗壳式混流泵与单吸式离心泵相似，如图7-2所示。这两种混流泵的部件无多大区别，所不同的仅是叶轮的形状和泵体的支承方式。混流泵适用于工厂、矿山、城市给水排水以及农田灌溉等。

四、潜水排污泵的工作原理及构造

潜水泵主要是由电机、水泵和扬水管三个部分组成的，电机与水泵连在一起，完全浸没在水中工作。污水处理厂用得较多的就是潜水排污泵。潜水排污泵按其叶轮的形式分有离心式、轴流式和混流式。图7-3所示为QWB型立式潜水污水泵的结构示意图。吸入口位于泵的底部，排出口为水平设置，选用立式潜水电动机与泵体直联，过负荷保护装置和浸水保护装置保证运转的安全。

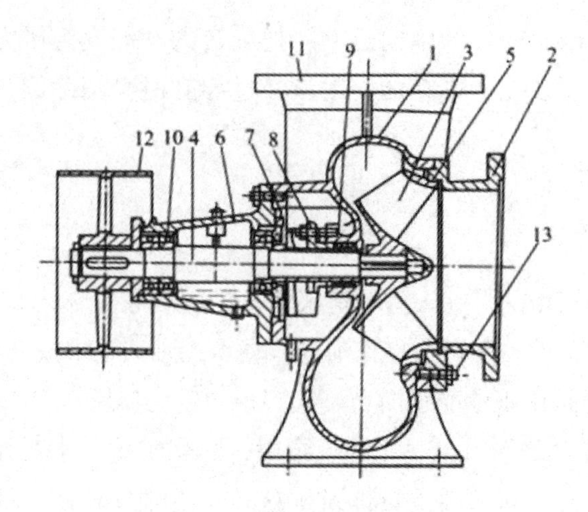

图 7－2　蜗壳式混流泵结构图

1—泵壳；2—泵盖；3—叶轮；4—泵轴；5—减漏环；6—轴承盒；

7—轴套；8—填料压盖；9—填料；10—滚动轴承；11—出水口；12—皮带轮；13—双头螺丝

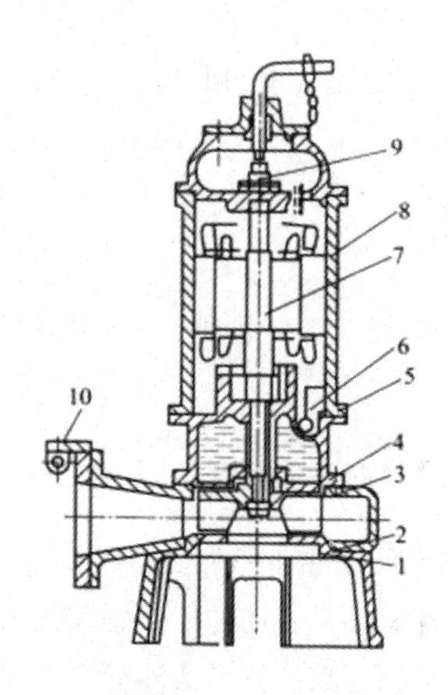

图 7－3　QWB 型立式潜水污水泵结构图

1—进水端盖；2—O 形密封圈；

3—泵体；4—叶轮；5—浸水检出口；6—机械密封；

7—轴；8—电动机；9—过负荷保护装置；10—连接部件

潜水泵的主要优点如下。

（1）电机与水泵合为一体，不用长传动轴，重量轻；

（2）电动机与水泵均潜入水中，不需修建地面泵房；

（3）由于电动机一般是用水来润滑和冷却的，所以维护费用小。

由于潜水泵长期在水下运行，因此对电机的密封要求非常严格，如果密封质量不好，或者使用管理不好，会因漏水而烧坏电机。

潜水电动机较一般电动机有特殊要求，通常有干式、半干式、湿式、充油式及气垫密封式电动机等几种类型。

干式电机除对绕组绝缘加强防潮外，与一般电机无区别。由于干式潜水电机不允许所输送液体进入电机内腔，故在电机的轴伸端需要采取良好的密封措施。通常采用机械密封装置。但由于这种密封装置结构较复杂，加工工艺要求高，若水中含有泥沙，则密封构件很容易被磨损，使密封失效，故抽送不含泥沙的清水，采用机械密封效果较好。

半干式电动机是仅将电动机的定子密封，而让转子在水中旋转。

湿式电动机是在电动机定子内腔充以清水或蒸馏水，转子在清水中转动，定子是用聚乙烯、尼龙等防水绝缘导线绕制而成。为了解决电机绕组及水润滑轴承的冷却问题，电机内腔充满清水。因而这种泵的轴封仅起防止泥沙进入电机的作用，结构较简单，便于制造和维修。但是，这种泵对电机定子所用的绝缘导线和水润滑轴承材料要求较高，还要考虑部件的防锈蚀问题。

充油式电动机就是在电动机内充满绝缘油（如变压器油），防止水和潮气进入电机绕组，并起绝缘、冷却、润滑和防止水及潮气侵入电机内腔的作用。同时，在电机轴伸端仍需设置机械密封，以阻止水和泥沙进入以及油的泄漏。电机定子线圈用加强绝缘的耐油、耐水漆包线绕制。这种泵的电机转子因在黏滞性较大的油中转动，造成较大的功率损耗，导致效率有所下降，一般会下降3%～5%。

气垫密封式潜污泵的电机与干式潜水电机一样。但在电机下端有一个气封室，并由几个孔道与外界相通。泵潜入吸水池后，气封室内的空气在外界液体压力的作用下形成气垫，达到阻止液体进入电机内腔的目的。这种泵只适用于潜水深度较小且稳定的场合，由于这种密封方式存在因空气的溶解而使水进入电机内腔的危险，故使用得很少。

很多型号的潜水泵都设有自动耦合装置，在泵出口端设有滚轮，在导轨内上下滚动，耦合装置保证泵的出水口与固定在基础上的出水弯管自动耦合和脱接，泵的检修工作可在池外进行。竖向导轨下端固定于弯管支座之上，上端与污水池顶梁或墙（出口弯管侧）内预埋钢板焊接固定。轴承与潜水电动机共用。轴封采用机械密封，传动与潜水电动机同轴，由电动机直接驱动。

五、螺旋泵的工作原理及构造

螺旋泵也称阿基米德螺旋泵，其是利用螺旋推进原理来提水的，其工作原理如图7－4所示。螺旋倾斜放置在泵槽中，螺旋的下部浸入水下，由于螺旋轴对水面的倾角小于螺旋叶片的倾角，当螺旋泵低速旋转时，水就从叶片的P点进入，然后在重力的作用下，随着叶片下降到Q点，由于转动产生的惯性力将Q点的水又提升到R点，而后在重力的作用下，水又下降到高一级叶片的底部。再如此不断循环，水沿螺旋轴一级一级地往上提升，最后升高到螺旋泵槽的最高点而出流。

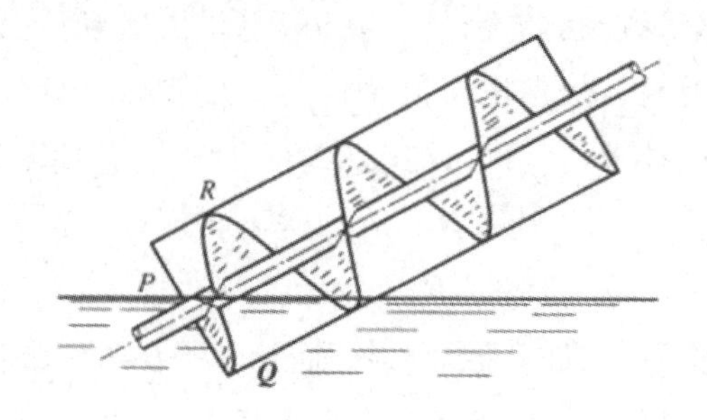

图7-4 螺旋泵提水原理

螺旋泵装置主要由电动机、变速装置、泵轴、叶片、轴承座、泵壳等部分所组成，如图7-5所示。泵体连接着上下水池，泵壳仅包住泵轴及叶片的下半部，上半部只要安装小半截挡板，以防止污水外溅。泵壳与叶片间，既要保持一定的间隙，又要做到密贴，尽量减少液体侧流，以提高泵的效率，一般叶片与泵壳之间保持1mm左右间隙。大中型泵壳可用预制混凝土砌块拼成，小型泵壳一般采用金属材料卷焊制成，也可用玻璃钢等其他材料制作。

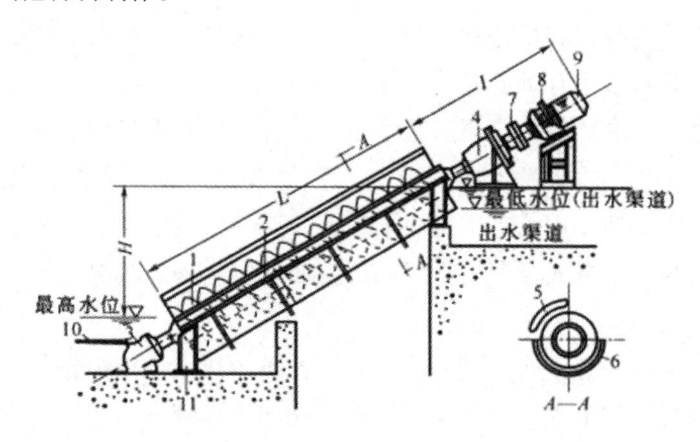

图7-5 螺旋泵装置示意图

1—螺旋轴；2—轴心管；3—下轴承座；4—上轴承座；
5—罩壳；6—泵壳；7—联轴器；8—减速箱；
9—电动机；10—润滑水管；11—支架

采用螺旋泵抽水可以不设集水池，不建地下式或半地下式泵房，以便节约土建投资。螺旋泵抽水不需要封闭的管道，因此水头损失较小，电耗较省。由于螺旋泵螺旋部分是敞开的，维护与检修方便，运行时不需看管，便于实行遥控和在无人看管的泵站中使用，还可以直接安装在下水道内提升污水。螺旋泵叶片间隙大，可以提升破布、石头、杂草、罐头盒、塑料袋以及废瓶子等任何能进入泵叶片之间的固体物。因此，泵前可不必设置格栅。格栅设于泵之后，在地面以上，便于安装、检修与清除。使用螺旋泵时，可完全取消通常其他类型污水泵配用的吸水喇叭管、底阀、进水和出水闸阀等配件和设备。由于螺旋泵转速慢，在提升活性污泥和含油污水时，不会打碎污泥颗粒和矾花；用于沉淀池排泥，能使沉淀污泥起一定的浓缩作用。

由于以上特点，螺旋泵在排水工程中的应用近年来日渐增多。但是，螺旋泵也有其本身的缺点如下。

（1）受机械加工条件的限制，泵轴不能太粗太长，所以扬程较低，一般为 3 ~6m，国外介绍可达 12m。因此，不适用于高扬程、出水水位变化大或出水为压力管的场合。

（2）螺旋泵的出水量直接与进水位有关，因此不适用于水位变化较大的场合。

（3）螺旋泵必须斜装，占地也较大。

六、螺杆泵的构造

螺杆泵分单螺杆泵、双螺杆泵及三螺杆泵，污水处理厂的污泥输出主要使用单螺杆泵（下面简称螺杆泵）。见图 7 –6 所示。

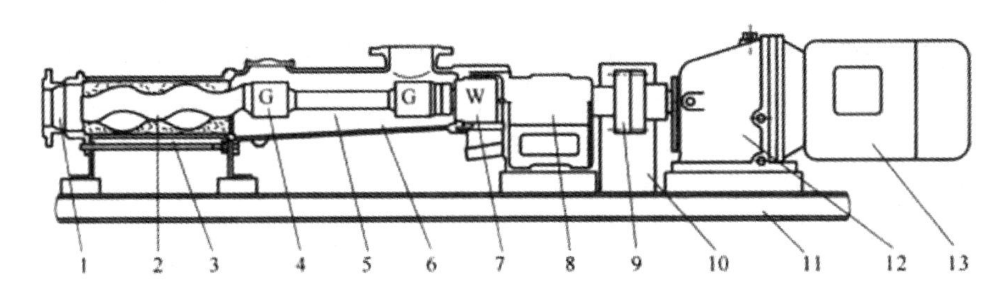

图 7 –6　单螺杆泵

1—排出室；2—转子；3—定子；4，5，9—联轴器；6—吸入室；
7—轴封；8 轴承座；10—联轴器罩；11—底座；
12—减速箱机；13—电动机

单螺杆泵又称莫诺泵，它是一种有独特工作方式的容积泵，主要由驱动马达及减速机、连轴杆及连杆箱（又称吸入室）、定子以及转子等部分组成。

（一）螺杆泵的转子

螺杆泵的转子是一根具有大导程的螺杆，根据所输送介质的不同，转子由高强度合金钢、不锈钢等制成。为了抵抗介质对转子表面的磨损，转子的表面都经过硬化处理，或者镀一层抗腐蚀、高硬度的铬层。转子表面的光洁度非常高，这样才能保证转子在定子中转动自如，并减少对定子橡胶的磨损。转子在其吸入端通过联轴器等方式与连轴杆连接，在其排出端则是自由状态。在污水处理行业，螺杆泵所输出的主要介质有生污泥、消化污泥以及浮渣等，这些介质有较强的腐蚀性及砂粒，因而螺杆泵的转子都采用高强度合金钢表面硬化处理并镀铬而成。

（二）定子

定子的外壳一般用钢管制成，两端有法兰与连杆箱以及排出管相连接，钢管内是一个具有双头螺线的弹性衬套，用橡胶或者合成橡胶等材料制成。

（三）连轴杆

由于转子在做行星转动时有较大的摆动，与之连接的连轴杆也必须随之摆动。目前常用的有两种连轴杆：一种是使用特殊的高弹性材料制成的挠性连轴杆。它的两端与减速机输出轴和转子之间用法兰做刚性连接，靠连轴杆本身的挠曲性去驱动转子转动并随转子摆动。为了防止介质中的砂粒对挠性轴的磨损和介质对轴的腐蚀，在轴的外部包裹有橡胶及塑料护管。这种挠性轴价格昂贵，据了解，目前只有美国莫诺公司及其子公司生产安装这种挠性轴的螺杆泵。另一种是在连轴杆的两端，在与转子的连接处和与减速机输出轴的连接处各安装一个万向连轴节，这样就可以在驱动转子转动的同时适应转子的摆动。为了保护连轴节不受泥沙的磨损，每一个连轴节上都有专用的橡胶护套。国内几个厂家目前均使用这种连接方式。

部分螺杆泵为了输送一些自吸性差的物质（如浮渣）时，在吸入腔内的连轴杆上还设置了螺旋输送装置。

（四）减速机与轴承架

一般在污水处理厂用作输送污泥与浮渣的螺杆泵，其转子的转速在 150 ~ 400r/min，因此必须设置减速装置。减速机采用一级至两级齿轮减速，一些需要调节转速的螺杆泵还在减速机上安装了变速装置。减速机使用重载齿轮油来润滑。为了防止连轴杆的摆动对减速机的影响，在减速机与连轴杆之间还设置了一个轴承座，用以承受摆动所造成的交变径向力。

（五）螺杆泵的密封

螺杆泵的吸入室与轴承座之间的密封是关键的密封部位，一般有三种密封方式。

（1）填料密封。这是使用较为广泛的密封方式，由填料盒、填料及压盖等构成，它利用介质中的水作为密封、润滑以及冷却液体。

（2）轴封液的填料密封。在塑料圈填料中加进一个带有很多水孔的填料环，用清水式缓冲液提供密封压力、润滑和防止介质中的有害物质及空气对填料及轴径的侵害，这种方式操作较为复杂，但能大大提高填料的寿命。

（3）机械密封。机械密封的形式很多，如单端面及双端面的，它的密封效果较好，无滴漏或有很少滴漏，有时要接循环冷却水系统。

七、气升泵工作原理与结构

气升泵又名空气扬水机，在给水排水工程中可用于回流污泥的提升。它是以压缩空气为动力来提升水、提升液或提升矿浆的一种装置。其基本构造是由扬水管、输水管、喷嘴和气水分离箱四部分组成，构造简单，在现场可以利用管材就地装配。

地下水的静水位为0—0，来自空气压缩机的压缩空气由输气管经喷嘴输入扬水管，于是，在扬水管中形成了空气和水的水气乳状液，沿扬水管上涌，流入气水分离箱。在该箱中，水气乳状液以一定的速度撞在伞形钟罩上，由于冲击而达到了水气分离的效果，分离出来的空气经气水分离箱顶部的排气孔逸出，落下的水则借重力流出，由管道引入清水池中。

图7－7为气升泵装置总图。其中包括空气过滤器、风罐、喷嘴、扬水管、气水分离箱。现将各部件的作用及基本构造做扼要介绍。

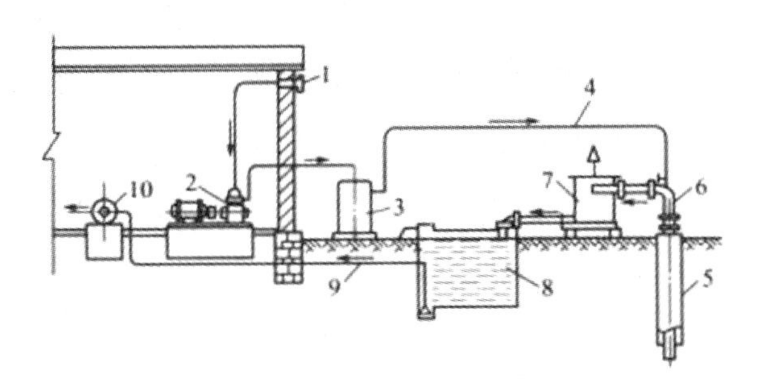

图7－7　气升泵装置总图

1—空气过滤器；2—空气压缩机；3—风罐；4—输气管；5—井管；
6—扬水管；7—空气分离器；8—清水池；9—吸水管；10—水泵

（一）空气过滤器

它是空气压缩机的吸气口，其作用是防止灰尘等侵入空气压缩机。常用的结构形式是多块油浸穿孔板，以一定的间距排列在框架上，邻板间的孔眼互相错开，空气穿过前一板块的孔眼后就碰在后一块板的油壁上，空气中尘土就被粘在油壁上，这样就达到了过滤目的。一般空气过滤器安装在户外离地2～4m高的背阳地方。

（二）风罐

风罐功能是使空气在罐内消除脉动，能均匀地输送到扬水管中去（如往复式空气压缩机的输气量是不均匀的）。另外，风罐还起着分离压缩空气中挟带的机油和潮气的作用。

（三）喷嘴

喷嘴的作用是在扬水管内形成水气乳液。为了使空气与水充分混合，气泡的直径不宜大于6mm，由于空气不应集中在一处喷出，需设布气管按布气管与扬水管的布置方式，喷嘴在扬水管中的位置有并列布置、同心布置以及同心并列组合式布置共3种。

（四）扬水管

扬水管直径过小时，井内水位降落大，抽水量将受到限制。扬水管直径过大时，升水产生间断，甚至不能升水。扬水管直径的决定与水气乳液的流量（即抽水量和气量之和）、流速和升水高度以及布气管的布置形式等因素有关。扬水管与布气管并列布置虽使井孔稍增大些，但扬水管直径较同心布置时小，且扬水管内水头损失也较小。由此可见，一般较多采用并联布置。

（五）气水分离箱

气水分离箱的作用主要是防止气体随水流走，影响水的流动。气水分离箱形式很多，常用的是带伞形反射罩的分离箱。

八、离心泵的维护与检修

（一）离心泵的运行维护

1. 离心泵开车前的准备工作

水泵开车前，操作人员应进行如下检查工作以确保水泵的安全运行。

（1）用手慢慢转动联轴器或皮带轮，观察水泵转动是否灵活、平稳，泵内有无杂物，是否发生碰撞；轴承有无杂音或松紧不匀等现象；填料松紧是否适宜；皮带松紧是否适度。如有异常，应先进行调整。

（2）检查并紧固所有螺栓、螺钉。

（3）检查轴承中的润滑油和润滑脂是否纯净，否则应更换。润滑脂的加入量以轴承室体积的2/3为宜，润滑油会在油标规定的范围内。

（4）检查电动机引入导线的连接，确保水泵正常的旋转方向。正常工作前，可开车检查转向，如转向相反，应及时停车，并任意换接两根电动机引入导线的位置。

（5）离心泵应关闭闸阀启动，启动后闸阀关闭时间不宜过久，一般不超过 3 ~ 5min，以免水在泵内循环发热，损坏机件。

（6）需灌引水的抽水装置，应灌引水。在灌引水时，可用手转动联轴器或皮带轮，使叶轮内空气排尽。

2. 离心泵运行中的注意事项

水泵运行过程中，操作人员要严守岗位，加强检查，及时发现问题并及时处理。一般情况下，应注意以下事项。

（1）检查各种仪表工作是否正常，如电流表、电压表、真空表、压力表等。如发现读数过大、过小或指针剧烈跳动，都应及时查明原因，予以排除。如真空表读数突然上升，可能是进水口堵塞或进水池水面下降使吸程增加；若压力表读数突然下降，可能是进水管漏气、吸入空气或转速降低。

（2）水泵运行时，填料的松紧度应该适当。压盖过紧，填料箱渗水太少，起不到水封、润滑、冷却作用，容易引起填料发热、变硬，加快泵轴和轴套的磨损，增加水泵的机械损失；填料压得过松，渗水过多，造成大量漏水，或者使空气进入泵内，降低水泵的容积效率，导致出水量减少，甚至不出水。一般情况下，填料的松紧度以每分钟能渗水 20 滴左右为宜，可用填料压盖螺纹来调节。

（3）轴承温升一般不应超过 30 ~ 40℃，最高温度不得超过 60 ~ 70℃。轴承温度过高，将使润滑失效，烧坏轴瓦或引起滚动体破裂，甚至会引起断轴或泵轴热胀咬死的事故。温升过高时应马上停车检查原因，及时排除。

（4）防止水泵的进水管口淹没深度不够，导致在进水口附近产生漩涡，使空气进入泵内。应及时清理拦污栅和进水池中的漂浮物，以免阻塞进水管口，增大进水阻力，导致进口压力降低，甚至引起汽蚀。

（5）注意油环，要让它自由地随同泵轴做不同步转动。注意听机组声响是否正常。

（6）停车前先关闭出水闸阀，实行闭闸停车。然后，关闭真空表及压力表阀，把泵和电动机表面的水和油擦净。在无采暖设备的房屋中，冬季停车之后，要考虑水泵不致冻裂。

3. 离心泵的常见故障和排除

离心泵的常见故障现象有水泵不出水或水量不足、电动机超载、水泵振动或有杂音、轴承发热、填料密封装置漏水等多种。

（二）离心泵的检修与维护

离心泵一般一年大修一次，且累计运行时间未满 2000h，可按具体情况适当延长。

其内容如下。

（1）泵轴弯曲超过原直径的0.05%时，应校正。泵轴和轴套间的不同心度不应超过0.05mm，超过时要重新更换轴套。水泵轴锈蚀或磨损超过原直径的2%时，应更换新轴。

（2）轴套有规则的磨损超过原直径的3%、不规则磨损会超过原直径2%时，均需换新。同时，检查轴和轴套的接触面有无渗水痕迹，轴套与叶轮间纸垫是否完整，不合要求应修正或更换。新轴套装紧后和轴承的不同心度，不宜超过0.02mm。

（3）叶轮及叶片若有裂纹、损伤及腐蚀等情况，轻者可采用环氧树脂等修补，严重者要更换新叶轮。叶轮和轴的连接部位如有松动和渗水，应修正或者更换连接键，叶轮装上泵轴后的晃动值不得超过0.05mm（这一数值仅供参考，因有些高速叶轮对晃动值的要求更高一些）。修整或更换过的叶轮要求校验动平衡及静平衡，如果超出允许范围应及时修正，例如将较重的一侧锉掉一些等，但是禁止用在叶轮上钻孔的方法来实现平衡，以免在钻孔处出现应力集中造成破坏。

（4）检查密封环有无裂纹及磨损，它与叶轮的径向间隙不可超过规定的最大允许值，超过时应该换新。在更换密封环时，应将叶轮吸水口处外径车削，原则是见光即可，车削时要注意与轴同心。然后将密封环内径按配合间隙值量好尺寸，密封环与叶轮之间的轴向间隙以在3~5mm之间为宜。

（5）滚珠轴承及轴承盖都要清洗干净，如轴承有点蚀、裂纹或者游隙超标，要及时更换。更换时轴承等级不得低于原装轴承的等级，一定要使用正规轴承厂的产品。更换前应用塞规测量游隙，大型水泵每次大修时应清理轴承冷却水套中的水垢及杂物，以保证水流通畅。

（6）填料函压盖在轴或轴套上应移动自如，压盖内孔和轴或轴套的间隙保持均匀，磨损不得超过3%，否则要嵌补或者更新。水封管路要保持畅通。

（7）清理泵壳内的铁锈，如有较大凹坑应修补，清理后重新涂刷防锈漆。

（8）对吸水底阀要检修，动作要灵活，密封要良好。采用真空泵引水的要保证吸水管阀无漏气现象，真空泵要保持完好。

（9）检查止回阀门的工作状况，密封圈是否密封，销子是否磨损的过多，缓冲器及其他装置是否有效，如有损坏应及时维修或更换。

（10）出水控制阀门要及时检查和更换填料，以防止漏水。

（11）水泵上的压力表、真空表，每年应由计量权威部门校验一次，并清理管路和阀门。

（12）检查与电机相连的联轴器是否连接良好，键与键槽的配合有无松动现象，并及时修正。

（13）电动机的维修应由专业电工维修人员进行，禁止不懂电人员拆修电机。

（14）如遇灾难性情况，如大水将地下泵房淹没等，应及时排除积水，清洗及烘干电机及其他电器，并证明所有电器及机械设施完好后方可试运行。

（15）定时更换轴承内的润滑油、脂。对于装有滑动轴承的新泵，运行100h左右，应更换润滑油，以后每运转300～500h应换油一次，每半年至少换油一次。滚动轴承每运转1200～1500h应补充润滑油一次，至少要每年换油一次。转速较低的水泵可适当延长。

（16）如较长时间内不继续使用或在冬季，应将泵内和水管内的水放尽，以防生锈或冻裂。

（17）在排灌季节结束后，进行一次小修，累积运行2000h左右应进行一次大修。

九、轴流泵的运行维护

（一）轴流泵开车前的准备工作

（1）检查泵轴和传动轴是否由于运输过程遭受弯曲，如有则需校直。

（2）水泵的安装标高必须按照产品说明书的规定，以满足汽蚀余量的要求和启动要求。

（3）水池进水前应设有拦污栅，避免杂物带进水泵。水经过拦污栅的流速以不超过0.3m/s为合适。

（4）水泵安装前需检查叶片的安装角度是否符合要求、叶片是否有松动等。

（5）安装后，应检查各联轴器和各底脚螺栓的螺母是否都旋紧。在旋紧传动轴和水泵轴上的螺母时要注意其螺纹方向。

（6）传动轴和水泵轴必须安装于同一垂直线上，允许误差小于0.03mm/m。

（7）水泵出水管路应另设支架支撑，不得用水泵本体支撑。

（8）水泵出水管路上不宜安装闸阀。如有，则启动前必须完全开启。

（9）使用逆止阀时最好装一平衡锤，以便平衡门盖的重力，使水泵更经济地运转。

（10）对于用油润滑的传动装置，轴承油腔检修时应拆洗干净，重新注入以润滑剂，其量以充满油腔的1/2～2/3为宜，避免运转时轴承温升过高。必须特别注意，橡胶轴承切不可触及油类。

（11）水泵启动前，应向上部填料涵处的短管内引注清水或肥皂水，用来润滑橡胶或塑料轴承，待水泵正常运转后，即可停止。

（12）水泵每次启动前应先盘动联轴器三四转，并注意是否有轻重不匀等现象。如有，必须检查原因，设法消除后再运转。

（13）启动前应先检查电机的旋转方向，使它符合水泵转向后，再与水泵连接。

（二）轴流泵运行时注意事项

水泵运转时，应经常注意如下几点。

（1）叶轮浸水深度是否足够，即进水位是否过低，以免影响流量，或产生噪声。

（2）叶轮外圆与叶轮外壳是否有磨损，叶片上是否绕有杂物，橡胶或塑料轴承是否过紧或烧坏。

（3）固紧螺栓是否松动，泵轴与传动轴中心是否一致，以防机组振动。

十、潜水泵的运行维护

（一）影响潜水泵正常运行的主要原因

一般情况下，影响潜水泵正常运行的主要因素如下。

（1）漏电问题，潜水泵的特点是机泵一体，并一起没入水中，所以漏电问题是影响潜水泵正常运行的重要因素之一。

（2）堵转，潜水泵堵转时，定子绕组上将产生 5～7 倍于正常满载电流的堵转电流，如无保护措施，潜水泵将很快烧毁。造成潜水泵堵转的原因很多，如叶轮卡住、机械密封碎片卡轴、污物缠绕等。

（3）电源电压过低或频率太低，水泵动力不够，直接影响水泵出水。

（4）磨损和锈蚀，磨损将大大降低电泵性能，流量、扬程及效率均随之降低，叶轮与泵盖锈住了还将引起堵转。潜水泵零件的锈蚀不仅会影响水泵的性能，而且会缩短使用寿命。

（5）电缆线破裂、折断不仅容易造成触电事故，且水泵运行时极有可能处于两相工作的状态，既不出水又易损坏电动机。

（二）潜水泵的运行维护

1. 使用以前的准备工作

（1）检查电缆线有无破裂、折断现象。使用前既要观察电缆线的外观，又要用万用表或兆欧表检查电缆线是否通路。电缆出线处不可以有漏油现象。

（2）新泵使用前或长期放置的备用泵启动之前，应用兆欧表测量定子对外壳的绝缘不低于 1MΩ，否则应对电机绕组进行烘干处理，提高绝缘等级。

潜水电泵出厂时的绝缘电阻值在冷态测量时一般均超过 50MΩ。

（3）检查潜水电泵是否漏油。潜水电泵的可能漏油途径有电缆接线处、密封室加油螺钉处的密封及密封处 O 形封环。检查时应确定是否漏油。造成加油螺钉处漏油的原因是螺钉没旋紧，或是螺钉下面的耐油橡胶衬垫损坏。若确定O形封环密封处漏油，则多是因为O形封环密封失效，此时需拆开电泵换掉密封环。

（4）长期停用的潜水电泵再次使用前，应拆开最上一级泵壳，盘动叶轮后再行启动，防止部件锈死，启动不出水而烧坏电动机绕组。这对充水式潜水电泵更为重要。

2. 潜水泵运行中的注意事项

（1）潜污泵在无水的情况下试运转时，运转时间严禁超过额定时间。吸水池的容积能保证潜污泵开启时和运行中水位较高，以确保电机的冷却效果和避免因水位波动太大造成的频繁启动和停机，大中型潜污泵的频繁启动对泵的性能影响很大。

（2）当湿度传感器或温度传感器发出报警时，或泵体运转时振动、噪声出现异常时，或输出水量水压下降、电能消耗显著上升时，应当立即对潜污泵停机进行检修。

（3）有些密封不好的潜水泵长期浸泡在水中时，即便不使用，绝缘值也会逐渐下降，最终无法使用，甚至发生绝缘消失现象。因此潜水泵在吸水池内备用时，有时起不到备用的作用，如果条件许可，可以在池外干式备用，等运行中的某台潜水泵出现故障时，立即停机提升上来后，将备用泵再放下去。

（4）潜水泵不能过于频繁开、停，否则将影响潜水泵的使用寿命。潜水泵停止时，管路内的水产生回流，此时若立即再启动则引起电泵启动时的负载过重，并承受不必要的冲击载荷。另外，潜水泵过于频繁开、停将损坏承受冲击能力较差的零部件，并带来整个电泵的损坏。

（5）停机后，在电机完全停止运转前，不能重新启动。

（6）检查电泵时必须切断电源。

（7）潜水泵工作时，不要在附近洗涤物品、游泳或放牲畜下水，避免电泵漏电时发生触电事故。

3. 潜水电泵的维护和保养

（1）经常加油，定期换油。潜水电泵每工作1000h，必须调换一次密封室内的油，每年调换一次电动机内部的油液。对充水式潜水电泵还需定期更换上下端盖、轴承室内的骨架油封和锂基润滑油，以此来确保良好的润滑状态。

对带有机械密封的小型潜水电泵，必须经常打开密封室加油螺孔加满润滑油，使机械密封处于良好的润滑状态，使其工作寿命得到充分保证。

（2）及时更换密封盒。如果发现电泵内部的水较多时（正常泄漏量为每小时0.1mL），应及时更换密封盒，同时测量电机绕组的绝缘电阻值。若绝缘电阻值低于0.5MΩ时，需进行干燥处理，方法与一般电动机的绕组干燥处理相同。更换密封盒时应注意外径及轴孔中O形封环的完整性，否则水会大量漏入潜水泵的内部而损坏电机绕组。

（3）经常测量绝缘电阻值。用500V或者1000V的兆欧表测量电泵定子绕组对机壳的绝缘电阻数值，在1MΩ以上者（最低不得小于0.5MΩ）便可使用，否则应进行绕组维修或干燥处理，以确保使用安全性。

（4）合理保管。长期不用时，潜水泵不宜长期浸泡在水中，应在干燥通风的室内保管。对充水式潜水泵应先清洗，除去污泥杂物后再放在通风干燥的室内。潜水泵的橡胶电缆保管时要避免太阳光的照射，否则容易老化，表面将产生裂纹，严重时将引起绝缘电阻的降低或使水通过电缆护套进入潜水泵的出线盒，造成电源线的相间短路或绕组对地绝缘电阻为零等严重后果。

（5）及时进行潜水泵表面的防锈处理。潜水泵使用一年后应根据潜水泵表面的腐蚀情况及时地进行涂漆防锈处理。其内部的涂漆防锈应视泵型和腐蚀情况而定。一般情况下内部充满油时是不会生锈的，此时内部不必涂漆。

（6）潜水泵每年（或累计运行2500h）应维护保养一次。内容包括：拆开泵的电动机，对所有部件进行清洗，除去水垢和锈斑，检查其完好度，及时整修或更换损坏的零部件；更换密封室内和电动机内部的润滑油；密封室内放出的润滑油若油质浑浊且水含量超过50mL，则需更换整体式密封盒或动、静密封环。

（7）气压试验。经过检修的电泵或更换机械密封后，应该以0.2MPa的气压试验检查各零件止口配合面处*O*形封环和机械密封的二道封面是否有漏气现象，如有漏气现象必须重新装配或更换漏气零部件。之后分别在密封室和电动机内部加入N7（或N10）机械油，或用N15机械油，缝纫机油，10号、15号、25号变压器油代替使用。

十一、螺杆泵的运行维护

（一）螺杆泵的运行与维护

1. 螺杆泵开车前的准备工作

螺杆泵在初次启动前，应对集泥池、进泥管线等进行清理，以防止在施工中遗落的石块、水泥块及其他金属物品进入破碎机或泵内。平时启动前应打开进出口阀门并确认管线通畅后方可动作。

螺杆泵所输送的介质在泵中还起对转子、定子冷却及润滑作用，因此是不允许空转的，否则会因摩擦和发热损坏定子及转子。在泵初次使用之前应向泵的吸入端注入液体介质或者润滑液，如甘油的水溶液或者稀释的水玻璃、洗涤剂等，以防止初期启动时泵处于摩擦状态。

泵和电机安装的同轴度精确与否，是泵是否平稳运行的首要条件。虽然泵在出厂前均经过精确的调定，但底座安装固定不当会导致底座扭曲，引起同轴度的超差。因此首次运转前，或者在大修后应校验其同轴度。

2. 螺杆泵运行中的注意事项

在巡视中对正在运行的泵应主要注意其螺栓是否松动、机泵及管线的振动是否超标、填料部位滴水是否在正常范围、轴承及减速机温度是否过高、各运转部位是否有异常声响。

（1）尽量避免发生污泥或者浮渣中的大块杂质（如包装袋等）被吸入管道而出现堵塞的现象，如不慎发生此类情况应立即停泵清理，以保护泵的安全运行。

（2）在运行过程中，机座螺栓的松动会造成机体的振动、泵体的移动、管线破裂等现象。因此对机座螺栓的经常紧固是十分必要的，对泵体上各处的螺栓也应如此。在工作中应经常检查电机与减速机之间、减速机与吸入腔之间以及吸入腔与定子之间的螺栓是否牢固。

（3）尽管螺杆泵的生产厂家都对这些螺杆有各种防松措施，但由于此处在运行中震动较大，仍可能有一些螺栓发生松动，一旦万向节或挠性轴脱开，将使泵造成进一步损坏，因此，每运转 300～500h，再打开泵对此处的螺栓进行检查、紧固，并清理万向节或者挠性轴上的缠绕物。

（4）在正常运行时，填料函处同离心泵的填料函一样，会有一定的滴水，水在填料与轴之间起到润滑作用，减轻泵轴或套的磨损。正常滴水应在每分钟 50～150 滴左右，如果超过这个数就应该紧螺栓。如仍不能奏效就应及时更换盘根。在螺杆泵输出初沉池污泥或消化污泥时，填料盒处的滴水应以污泥中渗出的清液为主，如果有很稠的污泥漏出，即使数量不多也会有一些砂粒进入轴与填料之间，以便会加速轴的磨损。当用带冷却的填料环时，应保持冷却水的通畅与清洁。

（5）尽量避免过多的泥沙进入螺杆泵。螺杆泵的定子是由弹性材料制作的，它对少量进入泵腔的泥沙有一定的容纳作用，但坚硬的砂粒会加速定子和转子的磨损。大量的砂粒随污泥进入螺杆泵时，会大大减少定子与转子的寿命，减少进入螺杆泵的砂粒要依靠除砂工序来实现。

（6）要保证变速箱、滚动轴承、联轴节三个润滑部位工作良好。

① 变速箱。变速箱一般采用油润滑，在磨合阶段（200～500h）以后应更换一次润滑油，以后每 2000～3000h 应换一次油。所采用的润滑油标号应严格按说明书上的标号，说明书未规定标号的可使用质量较好的重载齿轮油。

② 轴承架内的滚动轴承。这一部位一般采用油脂润滑，污水处理厂主要输出常温介质，可选用普通钙基润滑脂。

③ 联轴节。联轴节包裹在橡皮护套中，采用销子联轴节的是用脂润滑，一般不需要经常更换润滑脂，但是如果出现护套破损或者每次大修时，应拆开清洗，填装新油脂，并更换橡皮护套和磨坏的销子等配件。如采用齿形联轴节，一般用油润滑，应每 2000h 清洗换油一次，输出污泥及浮渣的螺杆泵使用 68 号机械油。

使用挠性连轴杆的螺杆泵由于两端属于钢性连接，免去加油清洗的麻烦。

（7）制定严格的巡视管理制度。在污水处理厂，螺杆泵一般在地下管廊等场所运转，而且有时很分散，不可能派专人去监视每一台泵的工作，因此定时定期对运转中的螺杆泵进行巡视就成为运行操作人员的一项重要日常工作，应制定严格的巡视管理制度，建议在白天每2h巡视一次，夜间每3～4h巡视一次。对于经常开停的螺杆泵应尽量到现场去操作，以观察其启动时的情况。巡视时应注意的主要内容如下。

① 观察有无松动的地脚螺栓、法兰盘、联轴器等，变速箱油位是否正常，有无漏油现象。

② 注意吸入管上的真空表和出泥管上的压力表的读数。这样可以及时发现泵是否在空转或者前方、后方有无堵塞。

③ 听运转时有无异常声响，因为螺杆泵的大多数故障都会发出异常声响。如变速箱、轴承架、联轴节或连轴杆、定子与转子出故障时都有异常声响。经验丰富的操作人员能从异常声响中判断可能出现故障的部位及原因。

④ 用手去摸变速箱、轴承架等处有无异常升温现象。而对于有远程监控系统的螺杆泵，每日的定时现场巡视也是必不可少的。在很多方面，远程监控代替不了巡视。

（8）认真填写运行记录。主要记录的内容有工作时间和累计工作时间、介质状况、轴承温度、加换油记录，填料滴水情况及大中小修的记录等。

（9）定子与转子的更换。当定子与转子经过一段时间的磨损就会逐渐出现内泄现象，此时螺杆泵的扬程、流量与吸程都会减小。当磨损到一定程度，定子与转子之间就无法形成密封的空腔，泵也就无法进行正常的工作，此时就需要更换定子或转子。

更换的方法是：先将泵两端的阀门关死，然后将定子两端的法兰或者卡箍卸开，旋出定子，然后用水将定子、转子、连轴杆及吸入室的污泥冲洗干净，卸下转子后即可观察定子与转子的磨损情况。一般正常磨损情况是：在转子的突出部位，电镀层被均匀磨掉。其磨损程度可使用卡尺对比新转子量出，定子内部内腔均匀变大，但内部橡胶弹性依然良好。如发现转子有烧蚀的痕迹，有一道道深沟，定子内部橡胶炭化变硬，则说明在运转中存在无介质空转的情况。如发现定子内部橡胶严重变形，并且炭化严重，则说明可能出现过在未开出口阀门的情况下运转。上述两种情况都属于非正常损坏，应提醒运行操作者注意。

一般来说，在正常使用的情况下，转子的寿命是定子寿命的2～3倍。当然这与介质、转子和定子的质量及操作者的责任心有关。

更换转子和定子时，应使用洗涤剂等润滑液将接触面润滑，这样转子便易于装入定子，同时也避免了初次试运行时的干涩。

在更换转子或定子同时，应检查联轴节的磨损情况，并清洗更换联轴节的润滑油（脂）。

（二）螺杆泵的常见故障及排除

螺杆泵常见故障及其排除方法见表 7－1。

表 7－1　螺杆泵常见的故障及其排除方法

故障现象	原因	处理方法
压力表指针波动大	吸入管路漏气 安全阀没有调好或工作压力过大，使安 全阀时开时闭	检修吸入管路 调整安全阀或降低工作压力
流量下降	吸入管路堵塞或漏气 螺杆与泵套磨损 安全阀弹簧太松或阀瓣与阀座接触不严 电动机转速不够	检修吸入管路 磨损严重时应更换零件 调整弹簧，研磨阀瓣与阀座 修理或更换电动机
轴功率急剧增大	排出管路堵塞 螺杆与泵套严重摩擦 介质黏度太大	停泵清洗管路 检修或更换有关零件 将介质升温
泵振动大	泵与电动机不同心 螺杆与泵套不同心或间隙大 泵内有气 安装高度过大泵内产生气蚀	调整同心度 检修调整 检修吸入管路，排除漏气部位 降低安装高度或降低转速
泵发热	泵内严重摩擦 机械密封回油孔堵塞 液温过高	检查调整螺杆和泵套 疏通回油孔 适当降低液温
机械密封大量漏油	装配位置不对 密封压盖未压平 动环或静环密封面碰伤 动环或静环密封圈损坏	重新按要求安装 调整密封压盖 研磨密封面或更换新件 更换密封圈

十二、螺旋泵使用和维护的注意事项

（1）应尽量使螺旋泵的吸水位在设计规定的标准点或标准点以上工作，此时螺旋泵的扬水量为设计流量，如果低于标准点，哪怕只低几厘米，螺旋泵的扬水量也会下降很多。

（2）当螺旋泵长期停用时，如果长期不动，螺旋泵螺旋部分向下的挠曲会永久化，因而影响到螺旋与泵槽之间的间隙及螺旋部分的动平衡，所以每隔一段时间就应将螺旋转动一定角度以抵消向一个方向挠曲所造成不良影响。

（3）螺旋泵的螺旋部分大都在室外工作，北方冬季启动螺旋泵之前必须检查吸水池内是否结冰、螺旋部分是否与泵槽冻结在一起，启动前要清除积冰，以免损坏驱动装置或螺旋泵叶片。

（4）确保螺旋泵叶片与泵槽的间隙准确均匀也是保证螺旋泵高效运行的关键，应经常测量运行中的螺旋泵与泵槽的间隙是否在 5～8mm 之间，并调整到均匀准确的程度。巡检时注意螺旋泵声音的异常变化，例如螺旋叶片与泵槽相摩擦时会发出钢板在地面刮行的声响，此时应立即停泵检查故障，调整间隙。上部轴承发生故障时也会发出异常的声响且轴承外壳体发热，巡检时也要注意。

（5）由于螺旋泵一般都是 30°倾斜安装，驱动电动机及减速机也必须倾斜安装，这样一来会影响减速机的润滑效果。因此，为减速机加油时应使油位比正常油位高一些，排油时如果最低位没有放油口，应设法将残油抽出。

（6）要定期为上、下轴承加注润滑油，为下部轴承加油时要观察是否漏油，如果发现有泄漏，要放空吸水池紧固盘根或更换失效的密封垫。在未发现问题的情况下，也要定期排空吸水池空车运转，以便检查水下轴承是否正常。

第二节　风机及风机的检修

风机是气体压缩与输送机械的总称，这是一种提高气体压势能的专用机械，被广泛应用于气体输送、产生高压气体与设备抽真空等目的。风机按照它所能达到的排气压强或压缩比（排气压强和通气压强之比）分为风机、鼓风机、压缩机和真空泵四类。

按照风机的作用原理，风机又可分为容积式和透平式。容积式风机靠在气缸内活塞的往复或旋转运动，使气体体积缩小而提高压力；容积式风机靠高速旋转叶轮的作用，提高气体的压力和速度，随后在固定元件中使一部分速度能进一步转化为气体压力能。

按照风机的结构分类，容积式又分为回转式和往复式，回转式包括滑片式、螺杆式和罗茨式；往复式包括活塞式、自由活塞式和隔膜式。透平式包括离心式、轴流式和混流式。

在污水处理厂中，风机主要用于污水处理构筑物的通风、废水处理阶段的预曝气、好氧生化处理鼓风曝气、混合搅拌等。空压机主要用于压力溶气气浮、过滤反冲等。

国内目前在城市及工业污水处理中常用的风机主要有两种，一种为罗茨鼓风机，一种为离心式鼓风机，离心式鼓风机分为单级高速污水处理鼓风机和多级低速鼓风机。罗茨鼓风机是靠在气缸内做旋转运动的活塞作用，可使气体体积缩小而提高压力，而离心式鼓风机是靠高速旋转叶轮的作用，提高气体的压力和速度，随后在固定元件中使一部分速度能进一步转化为气体的压力能。污水处理厂应选用高效、节能、使用方便、运行安全、噪声低、易维护管理的机型，可选用离心式单级鼓风机，小规模污水处理厂也可选用罗茨鼓风机。

一、罗茨鼓风机

罗茨鼓风机由美国人罗特（Root）兄弟于1854年发明，故用罗茨命名，这是目前我国压缩机中唯一保留以人名称呼的机器。

（一）工作原理

罗茨鼓风机按照风机的作用原理和结构分类属于容积式回转式气体压缩机，基本组成部分如图7－8所示，在长圆形的机壳内，平行安装着一对形状相同、相互啮合的转子。两转子间及转子与机壳间均留有一定的间隙，避免安装误差及热变形引起各部件接触。两转子由传动比为1的一对齿轮带动，做同步反向旋转。转子按图示方向旋转时，气体逐渐被吸入并封闭在空间 V_0 内，进而被排到高压侧。主轴每回转一周，两叶鼓风机共排出气体量 $4V_0$，三叶鼓风机共排出气体量 $6V_0$。转子连续旋转，被输送的气体便按图中箭头所示方向流动。

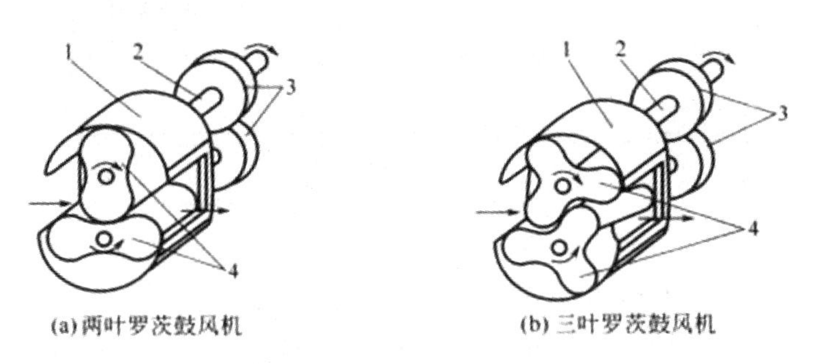

图7－8　罗茨鼓风机结构原理图

1—机壳；2—主轴；3—同步齿轮；4—转子

罗茨鼓风机的转子叶数（又称头数）多为二叶或三叶，四叶及四叶以上则很少见。转子型面沿长度方向大多为直叶，这可简化加工。型面沿长度方向扭转的叶片在三叶中有采用，具有进排气流动均匀、可实现内压缩、噪声以及气流脉动小等优点，但加工较复杂，故扭转叶片较少采用。

（二）性能特点

罗茨鼓风机结构简单，运行平稳、可靠，机械效率高，以便于维护和保养；对被输送气体中所含的粉尘、液滴和纤维不敏感；转子工作表面不需润滑，气体不与油接触，所输送气体纯净。罗茨鼓风机效率高于相同规格的离心鼓风机的效率，但罗茨鼓风机的排气量最大可达到1000m³/min，所以在相对压力增大时，效率不高，根据罗茨鼓风机上述工作原理及特点，在污水处理中比较适合于好氧消化池曝气、滤池反冲洗，以及渠道和均和池等处的搅拌。

（三）结构形式

罗茨鼓风机的典型结构如图7－9所示，这是一个水平轴、卧式机型。润滑油贮于机壳底部油箱内，经油泵泵送到同步齿轮、轴承等需要润滑的部位。齿轮喷油润滑，主轴采用带传动，紧靠转子两端部位设有轴封。

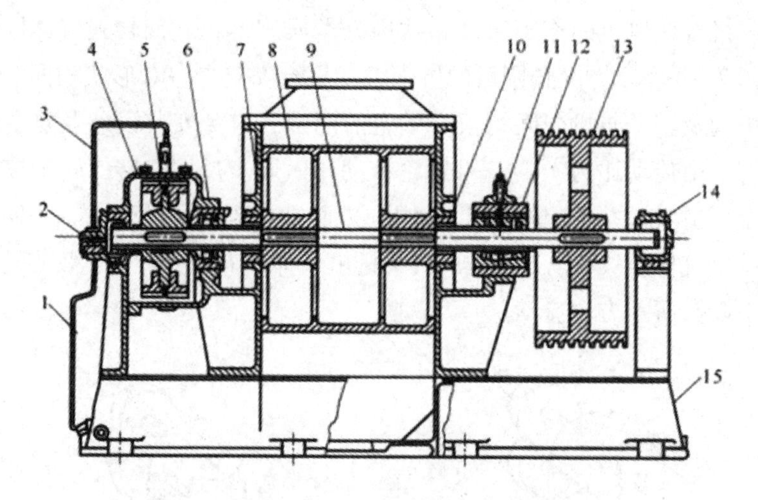

图7－9　LG42－3500型罗茨鼓风机的构造

1—进油管；2—油泵；3—出油管；4—齿轮箱；5—齿轮；
6—支撑轴承箱；7—机壳；8—转子；9—主轴；10—轴封；
11—注油器；12—轴承；13—带轮；14—辅助轴承；15—底座

按转子轴线相对于机座的位置，罗茨鼓风机分为竖直轴和水平轴两种。竖直轴的转子轴线垂直于底座平面，这种结构的装配间隙容易控制，各种容量的鼓风机都有采用。水平轴的转子轴线平行于底座平面，按两转子轴线的相对位置，又可分为立式和卧式两种。立式的两转子轴线在同一竖直平面内，进、排气口位置对称，装配和联结都比较方便，但重心较高，高速运转时稳定性差，多用于流量小于40m³/min的小型鼓风机。卧式的两转子轴线在同一水平面内，进、排气口分别在机体上、下部，位置可互换，实际使用中多将出风口设在下部，这样可利用下部压力较高的气体，一定程度上抵消转子和轴的重量，减小轴承力以减轻磨损。排气口可从两个方向接出，根据需要可任选一端接排气管道，另一端堵死或接旁通阀。且这种结构重心低，高速运转时稳定性好，多用于流量大于 40m³/min 的中、大型鼓风机。

二、离心鼓风机

（一）工作原理

离心鼓风机按照风机的作用原理分类属于透平式鼓风机，多数是通过叶轮的高速度旋转，使气体在离心力的作用下被压缩，然后减速，改变流向，使动能（速度）转换成势能（压力）。在单级离心鼓风机中，原动机通过轴驱动叶轮高速旋转，气流由进口轴向进入高速旋转的叶轮后变成径向流动被加速，然后进入扩压器，改变流动方向而减速，这种减速作用将高速旋转的气流中具有的动能转化为势能，使风机出口保持稳定压力。压力增高主要发生在叶轮中，其次发生在扩压过程。在多级鼓风机中，用回流器使气流进入下一个叶轮，产生更高的压力。

（二）性能特点

从理论上讲，离心鼓风机的压力－流量特性曲线应该是一条直线，它实质上是一种变流量恒压装置，但因风机内部存在摩擦阻力等损失，实际的压力与流量特性曲线随流量的增大而平缓下降，对应的离心风机的功率——流量曲线随流量的增大而上升。当风机以恒速运行时，风机的工况点将沿压力－流量特性曲线移动。风机运行时的工况点，不仅取决于本身的性能，且取决于系统的特性，当管网阻力增大时，管路性能曲线将变陡。离心鼓风机中所产生的压力还受进气温度或密度变化的影响。对一个给定的进气量，最高进气温度（空气密度最低）时产生的压力最低。当鼓风机以恒速运行时，对于一个给定的流量，所需的功率随进气温度的降低而升高。

离心鼓风机又分为多级低速和单级高速，单级高速以提高转速来达到所需风压，较多级风机流道短，减少了多级间的流道损失，特别是可采用节能效果好的进风导叶片调节风量方式，适宜在大中型污水处理厂中采用。离心鼓风机与容积式风机相比还具有供气连续、运行平衡，效率高、结构简单、噪声低、外形尺寸及重量小、易损件少等优点。

（三）主要结构和材料

因污水处理厂对单级高速离心鼓风机组使用比较普遍，所以下面以单级高速离心鼓风机为例，来介绍离心鼓风机的主要结构及材料。该种型式的鼓风机主要由下列几部分组成：

1. 鼓风机

鼓风机由转子、机壳、轴承、密封和流量调节装置组成。

转子是指叶轮和轴的装配体。叶轮是鼓风机中最关键的零件，常见有开式径向叶片叶轮、开式后弯叶片叶轮和闭式叶轮。叶轮叶片的形式影响鼓风机的压力流量曲线、效率和稳定运行的范围。制造叶轮的常用材料为合金结构钢、不锈钢以及铝合金等。

鼓风机机壳由进气室、蜗壳、扩压器和排气口组成。

机壳要求具有足够的强度和刚度。进气室的作用是使气体均匀地流入叶轮。扩压器分无叶扩压器和叶片扩压器两种形式。蜗壳的作用是集气，并将扩压后的气体引向排气口。蜗壳的截面有圆形、梯形和不对称等形状。

转速低于3000r/min，功率较小的鼓风机可以采用滚动轴承。如果转速高于3000r/min或轴功率大于336kW，应采用强制供油的径向轴承和推力轴承。

密封结构有三种类型：迷宫式密封、浮环密封和机械密封。浮环密封是运行时注入高压油或水。密封环在旋转的轴上浮动，环与轴之间形成稳定的液膜，阻止高压气体泄漏。机械密封由动环和静环组成的摩擦面，阻止高压气体泄漏。密封性能较好，结构紧凑，但摩擦的线速度不能过高，一般其转速小于3000r/min时采用。

由于利用可调进口导叶调节进气流量来满足工艺需要，并且部分负荷时还可获得高效率和较宽的性能范围，所以进口导叶已经成为污水处理厂单级离心鼓风机普遍采用的部件。进口导叶的自动调节是通进口导叶调整机构与气动、电动或液力伺服电机连接，根据控制系统的指令自动调整进口导叶的开闭角度，来进行流量控制。进口导叶还可以通过手动调节。

2. 增速器

离心式鼓风机必须配备增速器才能实现叶轮转速远远超过原动机的转速，常采用平行轴齿轮增速器，齿轮齿型有渐开线型与圆弧型。

3. 联轴器

联轴器用来实现电动机与变速器之间的传动。

4. 机座

机座用型材和钢板焊成，应有足够的强度和刚度。

5. 润滑油系统

润滑油系统主要包括主油泵、辅助油泵、油冷却器、滤油器、储油箱等。

主油泵和辅助油泵应单独设置安全阀，以避免油泵超压，辅助油泵必须单独驱动并自动控制。

储油箱的容积至少为主油泵每分钟流量的3倍。

6. 控制和仪表

（1）温度的测量。可以在鼓风机的进口和出口管路上都装有铂热电阻，将温度信号引至机旁盘显示，同时也有温度计进行现场显示。

（2）压力的测量。可以在鼓风机的进口和出口采用压力表对压力值进行现场显示，在出口管路上装有压力变送器，将压力信号引至机旁盘显示调节入口导叶。

（3）对保证起动安全方面的控制。为了保证鼓风机的正常启动、运行与停止，还应设置各种起动联锁保护控制，对开车条件按照要求设置保护，满足条件机组方可开车。故障报警，对在运行中的油压、电机轴承温度、润滑油温度等设置参数故障报警。

（4）对防喘振的控制。当用户管网阻力增大到某值时，鼓风机的流量会下降很快，当下降到一定程度时，就会出现整个鼓风机管网的气流周期性的振荡现象，压力和流量都发生脉动，并发出异常噪声，即发生喘振现象，喘振会使整个机组严重破坏，因此鼓风机严禁在喘振区运行，为了防止喘振发生，机组应设有流量、压力双参数防喘振控制系统。

（5）对入口导叶调节的控制。进口导叶的自动调节是通过进口导叶调整机构与气动、电动或液力伺服电机连接，根据控制系统的指令自动调整进口导叶的开闭角度，来进行流量控制。

（6）油系统的控制。机组润滑油系统的作用是给机组提供润滑油，以保证机组的正常运行。当系统开机时，采用辅助油泵供油，当机组正常工作时，采用主油泵供油，当油压低于设定值时，由压力变送器送出信号至控制盘，经电控系统启动辅助油泵，当机组故障停机时，辅助油泵也应自动启动保证供油，直至机组稳定停止后再将辅助油泵停止，以确保可靠供油。

7. 驱动方式

离心鼓风机通常用交流电机驱动，使用维修较为方便。

三、离心鼓风机（单级高速）的检修

（一）鼓风机的拆卸

首先，拆卸联轴器的隔套，卸下进气和排气侧连接管，把进（出）口导叶驱动装置与进（出）口导叶杆脱离，拆下螺栓卸下进气机壳（在这种情况下注意一定不要损坏叶轮叶片和进气机壳流道表面），卸下叶轮，要注意不要损坏密封结构部分，然后拆下密封，拆卸齿轮箱箱盖，注意不要损坏轴承表面和密封结构部分，拆卸轴端盖，最后测量轴承和齿轮间隙之后，拆卸高速轴轴承、低速轴轴承和大齿轮轴，并且要用油清洗每个拆下的部件。

（二）鼓风机的检查

（1）齿轮齿的检查。检查齿轮箱内大小齿轮齿的任何损坏情况。

（2）测量增速齿轮齿隙。

（3）清除叶轮灰尘。清理叶轮，在这种情况下，要彻底清除灰尘，以防止其不平衡，并且不要使用钢丝刷或类似物，以避免造成叶轮表面的损坏。

（4）叶轮的液体渗透试验。看叶轮上是否有裂纹使用液体渗透试验，尤其要注意叶片根部。

（5）除去外部扩压器的灰尘。彻底清除黏结到扩压器上的灰尘，因为它可以使流量降低。

（6）叶轮周边与进气机壳的间隙检查。组装鼓风机后，用塞尺测量叶轮周边与鼓风机进气机壳之间的间隙。

（7）检查轴承的每个孔。拆卸之后，用油进行清洗，并查看轴承内侧的每个孔中有无阻塞物。

（8）轴承间隙和磨损情况。在检查轴承过程中，一定不要损坏轴承表面，也不要对轴承做任何改变或调整，因为它是适合于高速旋转的专用形式。

（9）对油封、密封和止推面的间隙测量。用塞尺测量油封、密封和止推面的间隙，在安装齿轮箱盖之前进行。

（10）用油清洗喷嘴之后，检查喷嘴内有无任何阻塞物。

（三）轴承的检查

小齿轮和大齿轮轴支撑轴承应符合间隙标准而止推轴承应符合间隙与修磨标准。

轴承的间隙测量应在鼓风机拆卸和重新组装时进行。

（四）鼓风机的组装

对每个部件进行全面清洗和检查之后，应重新组装鼓风机，鼓风机的重新组装顺序按照拆卸的逆顺序进行，但应注意如下几点。

（1）当泵体装入时，一定要重新装配所有的内件。

（2）当安装油封时，一定要注意齿轮箱的顶部和底部不要颠倒。

（3）当轴承装入时，应固定每个螺钉和柱销。

（4）在安装轴承箱的上半部过程中，使用起顶螺栓将其装入下半部，不要毁坏油封，止推轴承等部件。

（5）当安装齿轮箱盖时，打入定位锥销。

（6）当装入叶轮螺母和叶轮键时，调至叶轮表面上的标志。

（7）为防止双头螺栓（用于齿轮箱和蜗壳安装）在拆卸时松动，应把防松油漆涂在螺栓上。

（8）在组装时应使用液体密封胶来涂每个安装表面，齿轮箱盖与体结合部，蜗壳和进气机壳的结合部，泵壳和齿轮箱的结合部，轴端盖和齿轮箱的结合部，油封以及气封密封安装部分。

（五）大修后的检查

（1）检查鼓风机是否有气体泄漏情况鼓风机大修之后，检查鼓风机结合部分和进气/排气联接部分是否漏气。启动鼓风机，用肥皂水做漏泄检查，检查点有：蜗壳与进气机壳之间的结合部分、进气机壳进口联接部分及蜗壳出口联接部分。

（2）检查齿轮箱的油漏泄情况在鼓风机大修之后如果有漏油情况，检查齿轮箱结合部分，检查点有：齿轮箱盖、体之间的结合部，尤其要注意密封部分，再有就是泵壳与齿轮箱之间的结合部分。

四、机组运行中的维护

（1）要定期检查润滑油的质量，在安装后第一次运行 200h 后进行换油，被更换的油如果未变质，经过滤机过滤后仍可重新使用，以后每隔 30 天检查一次，并作一次油样分析，发现变质应立即换油，油号必须符合规定，严禁使用其他牌号的油。

（2）应经常检查油箱中的油位，不得低于最低油位线，并要经常检查油压是否保持正常值。

（3）应经常检查轴承出口处的油温，应不超过 60℃，并根据情况调节油冷却器的冷却水量，使进入轴承前的油温保持在 30～40℃之间。

（4）应定期清洗滤油器。

（5）经常检查空气过滤器的阻力变化，定期进行清洗和维护，使其保持正常工作。

（6）经常注意并定期测听机组运行的声音和轴承的振动。如发现异声或振动加剧，应立即采取措施，必要时应停车检查，应找出原因，排除故障。

（7）严禁机组在喘振区运行。

（8）应按照电机说明书的要求，及时对电机进行检查和维护。

第三节　污水处理厂专用机械设备及其检修

一、格栅清污机及其检修

格栅清污机是污水处理专用的物化处理机械设备，主要是去除污水中悬浮物或漂浮物，应用于污水处理中的预处理工序，一般会置于污水处理厂的进水渠道上。经过格栅清污机的处理后，会大量减少水中各种垃圾及漂浮物，保护水泵等其他设备，从而使后续的水处理工序得以正常地顺利进行，所以格栅清污机也是污水处理中很重要的设备，必不可少。

由于格栅清污机的工作目的就是用机械的方法将拦截到格栅上的垃圾捞出水面，所以目前国内生产的格栅清污机形式多样，种类繁多，各污水处理厂可以根据自己厂里的土建设施情况、进水的水质水量等情况来选择不同形式的格栅清污机。格栅清污机按格栅的有效间距可以分为粗格栅清污机和细格栅清污机，按格栅的安装角度分可以分为倾斜式格栅清污机和垂直式格栅清污机，按运动部件分可以分为高链式格栅清污机、回转式格栅清污机、耙齿式格栅清污机、针齿条式格栅清污机、钢绳式格栅清污机等。

（一）清污机的结构及工作原理

1. 回转式格栅清污机的结构及工作原理

回转式格栅清污机一般是由驱动装置、撇渣机构、除污耙齿、链条、格栅条及机架等几部分组成。在格栅的两侧有两条环形链条，在链条上每隔一段间距安装一齿耙，链条在驱动装置的带动下转动，齿耙按次序将拦截的垃圾刮到最上端的卸料处，再将垃圾刮到输送机上。该机型结构紧凑、运行平稳、体积小、维护方便，而且可实行点动间断运行，自动连续运行，对工作时间和停车时间等运行周期可自动调整，具有紧急停车和电机过载保护装置，容易实现自动化控制，还可通过调整格栅条间距来实现对水中不同悬浮物或漂浮物的拦截。

2. 阶梯式机械格栅清污机

阶梯式格栅除污机彻底改变了传统格栅除污机的清污方式，可解决传统格栅存在的污物卡阻、缠绕的难题，作为一种新型高效的前级污水处理筛分设备。

阶梯式格栅除污机主要由电机减速机、动栅片、静栅片及独特的偏心旋转机构等部件组成。偏心旋转机构在电机减速机的驱动下，使动栅片相对于静栅片作自动交替运动，从而将被拦截的固体悬浮物由动栅片逐级从水中移到卸料口。由于采用独特的阶梯式清污方式，可彻底避免杂物卡阻、缠绕的烦恼，运行安全可靠，清除效果好。驱动装置设于机架上部，水下无传动机构。高性能，低压力损失，不受脂肪、碎屑和砂砾的影响。可利用可编程控制器，液位差控制仪实现全自动控制。设置有机械和电气两套过载保护系统，当设备遇到意外事故时，可产生声光报警，并使设备紧急停机。

3. 耙齿链回转式格栅清污机

该格栅清污机由驱动装置、机架、耙齿链、清洗刷、链轮及电控机构组成。耙齿系统是由无数带钩的链节构成的机构，耙齿链节一般用高强度塑料或不锈钢制成，清污能力较强，耙齿链覆盖了整个迎水面，其在链轮的驱动下进行回转运动，耙齿链的下部浸没在过水槽中，运动是在无数链节上的耙齿在迎水面把水中的杂物分离开来钩出水面，携带杂物的耙齿运转到格栅清污机的上部时，由于链轮及弯轨的导向作用，使每组耙齿之间产生相对运动，钩尖也转为向下，大部分固体栅渣靠自重落在皮带输送机上，另一部分粘在耙齿上的杂物则依靠清洗机构的橡胶刷反向运动洗刷干净。该种格栅清污机由于链轴减小了有效通水面积，回程耙齿链也要产生一定的水阻，因此整体格栅的水阻相对要大一些，这需要增加开机时间，尽快将拦截的垃圾清除。

4. 弧形格栅清污机

该格栅清污机由格栅、齿耙臂、机架、驱动装置、除污装置等组成，该种格栅清污机的齿耙臂的转动轴是固定的，齿耙绕定轴转动，条形格栅也依齿耙运动的轨迹成弧形，齿耙的每一个旋转周期清除一次渣，每旋转到格栅的顶端便触动一个小耙，小耙将栅渣刮到皮带输送机上。这种弧形格栅清污机结构简单紧凑，由于它对栅渣的提升高度有要求，所以不适于用在较深的格栅井中使用，适用于中小型污水处理厂或泵站中使用。

5. 高链式格栅清污机

该格栅清污机由驱动装置、清污耙、同步链条、格栅条、皮带输送机、导轨等部分构成。该种格栅清污机的工作原理是首先固定于环形链上的主滚轮在滚轮导轨内向下动作，使齿耙与格栅保持较大的间隔下降，可由主滚轮绕从动链轮外围转动，当来到上向链的位置时，根据滚轮与主滚轮的相关位置，齿耙进入格栅内，同时开始上升，随即耙捞格栅截留的栅渣，当主滚轮到达最上部的驱动链轮处，齿耙开始抬起，在该处设置小耙，齿耙上的栅渣被小耙刮掉，最后落到皮带输送机上。

由于该种格栅清污机的链条及链轮全部在水面上工作，容易维修与保养，有一般链式除渣机所不具备的优点，所以被广泛应用。

高链式格栅清污机的主要故障是齿耙不能正确地进入栅条，造成这种故障的原因主要如下。

（1）齿耙或耙臂的强度不够，运行时发生抖动，或者齿耙、齿耙臂本身发生变形，导致不能正常进入栅条。

（2）格栅下部有大量泥砂、杂物堆积，长期停机后未经清理就开机使用。

（3）链条经过一段时间运转后变松或错位造成齿耙歪斜，或因两个链条的张紧度不一致造成的齿耙歪斜。

（二）格栅除污机的控制方式

一般来讲，格栅除污机没有必要昼夜不停地运转，长时间运转也会加速设备的磨损和浪费电能。有些除污机如高链式除污机和钢丝绳式除污机若每次仅耙捞几片树叶或者一两只塑料袋，这也是一种浪费，因此积累一定数量的栅渣后间歇开机较为经济。

控制格栅除污机间歇运行的方式有以下几种。

（1）人工控制。有定时控制与视渣情控制两种。定时控制也是制定一个开机时间表，操作人员按规定的时间去开机与停机；视渣情控制是由操作人员每天定时观察拦截的栅渣状况，按需要开机。

（2）自动定时控制。自动定时机构按预先定好的时间开机与停机。人工与自动定时控制都需有人时刻监视渣情，如发现有大量垃圾突然涌入，应及时手动开机。

（3）水位差控制。这是一种较为先进、合理的控制方式。污水通过格栅时都会有一定的水头损失，拦截的栅渣增多时，水头损失增大，即栅前与栅后的水位差增大，利用传感器测量水位差，当水位差达到一定的数值时，说明积累的栅渣已较多，除污机自动开启。为了卫生条件的改善，格栅除污机一般和螺旋输送机，压榨机配合使用。

（三）格栅清污机的维护和检修

（1）格栅清污机的水中的链轮不易保养，且水中链条易腐蚀，应一季度进行一次链条及链轮的检查，对存在故障隐患的链条、链轮和轴承及时更换。

（2）传动链条及水上轴承应每个月加注一次润滑脂。

（3）注意保持链条的适当张紧度，由于长时间的运转，链条会变松，应及时调整张紧度。

（4）驱动装置上的减速机的良好润滑是保证设备正常安全运行的必要条件，操作人员要经常观察减速机的运转情况，随时补充及更换润滑油，以保持减速机内的有效油位。

（5）运行人员应及时将缠绕的杂物清除。

二、除砂设备及其检修

除砂设备用于沉砂池，以去除污水中密度大于水的无机颗粒，是污水处理工艺中的一道重要工序，它可以减少砂粒对后续污泥处理设备的磨损，减少砂粒在渠道、管道、生化反应池的沉积，对于延长污泥泵、污泥阀门及脱水机的使用寿命起着重要作用。

（一）除砂设备

除砂设备的种类很多，按集砂方式分为两种：刮砂型和吸砂型。刮砂型是将沉积在沉砂池底部的砂粒刮到池心，再清洗提升，脱水后输送到池外盛砂容器内，待外运处置。吸砂型则是利用砂泵将池子底层的砂水混合物抽至池外，经脱水后的砂粒输送至盛砂容器内待外运处置。为进一步提高除砂效果，有的沉砂池还增设了一些旋流器、旋流叶轮等专用设备。

钟式沉砂池刮砂机是一种新型引进技术，用于去除污水中的砂粒及粘在砂粒上的有机物质，它可以去除直径0.2mm以上的绝大部分砂粒。该设备通过设在池中心的叶轮搅拌器旋转时，产生的离心力不仅使水中砂粒沿池壁及斜坡沉于池底的砂斗中，同时将砂粒上黏附的有机物撞击下来沉于池底，再通过气提作用将砂提升到砂水分离器中进行砂水分离。该套设备具有节省能源、转速低、占地面积小、结构简单、便于维护保养等优点，在近几年新建的污水处理厂使用的比较多。

（二）砂水分离设备

除砂机从池底抽出的混合物，其含水量多达95%～97%以上，且混有相当数量的有机污泥。这样的混合物运输、处理都相当困难，必须将无机砂粒与水及有机污泥分开，这就是污水处理的砂水分离及洗砂工序，常用砂水分离设备有水力旋流器、振动筛式砂水分离器及螺旋式洗砂机。

1. 水力旋流器

水力旋流器又称旋流式砂水分离器，结构很简单，上部是一个有顶盖的圆筒，下部是一个倒锥体。入流管在圆筒上部从切线方向进入圆筒，溢流管从顶盖中心引出，锥体的下尖部连有排砂管。为了减轻砂粒的磨损与腐蚀，水力旋流器的内部有一层耐腐耐油的橡胶衬里。

从水力旋流器排砂口流出的砂浆尽管已被大大浓缩，但含有80%以上的水及少量有机污泥，仍无法装车运输，还需要经过螺旋洗砂机进一步处理。

2. 螺旋洗砂机

螺旋洗砂机又称螺旋式水分离器，作用有两个，一是要进一步完成砂水分离及有机污泥的分离，二是将分离的干砂装上运输车。这一部分由砂斗、溢流管、溢流堰、散水板、空心式螺旋输送器及其驱动装置构成。

砂斗的作用是使混合砂浆暂时停留，使砂沉淀在斗底。溢流堰与溢流管作用是使上部的澄清液顺利排出。散水板是装在水力旋流器砂口下的一块弧形的钢板，它使从水力旋流器出砂口流出的混合砂浆散开并沿斗壁流到斗底，有利于砂在斗底的沉积，避免水流直接冲击斗底。空心螺旋提升机可使沉淀在斗底的砂粒沿筒壁升到最高处的出砂口。运砂车辆可在出砂口下接砂。空心螺旋中心的通道可使砂浆中的水顺利地流回到砂斗。

3. 砂水分离设备的运行管理

（1）有机污泥的影响泵吸式除砂机工作时不可避免将沉在池底的有机污泥连同砂与水一起抽出。砂浆中含有机物较少时，水力旋流器可将大部分有机物与砂分离，并使之随水一起从溢流管排出。而螺旋洗砂机也可将部分有机物进一步分离，使其随水从溢流管排出，从而使出砂中的有机物含量低于35%，这是正常的工作状态。

当除砂机抽取的砂浆中有机物含量较大时，部分无机砂粒会被黏稠的有机物裹携，而从水力旋流器上部的溢流口排走，使出砂率降低。如果操作时发现螺旋洗砂机长时间不出砂，但系统中各设备运行都正常，就可能属于上面所述的情况。

遇到因有机污泥太多造成的不正常情况，要在曝气沉砂池采取工艺措施，如增加曝气量，提高流速等，以减少有机污泥的沉积。

（2）埋泵与堵塞泵吸式除砂机吸砂口或集砂井内的砂泵都有可能出现被沉砂埋死的情况，应尽量采取措施避免这种情况发生，如砂井内积砂过多，可打开下部的排污口，将砂排掉一部分，或者用另一只潜水砂泵排出过多的积砂，都可以使砂泵恢复运行。

砂浆中如果有大块的杂物或棉丝、塑料包装物等，也可能出现对水力旋流器或砂泵的堵塞、缠绕。对偶然出现的此类情况，应对症采取疏通措施；如经常发生这类情况，则应对设备或者工艺进行改造。

4. 刮砂机的检修

（1）检修周期中修12个月，大修36~40个月。

（2）检修内容

① 中修项目。对减速机部分解体检查，清除机件和齿轮箱体内部油垢及杂物，更新润滑油。检查针轮减速机的磨损及啮合情况，缺陷严重应修理或更换。检查和调整滑动轴承间隙，更换密封件。检查主动车轮的滚动情况。检查水下各连接件的固定情况及腐蚀情况。检查转动齿轮及传动链条的啮合、润滑及磨损情况。

② 大修项目。包括中修项目。放水检查刮板固定情况、磨损情况及腐蚀情况，必要时予以更新。

三、排泥设备及其检修

（一）排泥设备的类型

初沉池和二沉池都要安装排泥设备。初沉池一般安装刮泥机，二沉池一般要安装刮吸泥机。

1. 链条刮板式刮泥机

链条刮板式刮泥机是一种带刮板的双链输送机，一般可以安装在中小型污水处理厂的初次沉淀池，近年来大中型污水厂也逐渐使用这种机型。国内使用这种链条式刮泥机较晚，多用于中小型污水厂。

链条刮板式刮泥机的主要结构包括以下几个部分。

（1）驱动装置。刮泥板的移动速度一般是不变的，故其驱动装置为一个三相异步电机和一部减速比较大的摆线行星针轮或减速器。

（2）主动轴及主动链轮。主动轴具有将驱动链轮传来的动力传到主链轮的作用，是一根横贯沉淀池的长轴，用普通钢材制造，两端的轴承座固定于池壁上。

（3）导向链轮及装紧装置。导向链轮的轴承座固定在混凝土构筑物上，导向链轮一般没有贯通全池的长轴。因导向轮都在较深的水下运转，经常加油是非常困难的，因此一般都是采用水润滑的滑动轴承。

（4）主链条。主链条可采用锻铸铁、不锈钢和高强度塑料链条。由于高强度塑料链条有良好的耐腐蚀性，自润滑性，自重较小，其连续运转寿命超过 8 年，间歇运转寿命达到 15 年，目前使用较多。

（5）刮泥板及刮板导轨。多用塑料及不锈钢型材制造。刮板导轨用于保持刮板链条的正确刮泥、刮渣位置。池底的导轨用聚氯乙烯板固定于池底，上面的导轨用聚氯乙烯板固定于钢制的支架上。

（6）机械安全装置。链条式刮泥机的机械安全装置，大多数采用剪切销，主链条的运动出现异常阻力时设置在驱动链轮上的剪切销会被切断，可使驱动装置与主动轴脱开，用以保证整个设备的安全。

（7）管式浮渣撇除装置。由于链条刮板式刮泥机是利用在水面的回程刮板刮渣的，故其收集浮渣必须安装在出水堰前面。在出水堰前横一根 DN250～300 的金属管，上面切去 1/4，管子可以由人工控制转动。平时管子的 1/4 缺口朝上，水无法流入管内。每隔一段时间，当刮板刮来一定数量的浮渣时，操作人员可向来浮渣的方向转动这根横管，使其缺口低于水面。聚积在横管前的浮渣便随水冲入管内，通过与横管相联的另一根管道排出池外。

（8）电气及控制装置。链条式刮泥机的电控装置很简单，包括一套开关及过载保护系统，以及可调节的定时开关系统。操作者可根据实际需要，控制每一天的间歇运行时间。间歇运行可有利于污泥的沉淀，可延长刮泥机的使用寿命。

2. 桁车式刮泥机

（1）桁车式刮泥机的工作过程

桁车式刮泥机安装在矩形平流式沉淀池上，运行方式为往复运动。因此，它的每一个运行周期内有一个是工作行程，有一个是不工作的返回行程（故又称往复式刮泥机或移动桥式刮泥机）。这种刮泥机的优点是：在工作行程中，浸没于水中的只有刮泥板及浮渣刮板，而在返回行程中全机都在水面之上，这给维修保养带来了很大的方便；由于刮泥与刮渣都是正面推动，故污泥在池底停留时间少，刮泥机的工作效率高。其缺点是运动较为复杂，因此故障率也相对高一些。

（2）桁车式刮泥机的检修

在巡视中应注意各油位是否正常，各部分声响是否正常，刮泥机以及浮渣板升降是否到位等。刮泥机润滑油的加油部位是驱动减速机、卷扬机减速机等；液压油加油部位是有液压提升系统的油箱；润滑脂部位主要是行走轮轴承、驱动链条、电缆鼓轴承、钢丝绳等。另外，大部分刮泥机都在室外运行，冬夏温差有时可达50℃，因此，冬季和夏季加油的种类也不同。冬季润滑油凝固会损坏驱动装置或液压装置。雨季应尽量避免雨水进入润滑油及液压油之中，如发现油中有水（乳化），应及时更换。

桁车式刮泥机的故障很多是由程序失控、失调引起的，造成停车、错误报警、刮泥板及浮渣刮板不能提升和下降或提升下降不能准确到位，有时会出现泥板与出水堰划池壁相撞的事故。电气控制系统及液压系统的损坏或失调是造成这些故障的主要原因。如程序开关损坏可能会发生错误的指令，时间继电器损坏可能造成定时不准、提前动作或者拒绝动作等。液压系统的主要控制部分是各个电磁阀，如果某电磁阀损坏，它就不能正确地执行程序，造成某刮板不提升或不下降等故障。分布于设备各处的行程开关是控制桁车的行程及刮泥板、浮渣刮板的行程的，它有机械式和无触点式两种。行程开关位置的变化或者损坏、进水，会造成各运动部件不能准确到位动作。液压装置长年暴露在室外，由于雨水及池中有害气体的侵蚀，很容易生锈，会使一些暴露在外的手柄等生锈，甚至无法工作。应经常将液压站各零件表面的污垢除去，使手柄恢复灵活，然后表面涂以干净的油脂。行走在钢轨上的刮泥机，应时常检查钢轨的螺栓是否紧固，钢轨的轨距是否正确。冬季大雪时，要及时清除刮泥机行走道路上的冰雪，以防打滑。对用钢丝绳提升刮板的刮泥机，如发现钢丝绳断股、磨损、严重锈蚀，应及时更换。

桁车式刮泥机的大修应每10000h（累计运行时间）进行一次。其主要内容为：更换磨损的轮胎、橡胶刮板、刮泥板及刮渣板的支撑轮等；拆洗所有减速机，更换损坏零件，更换油封；清洗液压系统，更换活塞环油封及O形圈；拆修卷扬机，更换钢丝绳；校正变形的刮泥板、刮渣板等；更换寿命过期的继电器、时间继电器、接触器等；调整电控系统的工作状态；清理全机表面的防腐涂料，并重新防腐处理。

中修应每年进行一次，建议在秋季进行。主要内容有：减速机换油，对漏油严重的更换油封；液压站换油，更换液压油滤清器，阀门除锈并修理、上油；更换所有漏油的油封、活塞环、O形圈；配电箱内部清理、调整；行程开关位置调整；卷扬机制动装置调整，必要时更换摩擦片等。

3. 回转式刮泥机

污水处理厂的沉淀池多为辐流式的，其形状多为圆形。在辐流池上使用的刮泥机的运转形式为回转运动。这种刮泥机结构简单，管理环节少，故障率极低，国内应用的很多。回转式刮泥机分为全跨式与半跨式。半跨式的特点是结构简单、成本低，适用于直径30m以下的中小型沉淀池。

回转式刮泥机的驱动方式有两种：中心驱动式与周边驱动式。

（1）中心驱动式

中心驱动式刮泥机的桥架是固定的，桥架所起的作用是固定中心架位置与安置操作，维修人员行走。驱动装置安装在中心，电机通过减速机使悬架转动。悬架的转动速度非常慢。其减速比很大，为了保证刮泥板与池底的距离并增加悬架的支撑力，刮泥板下都安装有支撑轮。

（2）周边驱动式

与中心驱动式不同之处在于，它的桥架绕中心轴转动，驱动装置安装在桥架的两端，刮板与桥架通过支架固定在一起，随桥架绕中心转动，完成刮泥任务。由于周边传动使刮泥机受力状况改善，因此它的回转直径最大可达 60m。周边驱动式需要在池边的环形轨道上行驶。如果行走轮是钢轮，则需要设置环形钢轨；如果是胶轮，只需要一圈平整的水泥环形池边即可。

回转式刮泥机还可以分为全跨式与半跨式。半跨式（又称单边式）是在半径上布置刮泥板，桥架的一端与中心立柱上的旋转支座相接，另一端安装驱动机构和滚轮，桥架作回转运动，每转一圈刮一次泥。其特点是结构简单，成本低，适用于直径 30m 以下的中小型沉淀池。

全跨式（又称双边式）也具有横跨直径的工作桥，旋转式桁架为对称的双臂式桁架，刮泥板也是对称布置的。对于一些直径 30m 以上的沉淀池，刮泥机运转一周需 30 ~100min，采用全跨式可每转一周刮两次泥，可减少污泥在池底的停留时间，有些刮泥机在中心附近与主刮泥板的 90°方向上再增加几个副刮泥板，在污泥较厚的部位每回转一周刮四次泥。

回转式刮泥的运行管理简单，全机也只有一种回转运行，这时只要定时开机、关机并按规定加油即可。日常维护应该注意以下几点。

① 不要忽略对中心轴承的加油及保护，这个大轴承一旦因缺油而产生损坏，其维修及更换将十分困难。

② 在加润滑油时应注意，如果行走轮为胶轮，加油时一定不要将油洒在胶轮上，因为机油对胶轮的腐蚀作用是非常大的。这一点也适用于其他胶轮行走式机械；如果行走轮是钢轮，则应注意环形钢轨的稳定性要比直轨差，经常由于弹性恢复、热胀冷缩、震动等原因脱离固有位置，就会与钢轮发生干涉，这就是“啃轨”现象。

③ 周边驱动的刮泥机，对集电环的保护是十分重要的，集电环全部安装在桥架的转动中心，有集电环箱来保护。箱内要保持干燥，保持电刷的良好接触，如电刷磨损，或者弹簧失灵应及时更换。因为任何一个电刷接触不良都会造成电源缺相或监控信号不通。尤其要注意的是，集电环如果发生监控线路与电源电路的短路，则将把 380V 电压引入监控计算机，可能造成较大损失与安全事故。

④ 对中心驱动的刮泥机，由于其中心驱动装置的减速比非常大，由此扭矩也非常大。一旦出现阻力超过允许值，将会使主轴受很大的转矩，此时如果剪断销部位锈死，会使主轴变形。因此剪断销处的黄油嘴是非常重要的，应至少每月加润滑脂一次，以保证其有良好的过载保护的功能。

吸泥机是将沉淀于池底的活性污泥吸出，一般用于二次沉淀池，吸出的活性污泥回流至曝气池。大部分吸泥机在吸泥的过程中有刮泥板辅助，因此称这种吸泥机为刮吸泥机。常见的有回转式吸泥机和桁车式吸泥机，前者用于辐流式二沉池，后者用于平流式二沉池。

4. 回转式吸泥机

回转式吸泥机就其驱动方式，分为中心驱动和周边驱动两种。回转式吸泥机主要由以下几个部分组成。

（1）桥架

分旋转桥架和固定桥架两种，钢制或者铝合金制造。它起着支撑吸泥管，安装泥槽，安装水泵或真空泵，操作人员的走道，以及固定控制柜等作用。

（2）端梁

端梁又称鞍梁，它是周边驱动式吸泥机上用于支撑桥架及安装驱动装置及主动和从动轮的。中心驱动式吸泥机较少使用端梁。

（3）中心部分

包括中心集泥罐、稳流筒、中心轴承、集电环箱等。中心集泥罐用于收集吸出的活性污泥。

（4）工作部分

吸泥机的工作部分由固定于桥架或旋转支架上的若干个吸泥管，刮泥板及控制每根吸泥管出泥量的阀门等组成。当采用静压式吸泥时，中心泥罐与各个吸泥管由泥槽相连接。

（5）驱动装置、浮渣排除装置、电气控制系统、出水堰清洗刷等

这些与回转式刮泥机的装置基本上相同。其中出水堰清洗刷比初沉池更重要，因为最终沉淀池的出水堰上更容易生长一些苔藓及藻类，影响出水均匀，也影响美观。

5. 桁车式吸泥机

桁车式吸泥机包括桥架和使桥架往复行走的驱动系统。污泥吸管固定于桥架上，在沉淀池的一侧或双侧装有导泥槽，用以将吸取的活性污泥引到配泥井或回流污泥泵房及剩余污泥泵房。这种吸泥机往复行走，其来回两个行程均为工作行程，不存在刮泥机那样空车返回的现象，因此两个行程的速度相同。桁车式吸泥机的运行速度是根据入流污水量、产泥量、池子的深度等诸多因素综合考虑并设计的，一般为 0.3 ~ 1.5m/min，速度过快会使池内流态产生扰动，影响污泥的沉降。

桁车式吸泥机的吸泥方式有两种：一种为虹吸式，另一种是泵吸式。每台吸泥机都有两根或多根吸泥管，但吸泥管的吸口不可能将池底完全覆盖，每个吸泥管之间会有很大的空间。为了使空间中的泥向吸泥管处集中，沉淀池与吸泥机采取了以下三种方式。

（1）V 形槽

这种方法是将混凝土的池底做出一些纵向的 V 形槽，沉淀于池底的污泥由于重力的作用向 V 形槽的底部流动。吸泥管的管口深入槽的底部，沿槽的方向往复行走，吸取槽底集中的泥。

（2）X 形刮板

这种方法是在固定的吸泥管口安装分布成 X 形的四个小刮板。这样吸泥机运行的两个方向都可以利用刮板将污泥刮拢到吸管口。

（3）扁平吸口

这种方法是吸泥管口扩大成扁平的，以扩大吸泥控制宽度，这样池底可以做成水平的。

吸泥机上装有可升降的浮渣刮板清除水面的浮渣。其升降方式有液压式、电磁式及钢绳式三种，浮渣槽装在进水端的水面，在从进水端向出水端运行时，刮板脱离水面，在回程时刮板入水。

（二）刮泥机的检修周期与内容

1. 检修周期（当连续运转时）

中修：12 个月。大修：36～40 个月。

2. 检修内容

中修项目包括以下几点。

（1）对减速机部分解体检查，清除机件与箱体内油垢及杂物，更换润滑油。

（2）检查减速机内部零部件的磨损情况，缺陷严重时要及时更换。

（3）检查和调整间隙，更换轴承、密封件。

（4）检查中心支座及其轴承滚动情况和集电装置碳刷磨损情况。

（5）检查行走轮及其轴承运转情况，及各桁架连结固定情况。

（6）检查和调整电机、减速机的传动皮带。

大修项目包括以下几点。

（1）包括中修项目。

（2）放水检查桁架的固定连接和腐蚀情况，以及橡胶皮刮板固定情况、磨损情况及铁板腐蚀情况，必要时予以更换。

（3）检查主动车轮、轴及减速机，更换部分损坏零件。

（4）检查解体制动器磨损情况。

（5）整体进行涂刷防锈或防腐蚀（水下部分）。

（6）检查所有滚动轴承的磨损及润滑情况，更换损坏的轴承并加注足够润滑脂。

（三）环形轨道的使用及维护

圆形沉淀池或浓缩池的吸泥机是在环形轨道上行驶的。钢轮及环形钢轨具有承载力强、导向性好、运行稳定、寿命长等优点，但必须对其加强运行监视和维修管理，如果管理不好也会发生故障及事故。

1. 轨道变形的调整

目前环形轨道的成形方法及固定方式在国内尚无统一的规范，各个生产厂家有各自的固定方法。钢轨普遍选用轻型钢轨在压力机上成形。成形后很少经过消除内应力的“时效处理”。因此，当轨道经过一段时间的使用，经过振动、日晒、雨淋及气温变化等自然时效，由于其残存内应力的作用，使轨道的弯曲度变小，整个圆形变成了多角形。这样就发生了钢轮的凸缘与钢轨侧面的摩擦，被称为“啃轨”现象。

轨道在调整前应先将压板螺栓及鱼尾板螺栓拧松，然后用弯轨器仔细地调整，并随时用样板检查。初步调整结束后可先上紧两端的鱼尾板螺栓及少部分压板螺栓，并使桥车运转，仔细观察钢轨与钢轮的相对位置关系，如有偏差可继续调整，直到钢轨完全恢复原有状态，再将螺栓上紧，继续调整其余钢轨。注意，应调整完一根钢轨，拧紧压板后再去松另外一根钢轨上的压板螺栓，切不可将整个环形全部松开，否则桥车将无法在钢轨上运行，也就无法利用桥车钢轮去检验钢轨位置。

另外，在调整钢轨时应注意桥车的热胀冷缩及钢轨热胀冷缩所造成的影响。在北方冬季调整轨道时，每根钢轨之间应当有 4～5mm 的间隙；而在南方冬季也要留 3～4mm，而在夏季调整钢轨时，留 1mm 间隙便可。

2. 环形轨道的日常维护

对于正在使用的环形轨道，应至少每月进行一次检查。检查的方法如下：检查人员跟在运转的桥车的钢轮后观察轮子与钢轨的位置关系，如有偏移或啃轨，用涂料做一记号，以备调整钢轨时寻找。当钢轮滚过一块压桥时观察压板螺栓是否松动，压桥下的钢轨是否垫实。螺栓松动的应随时上紧，压板应垫实的在垫实后再上紧螺栓。两根钢轨接头处也应将下面垫实，螺栓上紧。桥车行走一周，例行检查即告结束。

四、曝气设备及其检修

曝气设备是污水生化处理工程中必不可少的设备，其性能的好坏，直接表现为能否提供较充足的溶解氧，是提高生化处理效果及经济效益的关键。常用的曝气设备有转刷曝气机、转盘曝气器、膜片式微孔曝气器等。曝气装置系指曝气过程中的空气扩散装置。常用的扩散装置分微孔气泡、中小气泡、大气泡及水力剪切型、机械剪切型等。这些曝气器分别采用玻璃钢、热塑性塑料、陶瓷、橡胶和金属材料等制成，其空气转移效率均比穿孔曝气器有很大提高。

（一）微孔曝气器

微孔曝气器也称多孔性空气扩散装置，采用多孔性材料如陶粒、粗瓷等掺以适量的酚醛树脂一类的黏合剂，在高温下烧结成为扩散板、扩散管及扩散罩等形式。为克服上述刚性微孔曝气器容易堵塞的缺点，现已广泛应用膜片式微孔曝气器。

微孔曝气是利用空气扩散装置在曝气池内产生微小气泡后，所产生的气泡的直径在2mm以下，微小气泡与水的接触面积大，氧利用率较高，一般可达10%以上。其缺点是气压损失较大、容易堵塞，进入的压缩空气必须预先经过过滤处理。

1. 常用微孔曝气器的种类

根据扩散孔尺寸能否改变分为固定孔径微孔曝气器和可变孔径微孔曝气器两大类。

常用固定孔径微孔曝气器有平板式、钟罩式和管式三种，由陶瓷、刚玉等刚性材料制造而成。其平均孔径为100～200μm，氧利用率为20%～25%，充氧动力效率为4～6kg/(kW·h)，通气阻力为150～400mm水柱（1.47～3.92kPa），曝气量为0.8～3m^3/(h·个)，服务面积为0.3～0.75m^2/个。

常用可变孔径微孔曝气器多采用膜片式。膜片式微孔曝气器系统主要由曝气器底座、上螺旋压盖、空气均流板、合成橡胶等部件组成。

可变孔径微孔曝气器膜片被固定在一般是由ABS材料制成的底座上，膜片上有用激光打出同心圆布置的圆形孔眼。曝气时空气通过底座上的通气孔进入膜片与底座之间，在压缩空气的作用下。膜片微微鼓起，孔眼张开，达到布气扩散的目的。停止供气后压力消失，膜片本身的弹性作用使孔眼自动闭合，由于水压的作用，膜片又会压实于底座之上。这样一来，曝气池中的混合液不可能倒流，也就不会堵塞膜片的孔眼。同时，当孔眼受压开启时，压缩空气中即使含有少量尘埃，也可以通过孔眼而不会造成堵塞，因此可以不用设置除尘设备。

微孔曝气器可分为固定式安装及可提升式安装两种形式。微孔曝气器容易堵塞，固定式安装的缺点是清理维修时需要放空曝气池，难以操作。其可提升式安装可在正常运转过程中，随时或定期将微孔曝气器从混合液中提出来进行清理或更换，从而能长期保持较高的充氧效率。

2. 微孔曝气器的注意事项

微孔曝气器的种类很多，服务面积、充氧能力、动力效率、曝气量、阻力（水头损失）、氧利用率都有一定区别，使用过程中必须按照产品的使用说明提出的要求进行控制。另外还要注意以下事项。

（1）风机进风口必须有空气过滤装置，最好应使用静电除尘等方式将空气中的悬浮颗粒含量降到最低。

（2）要防止油雾进入供气系统，避免使用有油雾的气源，风机也最好使用离心式风机。

（3）输气管采用钢管时，内壁要进行严格的防腐处理，曝气池内的配气管及管件应采用 ABS 或 UPVC 等高强度塑料管，钢管与塑料管的连接处要设置伸缩节。

（4）微孔曝气器一般在池底均布，与池壁的距离要大于 200mm，配气管间距 300～750mm，使用微孔曝气器的曝气池长宽比为（8～16）：1。

（5）全池微孔曝气器表面高差不超过 ±5mm，安装完毕后灌入清水进行校验。运行中停气时间不宜超过 4h，否则应放空池内污水，充入 1m 深的清水或二沉池出水，并以小风量持续曝气。

（二）可变孔曝气软管

可变孔曝气软管表面都开有能曝气的气孔，气孔呈狭长的细缝型，气缝的宽度在 0～200μm 之间变化，是一种微孔曝气器。可变孔曝气软管的气泡上升速度慢，布气均匀，氧的利用率高，一般可达到 20%～25%，而价格比其他微孔曝气器低。所需的压缩空气不需要过滤过程，使用过程中可以随时停止曝气，不会堵塞。软管在曝气时膨胀开，而在停止曝气时会被水压扁。可变孔曝气软管可以卷曲包装，运输方便，安装时池底不需附加其他复杂设备，其只需要用固定件卡住即可。

（三）转刷曝气机

转刷曝气机是氧化沟工艺中普遍采用的一种表面曝气设备，其具有充氧、混合、推进等作用，向沟内的活性污泥混合液中进行强制充氧，以满足好氧微生物的需要，并推动混合液在沟内保持连续循环流动，以使污水与活性污泥保持充分混合接触，并始终处于悬浮状态。

1. 转刷曝气机的结构

水平轴转刷曝气机主要由电机、减速装置、转刷主体及联接支承等部件组成，这种结构转刷适用于中小型氧化沟污水厂。电机与减速机之间采用三角皮带连接，减速机通过弹性联轴节和 2 个轴承座与转刷的主轴相连，电机、减速机、转刷固定在机架上。机架上有平台与栏杆护手，整个设备靠机架固定在氧化沟槽上。电机采用卧式电机，包括普通电机、多级变速电机以及无级变速电机；减速机则采用标准的摆线针轮减速机。采用桥式结构制造安装极为方便，可在厂内整机装配后包装运至现场，安装时只需在预定位置上调整水平即可。

2. 转刷曝气机的维护

（1）由于转刷曝气机一般都为连续运转，因此应保持其变速箱及轴承的良好润滑，两端轴承要一季度加注润滑脂一次，变速箱至少要每半年打开观察一次，检查齿轮的齿面有无点蚀等痕迹。

（2）应及时紧固及更换可能出现松动、位移刷片。

（四）转盘曝气机

转盘曝气机是在消化吸收国外先进技术的基础上，结合我国特点开发的高效低耗氧化沟曝气装置。主要用于由多个同心沟渠组成的 Orbal 型氧化沟。具有充氧效率高、动力消耗省、推动能力强、结构简单、安装维护方便等特点。

1. AD 型剪切式转盘曝气机结构和特点

AD 型剪切式转盘曝气机主要由电机、减速装置、柔性联轴节、主轴、转盘及轴承和轴承座等部件组成。

（1）电机采用

立式户外型，占地省，受转盘激起的水雾影响小。

（2）减速装置采用圆锥

圆柱齿轮减速，齿轮均为硬齿面，承载力大、结构紧凑、体积小、重量轻、运行平稳。

（3）主轴

采用无缝钢管及端法兰组成，用螺栓和轴头（或联轴器连接）。钢管经调质处理，外表镀锌或沥青清漆防腐、重量轻、刚度大、耐蚀性强、使用寿命长。

（4）柔性联轴节

摈弃了传统的联接和支撑方式，经减速后由柔性联轴节直接将速度传递于主轴。具有承受径向载荷大、传递力矩大、允许一定径向和角度误差。为方便安装和长时间的连续平稳运行提供了保障。

（5）转盘

转盘由两个半圆形圆盘以半法兰与主轴相连接，转盘两侧开有不穿透的曝气孔，表面设有剪切式叶片。转盘在旋转过程中，对污水起着充氧、搅拌、推流和混合作用。由于转盘两侧表面设有剪切式叶片，所以与传统盘片相比，不仅会大幅度地提高充氧能力，同时极大地增加了推动力。转盘采用轻质高强度耐蚀性强的玻璃钢压铸而成。

2. 主要技术性能

（1）转盘直径 Φ1000～1400mm；

（2）转速 40～60r/min；

（3）转盘浸没深度 300～550mm；

（4）充氧能力 0.5~2.0kgO_2/（片·h）；

（5）动力效率 1.5~4.0kgO_2/（kW·h）（以轴功率计）；

（6）氧化沟设计有效水深 2.5~5.0m；

（7）转盘安装密度 3~5 片/m；

（8）电机功率 0.5~1.0kW/片；

（9）转盘单轴最大长度（B）6m。

（五）立式叶轮表面曝气机

立式叶轮表面曝气机规格品种繁多，但当前国内是以泵形（E 型）及倒伞形叶轮为主。

1. 立式叶轮表面曝气机的工作原理

立式叶轮表面曝气机运行时充氧方式有以下 3 种。

（1）水在转动的叶轮叶片的作用下，不断从叶轮周边呈水幕状甩向水面，形成水跃，并使水面产生波动，从而裹进大量空气，使氧迅速溶入水中。

（2）叶轮的喷吸作用使污水上下循环不断进行液面更新，接触空气。

（3）叶轮的一些部位（如水锥顶、叶片后侧等）因水流作用形成的负压，使大量空气被吸入叶轮与水混合，运行人员应注意在调节叶轮的浸水深度时，可能有某一深度叶轮会因吸入空气太多而产生“脱水”现象，造成水跃消失、功率及充氧量下降。如果这种现象较为严重，而调节浸水深度又达不到满意的效果，要适当减小叶轮进气孔的面积。

2. 泵（E）形叶轮与倒伞形叶轮的工作原理

（1）泵（E）形叶轮曝气机

泵（E）形叶轮曝气机是我国自行研制的高效表面曝气机。整机是由电机、减速机、机架、联轴器、传动轴和叶轮组成。部分产品为了达到无级调速的目的，驱动电机选用直流电机，但还要有一套与之配套的整流电源、调速器等附属设备。

泵（E）形叶轮的直径在 0.4~2.0m 之间，它由平板、叶片、导流锥、进水口和上、下压水罩等部分构成。泵（E）形叶轮的充氧方式以水跃为主，液面更新为辅。

泵（E）形叶轮充氧量及动力效率较高，提升力强，但其制造较为复杂，且叶轮中的水道易被堵塞。运行时应保证叶轮有一定的浸没度（50mm 以内），浸水太浅会产生脱水现象而形不成水跃。因而它适合通过调节转速来调节充氧量，而不宜靠改变浸没度来调节充氧量。

（2）倒伞形叶轮曝气机

倒伞形叶轮曝气机的叶轮由圆锥体及连在其表面的叶片组成。叶片的末端在圆锥体底边沿水平伸展出一小段距离，使叶轮旋转时甩出的水幕与池中水面相接触，从而扩大了叶轮的充氧作用。为增加充氧量，有些倒伞形叶轮在锥体上邻近叶片的后部钻有进气孔。

倒伞形叶轮可以利用变更浸没深度来改变充氧量，以便适应水质及水量的变化。浸没度的调节既可采用叶轮升降的传动装置，也可通过氧化沟、曝气池的出水堰门的调节来实现。倒伞形叶轮构造简单，易于加工，运转时不堵塞。这种倒伞形叶轮曝气机的充氧方式是以液面更新为主，水跃及负压吸氧为辅，多用于卡鲁塞尔式氧化沟。

倒伞形叶轮的直径一般为0.5～2.5m。国内最大的倒伞形叶轮直径为3m，由于其直径较泵型的大，故其转速较慢，约为30～60r/min。

除了上述两种叶轮外，还有平板形叶轮及K形叶轮。

3. 立式叶轮表面曝气机的操作管理

表面曝气机的运行保养、维护与检修主要内容有以下几点。

（1）定期巡视检查，一般5～7h上池检查一次，巡视检查的主要内容有：曝气机（包括电动机、减速器、主轴箱）运转是否正常，包括温升、声响、振动等，若是变速电动机要检查电动机转速。

（2）经常检查减速器油位，如油不足需及时添加，例如发现漏油、渗油情况，应及时解决。

（3）定期检查和添加主轴箱润滑脂。

（4）定期检查叶轮或转刷钩带污物情况，如有钩带则及时清除。

（5）经常检查曝气池溶解氧情况，过高或过低时应及时调整转速或调节叶轮或转刷浸没深度。有时发现曝气池溶解氧上升，污泥浓度异常减少，则可能是叶轮或转刷夹带垃圾异物，使提升力降低，污泥下沉到池底导致耗氧减少所致，这时应停车清除叶轮或转刷内垃圾杂物。

（6）在恶劣天气，如暴雨、下雪等情况下，应注意电动机是否有受潮可能，如有可能应采取遮盖措施。

（7）每天做好清洁工作，保持机组整洁。

（六）潜水曝气机

1. 构造

潜水曝气机由潜污泵、混合室、底座、进气管和消音器等组成。潜污泵启动后吸入空气，并在混合室与液体充分混合，混合液体从周边出口流出，完成对液体的充氧。根据空气来源分为自吸式和鼓风式两种，采用较多的是自吸式。

2. 特点

潜水曝气机的特点是：结构紧凑、占地面积小、安装方便，叶轮流道采用无堵塞式，安全可靠，潜水运行噪声小，自吸式可免去鼓风机，可降低工程投资。

潜水曝气机可用于污水厂曝气池（尤其是 SBR 反应池）中，进行混合液混合、搅拌及充氧。自吸式潜水曝气机潜入深度 2 ~ 6m，进气量范围也比较广（10 ~ 150m^3/h）。

3. 维护管理

应定期检查潜水电动机的相间绝缘电阻及对地绝缘电阻，检查接地是否可靠。根据工作条件不同，按说明书要求定期检查油室内的滑润油，若油中有水，要及时更换密封和润滑油。定期做好大修、检查和及时更换易损件、紧固件，拆修后更换所有密封件。

（七）潜水推流器

1. 构造

潜水推流器广泛应用于各种水池之中，通过旋转叶轮，产生强烈的推进和搅拌作用，有效地增加池内水体的流速和混合，防止沉积。潜水推流器还可以称为潜水搅拌机。按叶轮速度不同，可以分为高速搅拌机和低速推流器。高速搅拌机叶轮直径小，转速高；低速推流器叶轮直径大，转速低。低速推流器由水下电动机、减速机、叶轮、支架、卷扬装置和控制系统组成。高速机另外设有导流罩。

2. 特点

潜水推流器具有以下特点。

（1）推流器结构紧凑、操作维护简单、安装检修方便、使用寿命长。

（2）电动机具有过载、漏水及过热功能保护。

（3）叶轮设计具有最优水力性能结构，工作效率高，后掠式叶片具有自洁功能，可防杂物缠绕。

3. 维护管理

推流器无水工作时间不宜超过 3min。运行中防止下列原因引起震动：叶轮损坏或堵塞，表面空气吸入形成涡流，不均匀的水流或扬程太高。

运行稳定时电流应小于额定电流，下列原因会引起过高电流，应予以克服：旋转方向错误，黏度或密度过高，叶轮堵塞或导流罩变形，叶片角度不对。

每运行一定时间（如 4000 ~ 8000h）或每年检修一次，要及时更换不合格零部件和易损件。其内容为：密封及油的状况和质量、电气绝缘、磨损件、紧固件、电缆及其入口、提升机构等。

每运行一定时间（如 2000 ~ 5000h）或者每两年大修一次，除一般检修内容外，还包括：更换轴承、更换轴密封、更换油、更换电缆及其入口的密封，必要时更换叶轮、导流罩、提升机构。

五、滗水器及其检修

（一）滗水器的类型与构造

滗水器是 SBR 工艺的关键设备，起排出反应池内上清液的作用。当前，国内生产的滗水器主要有机械式、浮力式和虹吸式三种。机械式滗水器分为旋转式和套筒式。

旋转式浅水器由电动机、减速执行装置、传动装置、挡渣板、浮筒、淹没出流堰口、回转支撑等组成。电动机带动减速执行装置，使堰口绕出水总管做旋转运动，滗出上清液，液面也随之下降。旋转式滗水器对水质、水量变化有很强的适应性，且技术性能先进、旋转空间小、工作可靠、运转灵活。主要特点有：①滗水深度可达 3m，设备整体耐腐蚀性好，运转可靠性高；②设备选用先进的移动行程开关及安全报警装置，使设备在运行过程中具有较大的活动性和可调性，以适应水质、水量的变化，能够实现自动停机报警，减少不必要的经济损失；③回转支承采用自动微调装置，高效低阻密封，密封可靠，自动调心，转动灵活，节省动力；④滗水器运行过程中在最佳的堰口负荷范围内，堰口下的液面不起任何扰动，且堰口处设有浮筒、挡渣板部件，以确保出水水质达到最佳状态。

套筒式滗水器有丝杠式和钢丝绳式两种，且都是在一个固定的池内平台上，通过电动机丝杠或滚筒上的钢丝绳，带动出流堰口上下移动。堰口下的排水管插在有橡胶密封的套筒上，可以随出水堰上下移动，套筒连接在出水总管上，将上清液滗出池外，在堰口上也有一个拦浮渣和泡沫用的浮箱，可采用剪刀式钗链的堰口连接，以适应堰口淹没深度的微小变化。

浮力式滗水器是依靠上方的浮箱本身的浮力，使堰口随液面上下运动而不需外加机械动力。按堰口形状可分为条形堰式、圆盘堰式和管道式等。堰口下采用柔性软管或肘式接头来适应堰口的位移变化，将上清液滗出池外。浮箱本身也起拦渣作用。为了防止混合液进入管道，在每次滗水结束后，采用电磁阀或自力式阀关闭堰口，或采用滗水置换浮箱，将堰口抬出水面。

虹吸式滗水器实际上是一组淹没出流堰，由一组垂直的短管组成，短管吸口向下，上端用总管连接，总管与 U 形管相通，U 形管一端高出水面，一端低于反应池的最低水位，高端设自动阀与大气相通，低端接出水管以排出上清液。运行时通过控制进、排气阀的开闭，采用 U 形管水封封气，来形成滗水器中循环间断的真空和充气空间，达到开关滗水器和防止混合液流入的目的。滗水最低水面限制在短管吸口以上，以防止浮渣或泡沫进入。

（二）维修与保养

经常巡查滗水器收水装置的充气放气管路以及充放气电磁阀，发现有管路断开、堵塞、电磁阀损坏等问题，应及时清理、更换。

定期检查旋转接头，变形波纹管的密封状况和运行状况，但发现其断裂，不正常变形不能恢复时应予更换，并按使用要求定期更换。

注意观察浮动收水装置的导杆、牵引丝杆或者钢丝绳的形态和运动情况，发现有变形、卡阻等现象，应及时维修或予以更换。对长期不用滗水器的导杆，要防止其锈蚀卡死。

做好电动机、减速机的维护。

六、可调堰与套筒阀

（一）可调堰

可调堰一般用于曝气池和配水池内控制水的排放和池内水面高程。可调堰一般由手动（或电动）启闭机、螺杆、连接曲柄或连杆、堰门、密封橡胶条、门框或升降槽组成。按照堰门的运行方式不同，可分为直调式堰门和旋转式堰门。

直调式堰门占用空间较大，升降时容易卡阻，但密封效果较好。旋转式堰门占用空间小，升降操作容易，密封性较差。直调式堰门与旋转式堰门的堰门宽度一般多为 2 ~ 5m，调节高度范围为 250 ~ 300mm。

可调堰的运行维护主要是经常检查螺杆、密封条、门框等有无变形、老化或损坏情况、堰门调节是否受影响等，应定期做好除防锈和润滑工作。

（二）套筒阀

套筒阀又称溢流式排泥阀，是通过调节升降筒的高度来控制出水量的。一般用于污水厂沉淀池或消化池排泥，只要池内液面高度与套筒阀升降筒高度存在合适的高差，污泥即会按一定的流量溢出。

套筒阀一般由手动或电动启闭机、连杆、可升降内筒、外筒、导向杆、密封圈等构成。套筒阀运行操作灵活，容易对污泥出流量控制，构造简单。

套筒阀运行维护要求：定期检查导向杆及密封圈等有无变形或破损，必要时予以更换。定期检查操作是否灵活、更换润滑油脂等。要定期清除升降筒溢流口处的杂物或泥苔。

七、污泥脱水机及其检修

由于污泥经浓缩或消化之后，仍呈液体流动状态，体积还很大，无法进行运输和处置，为了进一步降低含水率，使污泥含水率尽可能的低，必须对污泥进行脱水，以减少污泥体积和便于运输。目前进行污泥脱水的机械种类很多，按原理可分为真空过滤脱水、压滤脱水和离心脱水三大类。

真空过滤脱水是将污泥置于多孔性过滤介质上，在介质另一侧造成真空，将污泥中的水分强行吸入，使其与污泥分离，从而实现脱水，常用设备有各种形式的真空转鼓过滤脱水机。由于真空过滤脱水产生的噪声大，很少采用。压滤脱水是将污泥置于过滤介质上，在污泥一侧对污泥施加压力，强行使水分通过介质，使之与污泥分离，从而实现脱水，常用的设备有各种形式的带式压滤脱水机和板框压滤机。板框压滤脱水机含水率最低，但这种脱水机为间断运行，效率低，操作麻烦，维护量很大，所以也较少采用，而带式压滤脱水机具有出泥含水率较低且稳定、能耗少，管理控制简单等特点被广泛使用。离心脱水是通过水分与污泥颗粒的离心力之差，使之相互分离，从而实现脱水，常用的设备有卧螺式等各种形式的离心脱水机。由于离心脱水机能自动、连续长期封闭运转，结构紧凑，噪声低，处理量大，占地面积小，尤其是有机高分子絮凝剂的普遍使用，使污泥脱水效率大大提高，是当前较为先进而逐渐被广泛应用的污泥处理方法。

（一）带式压滤脱水机

1. 工作原理

带式压滤脱水机是由上下两条张紧的滤带夹带着污泥层，从一连串按规律排列的辐压筒中呈 S 形弯曲经过，靠滤带本身的张力形成对污泥层的压榨力和剪切力，把污泥层中的毛细水挤压出来，获得含固量较高的泥饼，从而实现污泥脱水。

带式压滤脱水机有很多形式，然一般都分成四个工作区。①重力脱水区，在该区内，滤带水平行走，污泥经调质之后，部分毛细水转化成了游离水，这部分水分在该区内借自身重力穿过滤带，从污泥中分离出来。②楔形脱水区，该区内逐渐靠拢，污泥在两条滤带之间逐步开始受到挤压，因此在该段内，污泥的含固量进一步提高，并由半固态向固态转变，为进入压力脱水区做准备。③低压脱水区，污泥经楔形区后，被夹在两条滤带之间绕辐压筒做 S 形上下移动，低压区主要作用是使污泥成饼，强度增大，使污泥的含固量进一步提高。④高压脱水区，污泥进入高压区之后，受到的压榨力逐渐增大，最后增至最大，这是因为辐压筒的直径越来越小，再一次提高污泥的含固量。

2. 主要结构和材料

带式压滤机一般都由滤带、辐压筒、滤带张紧系统、滤带调偏系统、滤带冲洗系统和滤带驱动系统组成。

滤带通常是用单丝聚酯纤维材质编织而成，因为这种材质抗拉强度大、耐曲折、耐酸碱及耐温度变化等特点。

3. 脱水机的维护

（1）注意观察滤带的损坏情况，并及时更换新滤带，滤带的损坏表现为撕裂、腐蚀或老化。

（2）每天应对滤布有足够的冲洗时间。脱水机停止工作后，应立即冲洗滤布。

（3）定期进行机械检修，加注润滑油、及时更换易损部件等。

（4）定期对脱水机及内部进行彻底清洗，以保证清洁。

（二）卧螺式离心机

1. 卧螺式离心机的工作原理

卧螺式离心机主要由高转速的转鼓，螺旋和差速器等部件组成，分离悬浮液进入离心机转鼓后，由于离心力的作用，使密度大的固相颗粒沉降到转鼓内壁，利用螺旋和转鼓的相对转速差把固相颗粒推向转鼓小端出口处排出，分离后的清液从离心机另一端排出。进泥方向与污泥固体的输送方向一致，即进泥口和出泥口分别在转鼓的两端时，称为顺流式离心脱水机。当进泥方向与污泥固体的输送方向相反，即进泥口和出泥口在转鼓的同一端时，它称为逆流式离心脱水机。

差速器（齿轮箱）的作用是使转鼓和螺旋之间形成一定的转速差。

卧螺式离心机主要特点是结构紧凑，占地面积小，操作费用低，而且能自动、连续、长期封闭运转，维修方便。

2. 卧螺式离心机的主要结构和材料

卧螺式离心机主要由转鼓、螺旋输送器、差速器三部分构成。

（1）转鼓

转鼓是卧螺式离心机的主要部件，悬浮液的液固分离是在转鼓内完成的，转鼓内液池容量的大小靠溢流挡板来调节，液池深度大，澄清效果好，处理量也较大。

卧螺式离心机的出渣口设在转鼓锥段，径向出渣，出渣孔的形状有椭圆形和圆形，出渣孔一般是 6 ~ 12 个。由于出渣孔内装有可更换的耐磨衬套，转鼓内表面设置筋条以防止沉降在转鼓内壁的物料与转鼓产生相对运动而磨损，离心机的处理量主要取决于离心机转鼓的几何尺寸和转鼓的线速度。

转鼓半锥角是指转鼓锥体部分母线与轴线间的夹角。锥角大，有利于固相脱水，但螺旋的推料功率会增大，转鼓的半锥角一般选 6° ~ 8°，污泥脱水机半锥角为 20°。

（2）螺旋输送器

螺旋输送器是卧螺式离心机的重要部件之一，其推料叶片的形式很多，有连续整体螺旋叶片，连续带状螺旋叶片和间断式螺旋叶片等，常用的是连续式整体螺旋叶片。

螺旋叶片的减数，根据使用要求，可以是单头螺旋，双头螺旋，也可以是多头螺旋，双头螺旋较单头螺旋输渣效率高，但对机内流体搅动较大，不适宜分离细黏的低浓度物料，因为机内搅动大会导致分离液中含固量的增加，所以一般使用单头螺旋。

在推料过程中，螺旋输送器的叶片，特别对锥段部分，易受到物料的磨损，为了减少和避免螺旋叶片的磨损，特别对锥段叶片的面进行硬化处理，例如喷涂高硬度的合金，焊接合金块，或采用可更换的扇形耐磨片。

差速是指转鼓的绝对转速与螺旋输送器的绝对转速之差，差速大，螺旋的输渣量大，但差速过大会加剧机内流体的搅动，造成分离液中含固量的增加，缩短沉渣在干燥区的停留时间，增大沉渣的含湿量。转速差太小，会使螺旋的输渣量降低，差速器的扭矩会明显增大，或污泥输送不净造成转鼓堵塞。所以在分离物料时，必须根据进料含固率，选择合适的转差，一般转速差以 1 ~ 10r/min 为宜。

（3）差速器

沉渣在转鼓内表面的轴向输送和卸料是靠螺旋与转鼓之间的相对运动，即差速来实现的，而差速是靠差速器来实现的，差速器是卧螺式离心机中最复杂，最重要的部件，其性能高低，制造质量优劣决定了整台卧螺式离心机的运行可靠性。

差速器的结构形式很多，有机械式、液压式、电磁式等。

① 机械式，由一个电机，通过 2 组皮带轮分别带动转鼓和差速器，此种结构，转鼓转速和差速的改变要通过更换皮带轮来实现。电机采用变频调速，此结构电机变速时，不能同时满足转鼓转速和差速的要求，即满足转鼓的转速就很难满足差速的要求。配置 2 个电机，分别采用变频调速，使转鼓转速和差速均能无级可调。转鼓转速恒定差速采用变频可调。

② 液压式，转鼓由主电机带动，转速恒定，差速由液压电动机传动，无级可调。转鼓和差速分别由 2 个液压电动机传动。

③ 电磁式，涡流制动器涡流制动器主要由固定不动的励磁线圈、磁极、机壳和高速旋转的电枢构成。运行时，在向励磁绕组中通以直流励磁电流时，在回路中将产生主磁通，当电枢轴被差速器小轴拖动高速旋转时，在电枢导体中将产生电流涡，根据楞次定律，涡电流的作用要阻止电枢和磁场的相对运动，从而使拖动电枢旋转的差速器小轴受到制动，以此来改变励磁电流的大小，就能改变差速器小轴的转速，从而使差速器的输出转速也随之改变。涡流制动调速器结构简单可靠，控制方便，节能，是一种较好的调速装置。

涡流调速器有下述特性。

制动力矩随着励磁电流的增大而增大，随着励磁电流的减小而减小；在一定的励磁电流下，制动力矩几乎不随转速的变化而变化。

液压式差速器由于结构复杂，维修困难，且能耗高，成本高，目前正被涡流调速器和机械电机调频调速器取代。而涡流调速器结构简单，能耗低，自动调速反应快，应用广泛。

3. 轴承

离心机转鼓、螺旋输送器和差速器中广泛使用滚动轴承或滑动轴承。

轴承使用寿命的长短与轴承的制造精度，保持架结构，材料，润滑脂的选择，以及机器振动，负载大小等因素有关。

4. 材质

离心机转子系统材质的选择主要应考虑三个方面。

（1）强度

离心机在高速运转时，转鼓要承受自身重量和分离物料在离心力场中产生的离心应力。应力的大小和离心机转鼓转速，物料和转鼓材质的相对密度有关。对于一般不锈钢材料，转鼓允许的最大圆周线速度为70～75m/s。转鼓可采用钢板焊接和离心浇注两种工艺制造，离心浇注的特点如下。

① 通过合金元素的选配和离心浇注，可提高材料的致密性和强度，以满足转鼓在不同转速下的强度要求。

② 转鼓没有焊缝，可避免焊接引起的晶间腐蚀和筒体变形。

③ 材料利用率高。

（2）耐腐蚀

选用离心机时，必须考虑物料对离心机材料的耐蚀要求。

（3）耐磨保护

磨损主要取决于物料性质，针对坚硬，磨蚀性的物料，除了选用耐磨材料外，合理设计结构可相对减少材料的磨损程度，从受力角度分析：磨损主要取决于物料对磨损面的正压力和物料与磨损面之间的相对速度，即PV值，设法改变PV值，即可减小磨损；此外，在转鼓内表面加纵向筋条，使覆盖在转鼓内表面的物料与转鼓壁无相对滑动，从而保护转壁面不受磨损，对螺旋叶片推料面可喷涂碳化钨或焊碳化钨合金片和其他耐磨合金。转鼓出料口可配可更换耐磨导套。

（三）卧螺式离心机的检修

1. 更换零件

为保证脱水机无故障运行，在更换零件过程中应注意：

（1）接触面和滑动面，以及O形环和密封必须仔细完全清洁干净；

（2）应将拆下的零件放到清洁、软性的表面上，以免刮伤零件表面；

（3）用来拉出零件的每个螺钉端部应相互对齐。

2. O 形环、密封和垫片

（1）检查 O 形环、密封和垫片是否损坏。

（2）检查 O 形环槽和密封表面应清洁。

（3）更换 O 形环后，O 形环应完全装入槽内，并且 O 形环不得扭曲。

（4）密封圈安装完毕后，开口端应指向正确方向。

3. 减震器

定期检查并更换那些破碎的减震器，以及橡胶件已经鼓起来或有裂纹的减震器。如果减震器有任何损坏，严禁开动脱水机。

4. 拆卸转鼓

（1）当转鼓静止不动后，拆卸齿轮箱护罩，皮带护罩，进料管，主传动皮带，以及中心传动皮带或联轴器。

（2）拆卸将轴承座固定到机架上的螺钉。

（3）拧松将盖固定到罩盖上的拉紧螺栓并打开盖。

（4）将吊环放入吊具的中间孔里，小心地吊起转鼓，并找到转鼓重心位置，确保起吊平衡，仔细起吊转鼓组件、轴承座和齿轮箱，将它们放到平板上或木架上并固定住，防止滚动。

（5）在拆卸转鼓时要注意不得损坏齿轮箱连接盘上的加油嘴。

（6）对拆卸下的组件及相应的机架表面等各部位进行清洗，确保完全清洁。

5. 拆卸大端毂和小端毂

拆卸大端毂和小端毂时，为避免轴承超载荷，通常用一根吊索将其挂在起重机或类似设备上。拆卸时要小心不得损坏轴承。

6. 拆卸齿轮箱

拆卸齿轮箱时，也要用吊车或类似设备将其吊起，注意选择合适的工具松螺栓，不得损坏螺栓。

7. 拆卸大端主轴承和小端主轴承

小心地拆卸轴承，注意不得损坏轴承座，用手拆除密封圈座、轴盖、挡环及密封环等。对拆卸下来的螺钉进行清洁并仔细清洁齿轮箱连接器与轴颈间的接触面。

8. 拆卸螺旋输送器大端轴承和小端轴承

拆卸时，应在轴承座和中心穿孔的螺旋输送器上做好标记，以便在重新组装轴承座和螺旋输送器时便于对准。拆开整个组件，轴承座，止推环，轴承以及相应的密封垫等。

9. 拆卸输送螺杆

找到螺杆的重心，小心地平衡起吊螺杆。

10. 脱水机的安装

为拆卸的反过程，但在安装前要注意将适当的位置涂抹润滑脂，如安装齿轮箱时要先将齿轮槽涂上油脂，并小心地把齿轮箱和齿轮轴推进去，转动中心轮轴几转，以验齿槽是否啮合。在固定轴承座时，不要忘了弹簧垫圈。在轴承处要加润滑剂。在将输送螺杆放入转鼓中时要注意调整螺杆的轴向位置以及轴向间隙。

（四）卧螺式离心机的维护

1. 卧螺式离心机的腐蚀、锈蚀及点蚀

卧螺式离心机在易产生腐蚀及锈蚀的环境中，运行一段时间之后，可能会被损坏。由于离心机高速运行时会产生很大的应力，所以离心机的任何腐蚀、锈蚀、化学点蚀及小裂缝等都可导致高应力削弱的因素，必须要有效地防止。

（1）至少每两个月检查一次转鼓的外壁是否有腐蚀，锈蚀产生。

（2）注意检查转鼓上的排渣孔的磨损程度，转鼓内的凹槽磨损程度，转鼓上是否有裂纹，及转鼓上的化学点蚀程度。

（3）注意检查安装在转鼓上的螺栓，至少每三年更换一次。

2. 定期清洗

首先以最高转鼓转速进行高速清洗，在高速清洗过程中，对管路系统、脱水机机壳、转鼓的外侧和脱水机的进料口部分进行清洗，然后进入低速清洗过程，将转鼓中和输送螺杆上的剩余污泥冲洗掉。

3. 润滑

润滑剂必须保存在干燥、阴凉的地方，容器必须保持密闭，以防止润滑剂被灰尘和潮气污染。

（1）主轴承的润滑。当脱水机正在运行时，应常润滑主轴承，最好在脱水机正好要停机前持续润滑一段时间，这样应能保证润滑脂均匀分布，使脱水机在转动中具有良好的润滑状态，并最大限度地防止弄脏轴承。

如果脱水机每周停用一定时间，在脱水机停机前应润滑主轴承。如果脱水机停用时间超过两周以上，在停用期间必须每两周对主轴承润滑一次。

（2）输送螺杆轴承的润滑。当脱水机停机，有效断开主电机的电源后方可润滑输送螺杆轴承。输送轴承在每次静态清洗之后或者如果当机组停车有大量的水引入或者旋转速度小于300r/min时也需要清洗。首次启动脱水机前要进行润滑，然后至少每月进行一次润滑。

（3）齿轮箱。首次启动脱水机前要检查齿轮箱中的油位，看在运输过程中有无泄漏，齿轮箱上的箭头和油位标记是否表示正确的油位，如果有必要加油，首次运行150工作小时后进行润滑。

一季度更换一次齿轮箱油，并且至少每个月检查一下齿轮箱油位情况。

（4）对主电机的润滑应一季度进行一次。

4. 其他各项检查

（1）对皮带的检查应一季度进行一次。

（2）每半年对地脚螺紧固程度进行检查，并检查减震垫，如果有必要更换新的。

（3）每个月检查一次转鼓的磨损及腐蚀情况，最大允许磨损小于2mm。

（4）每个月检查一次排料口衬套的磨损情况。

（5）每个季度检查一次报警装置、自动切断装置及监测系统等安全设备，如振动开关，保护开关和紧急停机按钮是否起作用。

（6）至少每年检查一次离心机和电机的基座及所有支撑机架，外壳盖及连接管件。

（7）每个季度检查一次警示标记是否完好。

八、闸阀、闸门及其检修

在污水处理厂中使用的闸门与阀门种类繁多。闸门有铸铁闸门、平面钢闸门、速闭闸门等，阀门有闸阀、止回阀、蝶阀、球阀、截止阀等。

（一）闸门

在污水处理厂中，闸门一般设置在全厂进水口、沉砂池、沉淀池、泵站进水口以及全厂出水管渠口处，其作用是控制水厂的进出水量或者完全截断水流，闸门的工作压力一般都小于0.1MPa，大都安装在迎水面一侧。

在污水处理厂中使用的大多为铸铁单面密封平面闸门，按形状分为圆形闸门和方形闸门。圆形闸门的直径一般为200～1500mm，方形闸门的尺寸一般在2000mm×2000mm以下。

铸铁闸门的闸框安装在混凝土构筑物上，给闸板的上下运动起导向和密封作用。为了加强闭水效果，在闸板和闸框之间都设有楔形压紧机构，这样在闸门关闭时，在闸门本身的重力及启闭机的压力下，楔形块产生一个使两个密封面互相压紧的反作用分力，以便达到良好的闭水效果。

（二）阀门

阀门是在封闭的管道之间安装的，用以控制介质的流量或者完全截断介质的流动。在污水处理厂中，介质主要为污水、污泥和空气。

按介质的种类可分为污水阀门、污泥阀门、清水阀门、加药阀门、高低压气体阀门等。按功能可分为截止阀、止回阀、安全阀等。

按结构可分为蝶阀、旋塞阀、闸阀、角阀和球阀等。

按驱动动力可分为手动、电动、液动及气动等四种方式。

按公称压力可分为高压、中压和低压三类。

阀门的型号根据阀门的种类、阀体结构、阀体材料、驱动方式、公称压力及密封或衬里材料等，分别来用汉语拼音字母及数字表示。各类阀门型号含义按机械工业部标准 JB308 ~75 规定。

1. 闸阀

闸阀由阀体、闸板、密封件和启闭装置组成。其优点为当阀门全开时通道完全无障碍，不会发生缠绕，特别适用于含有大量杂质的污水、污泥管道中使用。它的流通直径一般为 50 ~1000mm，最大工作压力可达 4MPa。流通介质可以是清水、污水、污泥、浮渣或空气。其缺点是密封面太长，易于向外泄漏，运动阻力大，体积较大等。

2. 蝶阀

蝶阀是污水处理厂中使用最为广泛的一种阀门，它的流通介质有污水、清水、活性污泥及低压气体等。蝶阀由阀体、内衬、蝶板及启闭机构几部分组成。阀体一般由铸铁制成，与管道的连接方式大部分为法兰盘。内衬多使用橡胶材料或者尼龙材料制成，可实现阀体与蝶板间的密封，避免介质与铸铁阀门的接触以及法兰盘密封。蝶板的材质由介质来决定，有的是加防腐涂层或镀层的钢铁材料，有的是不锈钢或者铝合金。其启闭机构分手动和电动两种。小型蝶阀可直接用手柄转动，大一些的要借助蜗杆蜗轮减速增力，还可用齿轮减速和螺旋减速使得蝶板转动。电动蝶阀的启闭机构由电机、减速机构、开度表及电器保护系统组成。启闭机构与阀体间用盘根或橡胶油封等密封，以防止介质泄漏。其优点是密封性好、成本低，缺点是阀门开启后，蝶板仍横在流通管道的中心，会对介质的流动产生阻碍，介质中的杂质会在蝶板上造成缠绕。因此，在含浮渣较多的管道中应避免使用蝶阀。另外，在蝶阀闭合时，如果在蝶板附近存有较多沉砂淤积，泥砂会阻碍蝶板的再次开启。

3. 止回阀

止回阀又称逆止阀或单向阀，它由阀体和装有弹簧的活瓣门组成。其工作原理为：当介质正向流动时，活瓣门在介质的冲击下全部打开，管道畅通无阻；当介质倒流的情况下，活瓣门在介质的反向压力下关闭，以此来阻止介质的倒流，从而可以保证整个管网的正常运行，并对水泵及风机起到了保护作用。

在污水处理厂中，由于工艺运行的需要，还常使用缓闭止回阀，用以消除停泵时出现的水锤现象。缓闭止回阀主要由阀体、阀板及阻尼器三部分组成。停泵时阀板分两个阶段的关闭，第一阶段在停泵后借阀板自身重力关闭大部分，尚留一小部分开启度，使形成正压水锤的回冲水流过，经水泵、吸水管回流，以减少水锤的正向压力；同时由于阀板的开启度已经变小，防止了管道水的大量回流与水泵倒转过快。第二阶段时，将剩余部分缓慢关闭，以免发生过快关闭的水锤冲击。

（三）闸门与阀门的检修与维护

（1）闸门与阀门的润滑部位以螺杆、减速机构的齿轮及蜗轮蜗杆为主，这些部位应每三个月加注一次润滑脂，以保证转运灵活和防止生锈。有些闸或阀的螺杆是露天的，应每年至少一次将暴露的螺杆清洗干净，并涂上新的润滑脂。有些内螺旋式的闸门，其螺杆长期与污水接触，应经常将附着的污物清理干净后涂以耐水冲刷的润滑脂。

（2）在使用电动阀或闸时，应注意手轮上是否脱开，板杆上是否在电动的位置上。如果不注意脱开，在启动电机时一旦保护装置失效，手柄可能高速转动伤害操作者。

（3）在手动开或关时应注意，一般用力不要超过15kg，若感到很费劲，就说明阀杆有锈死、卡死或者弯曲等故障，此时应在排除故障后再转动；当闸门闭合后，应将闸门的手柄反转一两圈，以免给再次开启造成不必要的阻力。

（4）电动闸与阀的转矩限制机构，不仅起扭矩保护作用，当行程控制机构在操作过程中失灵时，还起备用停车的保护作用。其动作扭矩是可调的，应将其随时调整到说明书给定的扭矩范围之内。有少数闸阀是靠转矩限制机构来控制闸板或阀板压力的，如一些活瓣式闸门、锥形泥阀等，如调节转矩太小，则关闭不严；反之则会损坏连杆，更应格外注意转矩的调节。

（5）应将闸和阀的开度指示器的指针调整到正确的位置，调整时首先关闭闸门或阀门，将指针调零后再逐渐打开；当闸门或阀门完全打开时，指针应刚好指到全开的位置。正确的指示有利于操作者掌握情况，也有助于发现故障，例如当指针未指到全开位置而马达停转，就应判断这个阀门可能卡死。

（6）在北方地区，冬季应注意阀门的防冻措施，特别是暴露于室外、井外的阀门，冬季要用保温材料包裹，避免阀体被冻裂。

（7）长期闭合的污水阀门，有时在阀门附近形成一个死区，其内会有泥砂沉积，这些泥砂会对蝶阀的开合形成阻力。如果开阀的时候发现阻力增大，不要硬开，应反复做开合运动，以促使水将沉积物冲走，在阻力减小后再打开阀门。同时如发现阀门附近有经常积砂的情况，应时常将阀门开启几分钟，以利于排除积砂；同样也会对于长期不启闭的闸门或阀门，也应定期运转一两次，以防止锈死或淤死。

（8）在可燃气体管道上工作的阀门如沼气阀门，应遵循与可燃气体有关的安全操作规程。

参考文献

[1] 刘延湘. 环境工程综合实验 [M]. 武汉：华中科技大学出版社，2019.

[2] 张惠灵，龚洁. 环境工程综合实验指导书 [M]. 武汉：华中科技大学出版社，2019.

[3] 陆永生等. 环境工程专业实验教程 [M]. 上海：上海大学出版社，2019.

[4] 王小红. 鄱阳湖流域城镇化与水环境 [M]. 南昌：江西科学技术出版社，2019.

[5] 朱木兰，刘光生. 水务工程专业课程设计指导书 [M]. 长春：吉林大学出版社，2019.

[6] 许秋瑾，胡小贞等. 水污染治理、水环境管理和饮用水安全保障技术评估与集成 [M]. 北京：中国环境出版集团. 2019.

[7] 吴宏鑫，胡军. 特征建模理论、方法和应用 [M]. 北京：国防工业出版社，2019.

[8] 许建贵，胡东亚，郭慧娟. 水利工程生态环境效应研究 [M]. 郑州：黄河水利出版社，2019.

[9] 段润斌. 城市污水土地可持续应用系统工程设计 [M]. 北京：化学工业出版社，2019.

[10] 王灿发，赵胜彪. 水污染与健康维权 [M]. 武汉：华中科技大学出版社，2019.

[11] 潘奎生，丁长春. 水资源保护与管理 [M]. 长春：吉林科学技术出版社，2019.

[12] 龙莉波，周质炎. 大型地下污水处理厂构筑物设计与施工 [M]. 上海：同济大学出版社，2020.

[13] 高久珺. 城市水污染控制与治理技术 [M]. 郑州：黄河水利出版社，2020.

[14] 周金全，郭福龙. 城镇水工程设计典型案例 [M]. 北京：中国建筑工业出版社，2020.

[15] 刘平养. 农村生活污水处理的经济分析 [M]. 北京：中国环境出版集团. 2020.

[16] 中建铁路投资建设集团有限公司. 城市污水处理及热力能源发电施工案例集成技术 [M]. 北京：中国建筑工业出版社，2020.

[17] 周质炎. 深层排蓄水隧道 [M]. 上海：上海科学技术出版社，2020.

[18] 张肖静. 污水生物处理新技术 [M]. 郑州：郑州大学出版社，2020.

[19] 污水处理与环境保护研究 [M]. 长春：吉林人民出版社，2020.

[20] 杨育红，侯佳雯，汪伦焰. 中国污水处理概念厂 1.0 [M]. 北京：中国水利水电出版社，2020.